建設現場
災害事例集

はじめに

建設業における労働災害は、幸いなことに徐々に減少傾向を示し、死亡者数は300人を下回るようになってきました。しかし、その死亡者数も減少率が低下傾向を見せ始め、建設現場における安全衛生管理技術の停滞が懸念されます。

現場における「モノづくり」を進めるにあたっては、作業動作の基本に沿って効率的に仕事を進める仕組みづくりが欠かせないのですが、過去に発生した無数の労働災害の経験をうまく活かすことができていないように思います。

本書は、筆者が月刊「建設労務安全」（労働調査会発行）に60回にわたって連載した記事をもとに再編集したもので、過去の貴重な労働災害事例を安全衛生管理計画や作業手順書の作成を行う際に参考にしていただきたいとの思いでまとめたものです。

過去に発生した災害は、今後行われる施工にも発生する可能性が高いため、各事例の発生要因はもちろん、「同種の作業で予測されるその他の危険性」についても着目して事前に行うリスクアセスメントの情報に活用していただきたいと思います。

災害防止に対する作業員の“気づき”は、圧倒的に目から得られる情報によってもたらされるものと思います。本書における災害事例は、ページ単位でまとめてありますので、このままコピーしたものを作業開始前のミーティングに使用したり、ＰＤＦデータでコンピューターに取り込んで各建設現場への情報として使用するなど、本書の活用方法を工夫していただければ幸いに思います。

著者

目 次

1. 墜落・転落災害

建設業における墜落・転落災害は、建設業全体の死亡災害のうち約46％を占めています（厚生労働省発表平成28年の災害統計）。

建設現場で発生する墜落・転落災害のうち、足場からの墜落・転落が約15％、はしご、屋根等からの墜落・転落が約40％を占めると報告されています（第12次労働災害防止計画）。したがって、現場における安全設備の検討にあたっては、あらゆる角度から現場における高所作業の種類や作業場所への移動方法等について検討を加え、具体的な墜落防止対策を立案する必要があります。

墜落・転落災害を防止するためには、工事の進捗に応じて墜落・転落する可能性がある作業を特定し、それぞれの作業形態に応じた墜落防止設備や安全管理策を詳細に検討した上で、作業開始前に作業のポイントを作業員全員が確認しておくことが大切です。

特に、工事終盤になって行われる設備工事や仕上げ工事における作業は、安全な作業床の確保に対する検討が不十分なまま作業が進められるケースがよく見られるため注意が必要です。

過去の災害事例から建設現場における墜落・転落災害の発生が繰り返されている作業は以下のとおりです。

① 足場の組み立て後に行われるネットやシートの取り付け、取り外し作業
② 足場や構台上で行われる玉掛け作業中の荷の横引き、ワイヤーの手繰り寄せ作業
③ 開口部周辺で行われる作業
④ 移動式足場（ローリングタワー）や可搬式作業台（立ち馬）等の簡易足場を使用する作業
⑤ 解体中の建物に生ずる開口部周辺や屋根上で行われる作業

足場、作業構台等からの墜落・転落災害

足場における墜落時の作業の状況については、組立て・解体時の割合が３割（うち、「最上層からの墜落」が７割）、通常作業時が約５割、移動・昇降時が約２割であると報告されています。足場や仮設の構台等においては、組立て・解体中の作業に関する管理はもちろんですが、むしろ、これらの設備を使用している作業員に対する教育・指導が大切なのではないでしょうか。

墜落・転落災害の防止のためには、資材の運搬等の際に手すり等を臨時に取り外したり、身を乗り出しての作業を行う必要がないような作業方法の検討が重要です。

事例 1

足場の手すりをくぐる際に切梁上から墜落

被災者の状況

職種：とび工

年齢：47歳

経験年数：３年

請負次数：２次

災害の発生状況

構台上から足場材を下ろす作業中、４ｍパイプを切梁の間から下ろした後、切梁から通路に戻ろうとした。通路の手前で安全帯を親綱から外し、通路端部の手すりをくぐろうとした時に、手すりに頭を激突させ、バランスを崩して7.8ｍ下のスラブ上に墜落した。

同種の作業で予測されるその他の危険性

① 切梁上を歩行中、バランスを崩し墜落する

② つり荷が鉄骨に引っ掛かり、落下する

③ つり荷が崩れ、単管パイプが下部の作業員に激突する

④ 玉掛け作業中、つり荷に接触し墜落する

事例 2 外部足場の養生シートの結束中に墜落

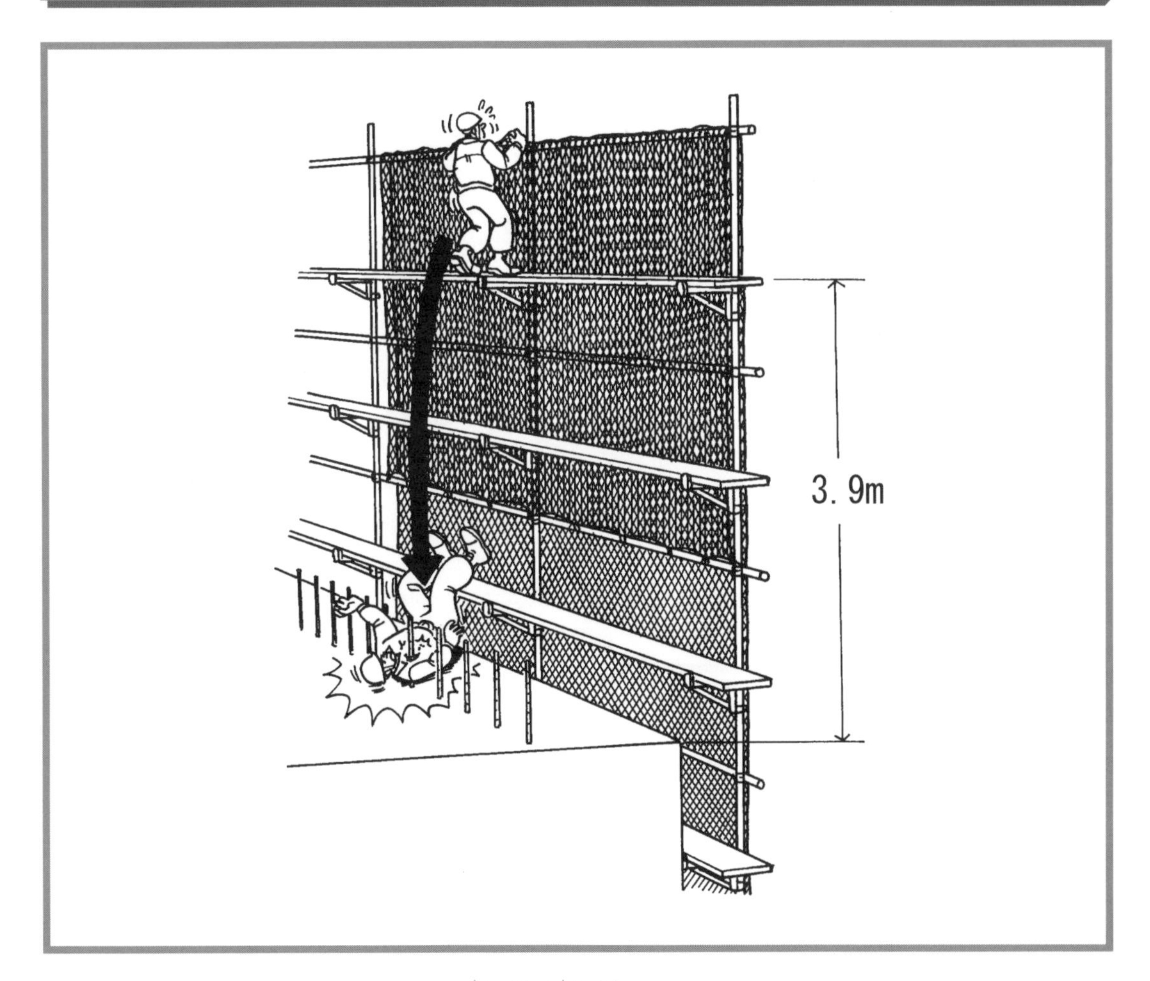

被災者の状況

職種：土工

年齢：35歳

経験年数：９年

請負次数：３次

災害の発生状況

外部足場（単管一側ブラケット足場）を組立て完了し、とび工が張った後のシートの結束作業を行っていたところ、誤って下層階床に墜落し、壁差筋（D＝φ13）が背中から貫通し、被災した。

同種の作業で予測されるその他の危険性

① 足場上を移動中、バランスを崩し墜落する

② 足場を昇降中、バランスを崩し墜落する

③ シート取付け作業中、シートにあおられ墜落する

事例 3 外部足場端部のブラケットが開き、墜落

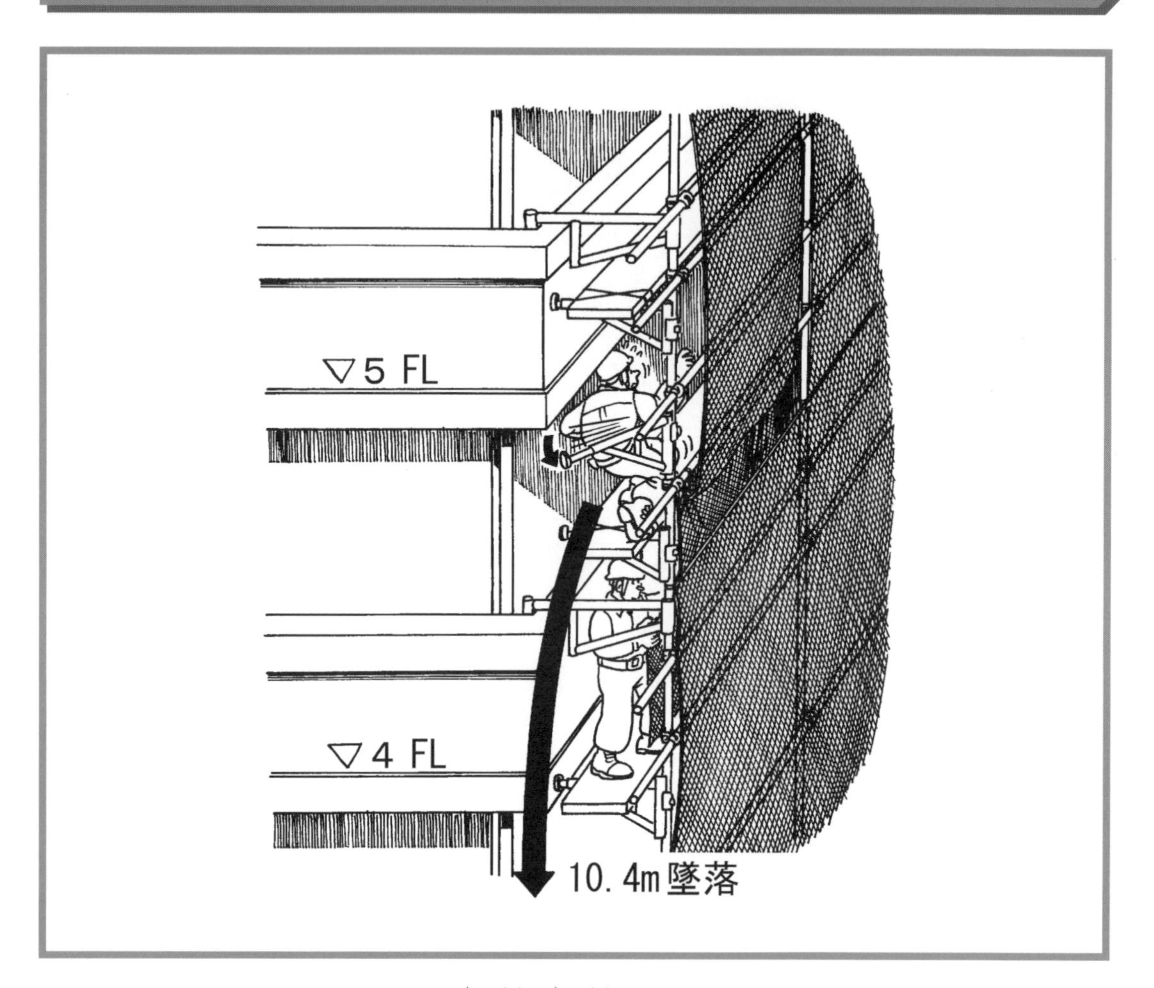

被災者の状況

職種：とび工

年齢：64歳

経験年数：10年

請負次数：１次

災害の発生状況

単管ブラケット足場の組立て作業が完了し、引き続き外部養生メッシュシート張りを行っていたところ、足場端部のブラケットの固定が不十分であったため、外側に開き、背を向けた状態で墜落した。

同種の作業で予測されるその他の危険性

① 作業中、バランスを崩し躯体側（バルコニー側）に墜落する

② 足場端部のストッパーの隙間から墜落する

③ 足場端部側から資材を落とす

事例 4 わく組足場にメッシュシートを取り付け中に墜落

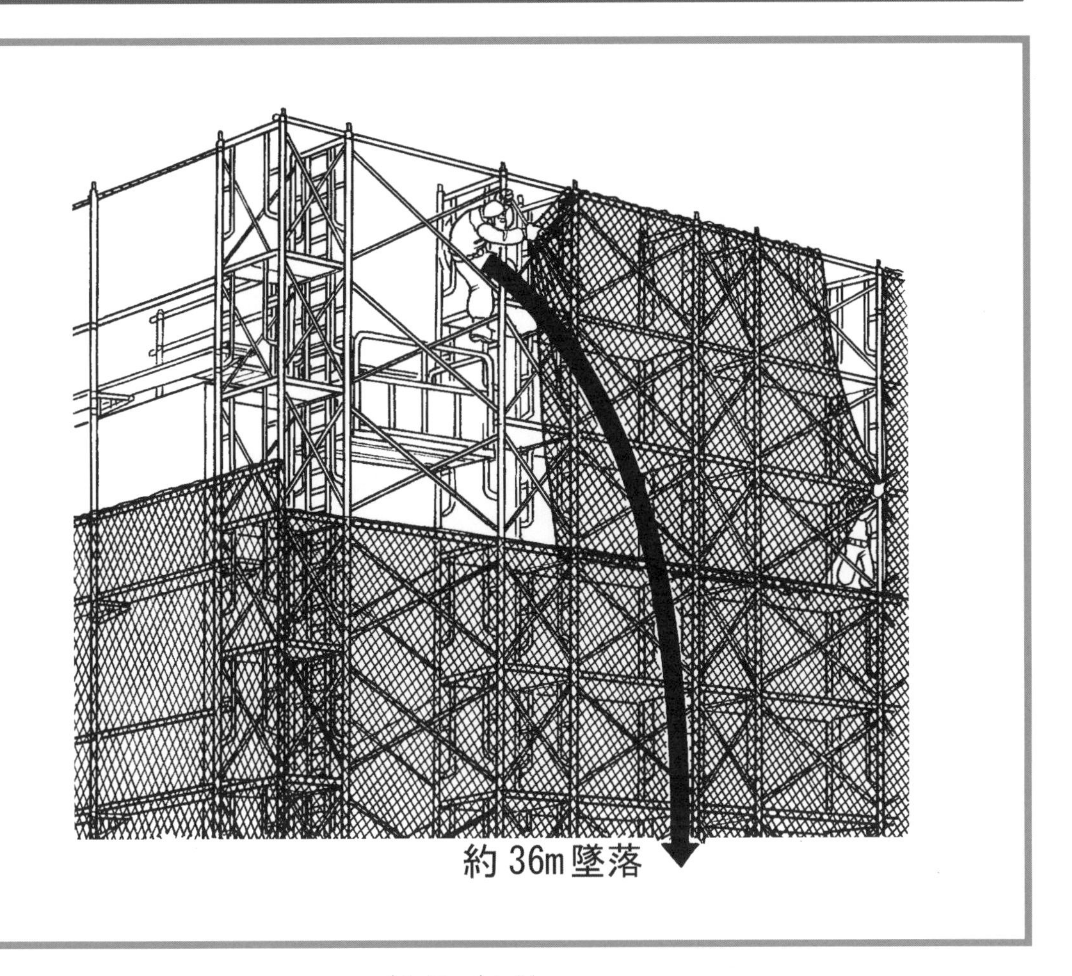

被災者の状況

職種：とび工

年齢：35歳

経験年数：３年

請負次数：２次

災害の発生状況

作業員２人でメッシュシートの取り付け作業を行っていたところ、足を掛けていた仮設用エレベーターの建わくを踏み外し、はずみで地上に墜落した。

同種の作業で予測されるその他の危険性

① 足場を移動中、バランスを崩して墜落する

② 建わくを昇降中、足を踏み外して墜落する

③ 足場の端部から墜落する

④ 作業中、工具を落下させる

事例 5 仮設用エレベーターシャフトの養生中に墜落

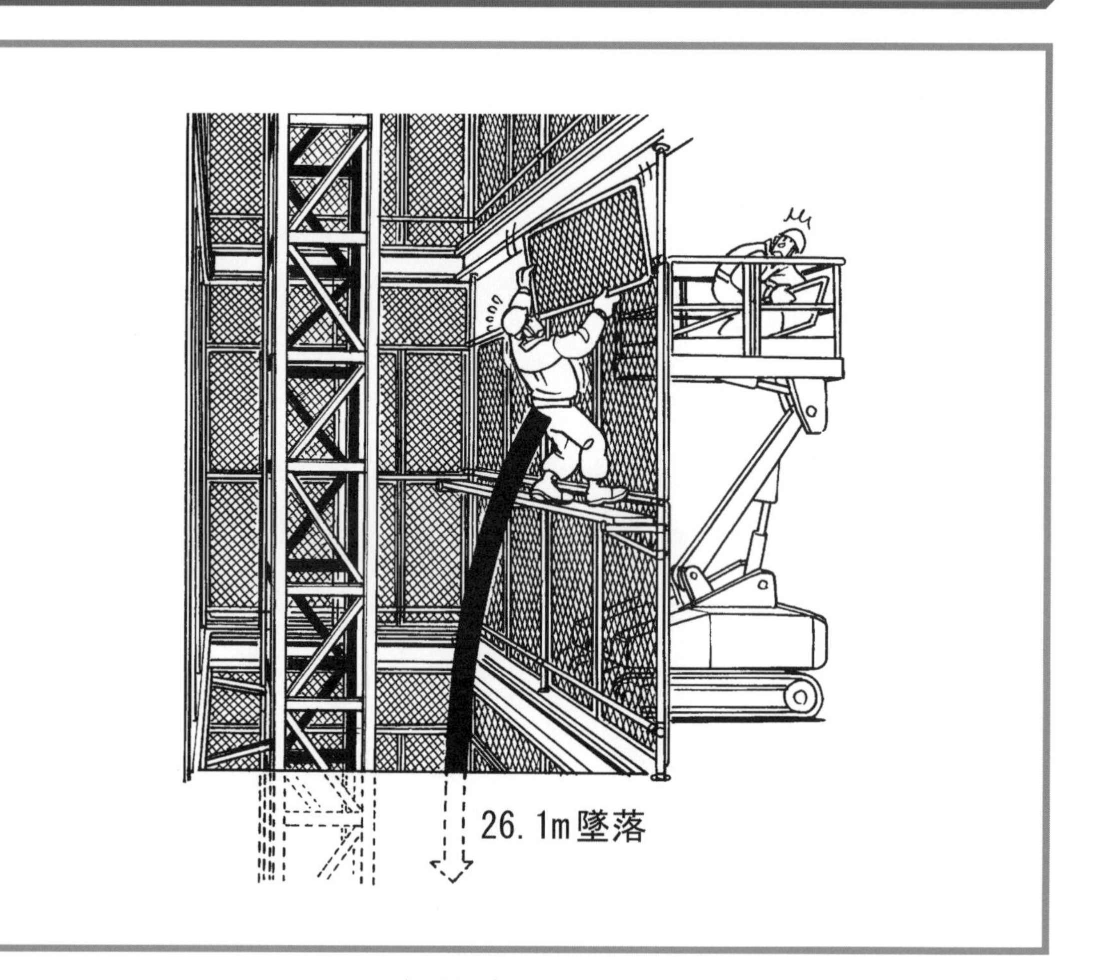

被災者の状況

職種：とび工
年齢：41歳
経験年数：24年
請負次数：２次

災害の発生状況

仮設用エレベーターシャフトの養生わくを設置するため、ブラケット足場上でカラビナに安全帯のフックを掛け、U字づり状態で作業していたところ、フックを掛けていたカラビナが破損し、26.1ｍ下の床に墜落した。

同種の作業で予測されるその他の危険性

① 養生わく下地を組立て・解体中、バランスを崩して墜落する
② ブラケット足場を昇降中、墜落する
③ 養生わくを落下させる

事例 6 養生シートを引き上げ中、足場の筋かいが折れて墜落

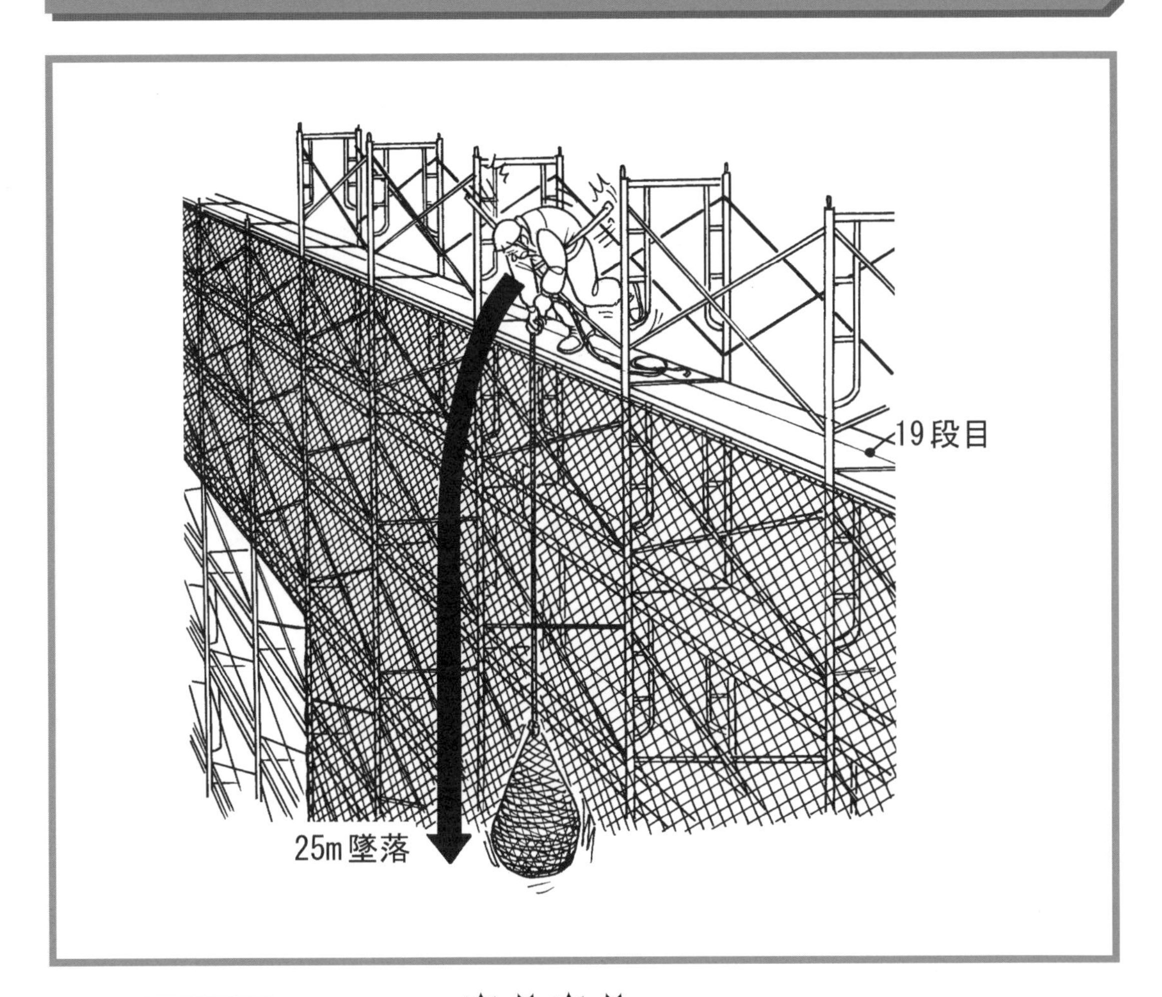

被災者の状況

職種：とび工
年齢：23歳
経験年数：２年
請負次数：３次

災害の発生状況

安全帯を筋かいに掛け、ロープで縛った養生シートを引き上げ中、安全帯を掛けていた筋かいが折れて、２階エントランスホール屋根に墜落した。

同種の作業で予測されるその他の危険性

① 筋かいの間から身を乗り出し、墜落する
② 足場の端部から墜落する
③ 引上げ中の資材を落下させる

事例 7 組立て中の荷取りステージへ進入し墜落

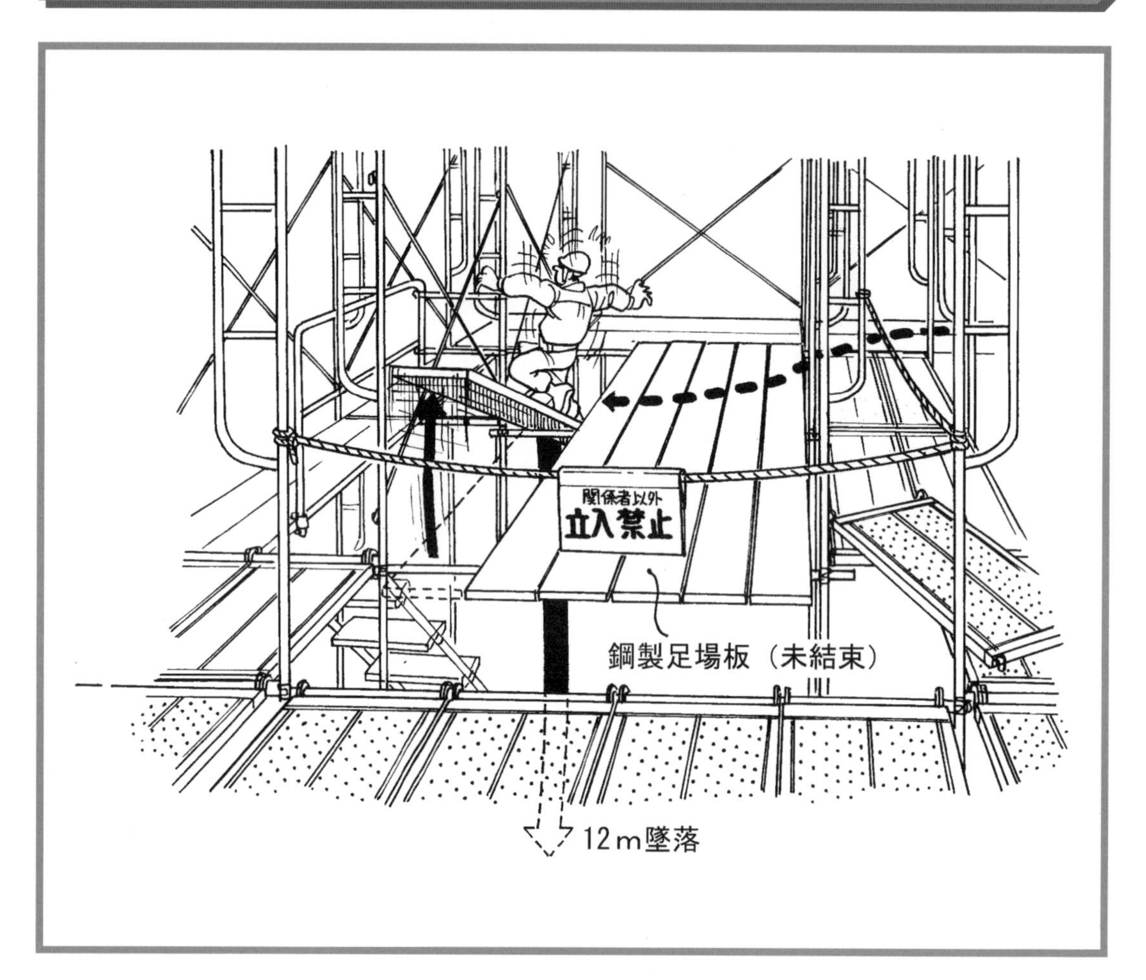

被災者の状況

職種：鉄筋工
年齢：57歳
経験年数：15年
請負次数：２次

災害の発生状況

作業場所に向かうため、仮設の昇降用階段及び通路を歩行していた作業員が、近道をしようとして組立て中の荷取りステージ内へ進入したところ、未結束の足場板が天秤状態となり墜落した。

同種の作業で予測されるその他の危険性

① 開口部とステージの間から墜落する
② 足場板と通路のすき間から墜落する
③ 足場板の結束作業中にバランスを崩し、墜落する
④ 作業中、足場板や工具を落下させ、作業員に激突する

事例 8 足場の作業床が天秤状態になりバランスを崩して墜落

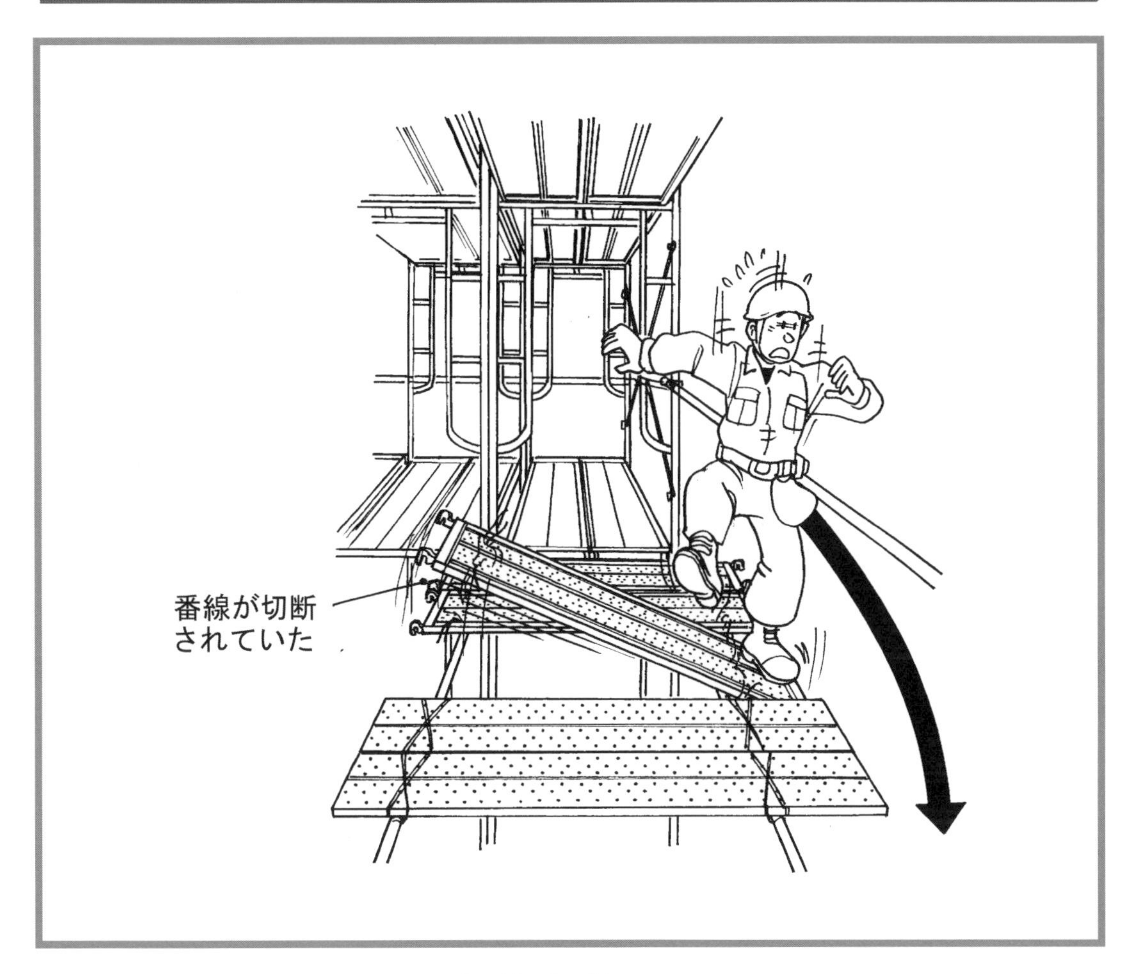

被災者の状況

職種：とび工

年齢：51歳

経験年数：15年

請負次数：２次

災害の発生状況

外部足場の解体を行っていた作業員が、足場の連結通路部分を歩行中、足場の端部が跳ね上がり、バランスを崩して墜落した。

同種の作業で予測されるその他の危険性

① 足場板と手すりの間から墜落する

② 誤って他の作業員が通行し、墜落する

③ 足場板が落下し、下の作業員に激突する

事例 9 未結束の足場板の張り出し部分に乗り、墜落

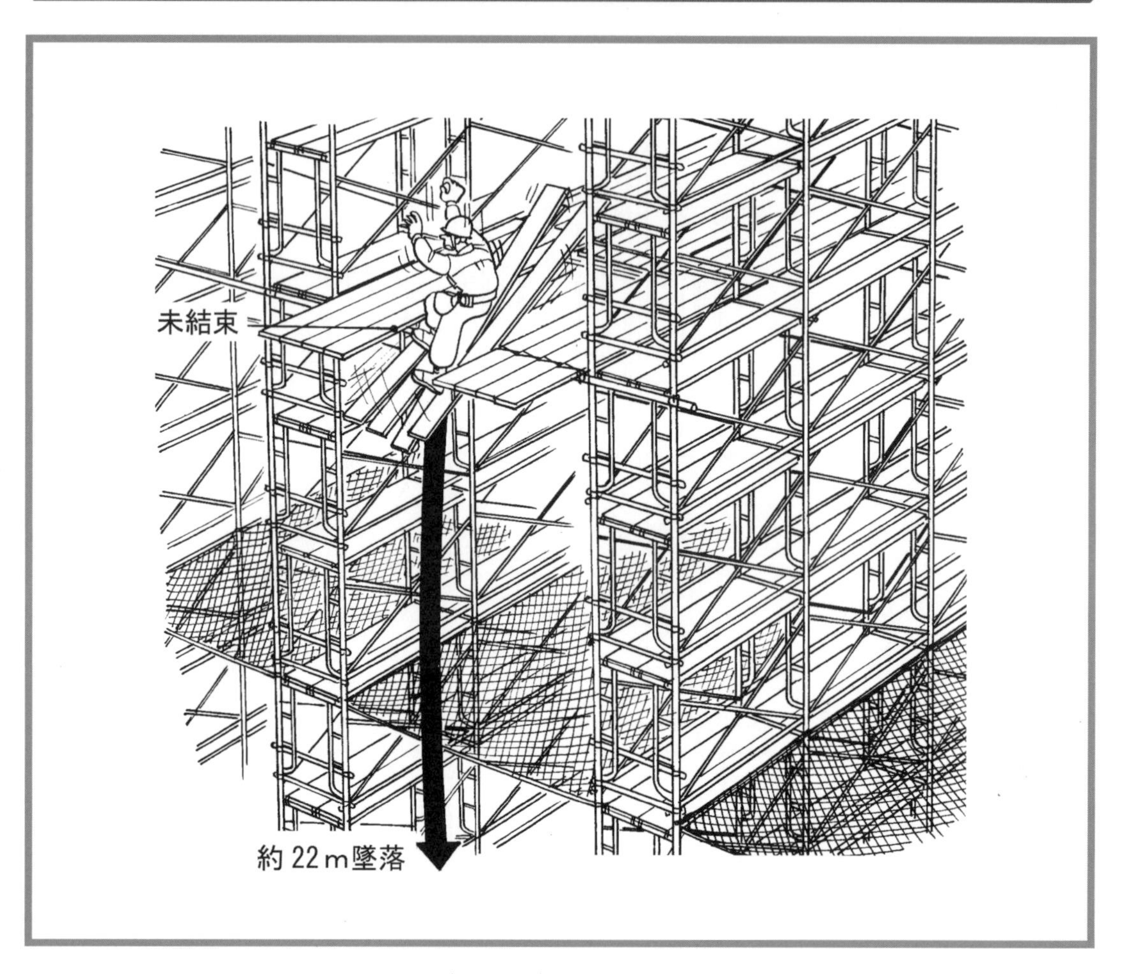

被災者の状況

職種：とび工
年齢：27歳
経験年数：1年
請負次数：2次

災害の発生状況

わく組足場の中間に、単管による棚足場を組み立てる作業を行っていたところ、誤って未結束の足場板の張り出し部分に足を掛けてしまい、天秤状態となった足場板とともに墜落した。

同種の作業で予測されるその他の危険性

① 足場板を敷設中、バランスを崩して墜落する
② 足場板がたわみ、段差につまずいて転倒する
③ わく組足場とステージの間に足を踏み外す

事例 10 解体材の荷下ろし中、つり荷に引きずられて墜落

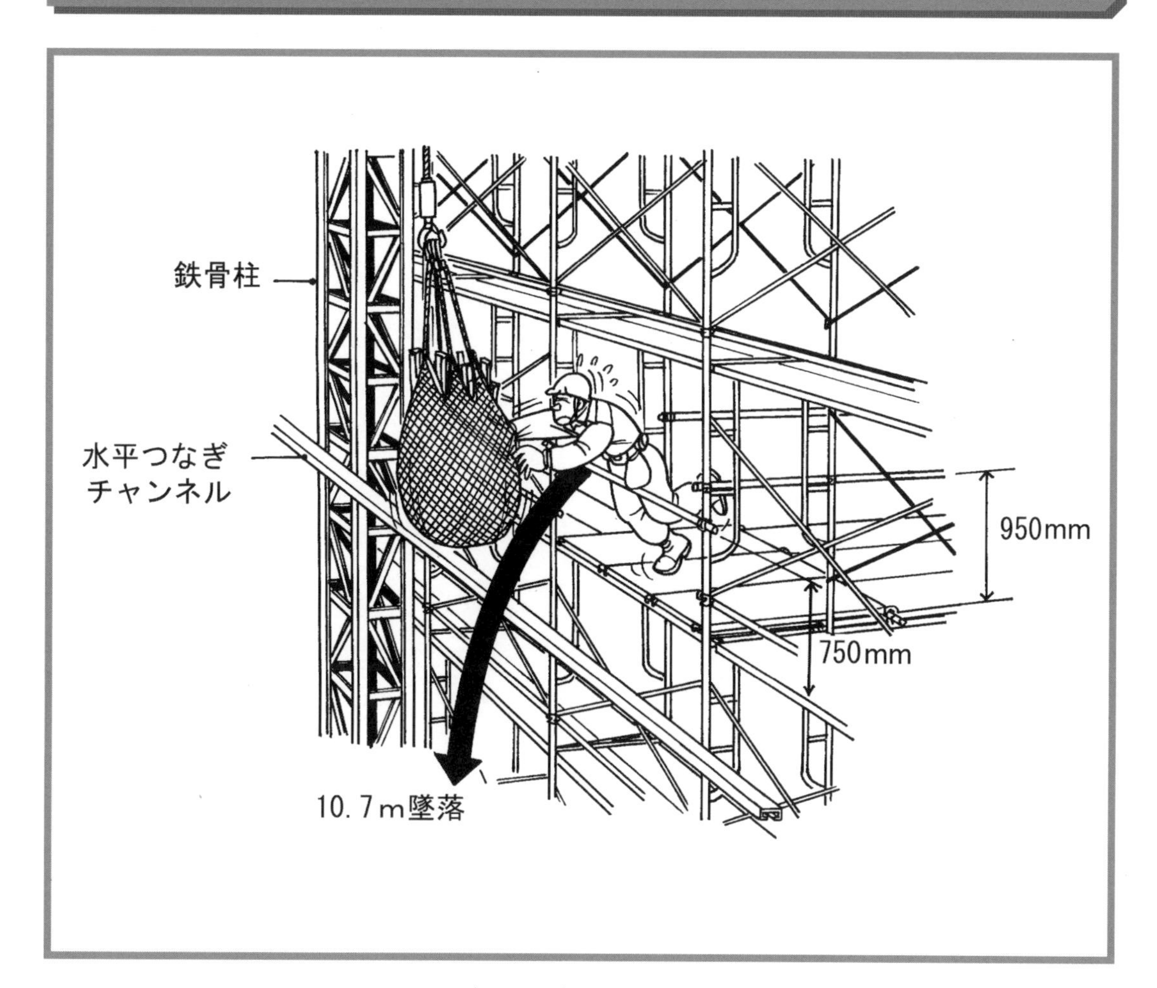

被災者の状況

職種：大工
年齢：49歳
経験年数：１年
請負次数：２次

災害の発生状況

同僚と２人でワイヤーモッコに解体材を積み込み、ベビーホイストで荷下ろしを始めたところ、ワイヤーモッコに引きずられて地上に墜落した。

同種の作業で予測されるその他の危険性

① 端部の手すりを乗り越えて墜落する
② 手すりの下部から墜落する
③ つり荷が振れて、資材を落下させる

事例

11 吹抜け部の棚足場を設置中、足を滑らせ墜落

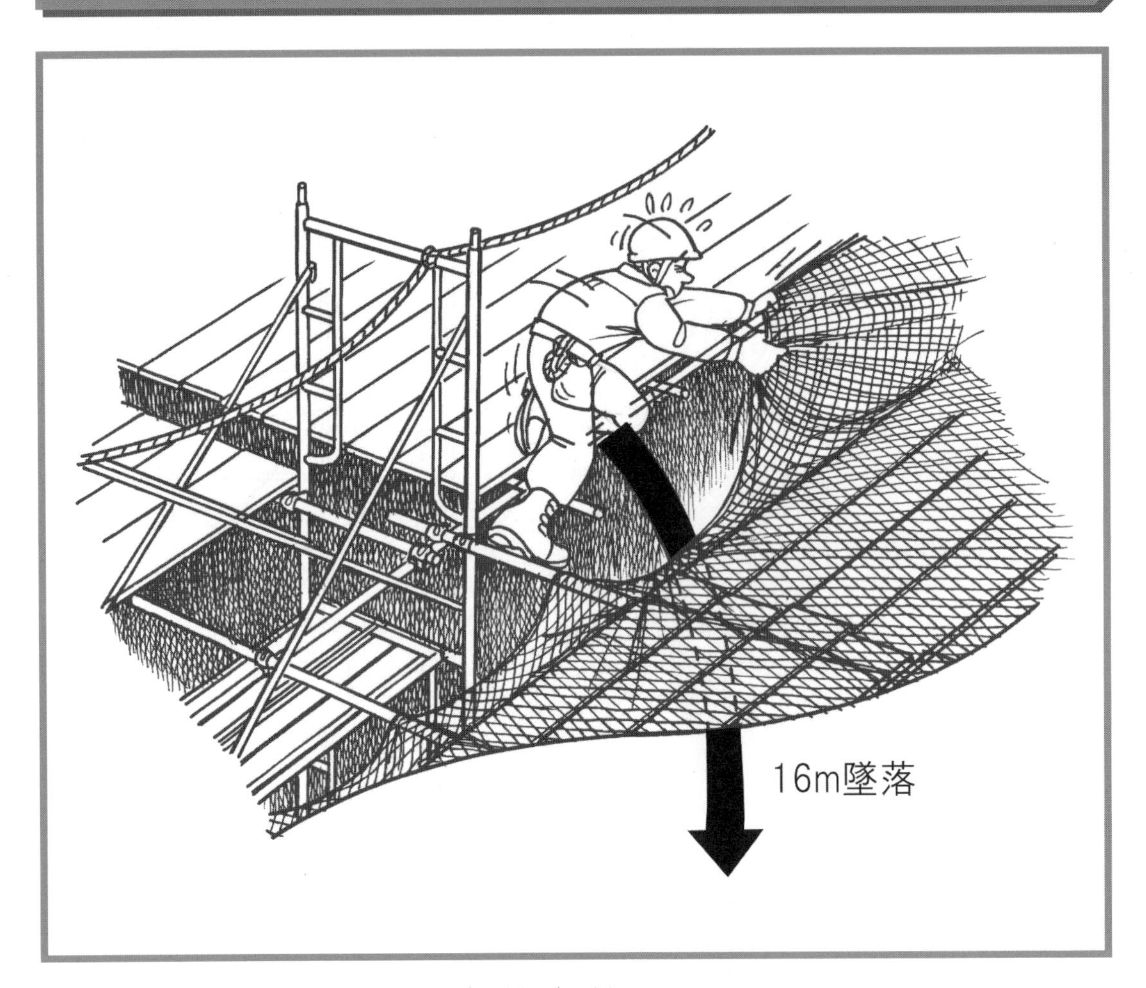

被災者の状況

職種：とび工

年齢：36歳

経験年数：９年

請負次数：２次

災害の発生状況

吹抜け部に組立て中の棚足場に足場板を設置する作業中、単管と足場板に足を掛け、垂れ下がった水平ネットを掛け直そうとした際、足を滑らせて墜落した。

同種の作業で予測されるその他の危険性

① 足場上を歩行中、段差につまずいて転倒する

② 作業中に安全帯を掛けていた親綱が外れて墜落する

③ 足場上で作業中、足を踏み外して足場板に脚部が激突する

事例 12 外部足場の解体中、筋かいのすき間から墜落

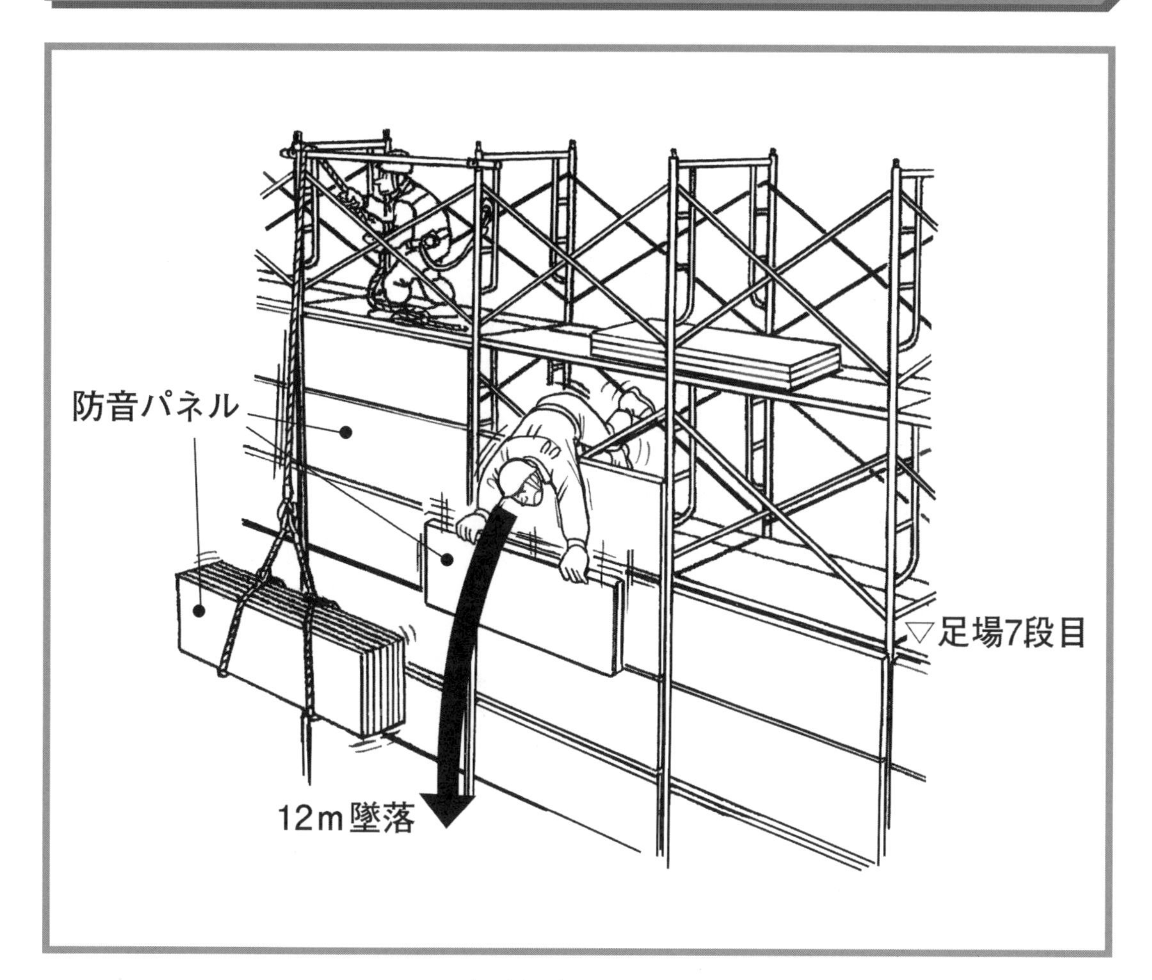

被災者の状況

職種：とび工

年齢：26歳

経験年数：1年

請負次数：4次

災害の発生状況

外部足場の解体作業中、取り外した防音パネルを上段にいる同僚に手渡そうとして持ち上げたところ、バランスを崩して筋かいの間から12m墜落した。

同種の作業で予測されるその他の危険性

① 足場解体作業中、筋かいが外れて墜落する

② パネルをつり下ろし中、荷が崩れて落下する

③ パネルを取り外し中、手を滑らせてパネルを落下させる

事例 13 外部足場の解体中、つり上げた建枠に引きずられて墜落

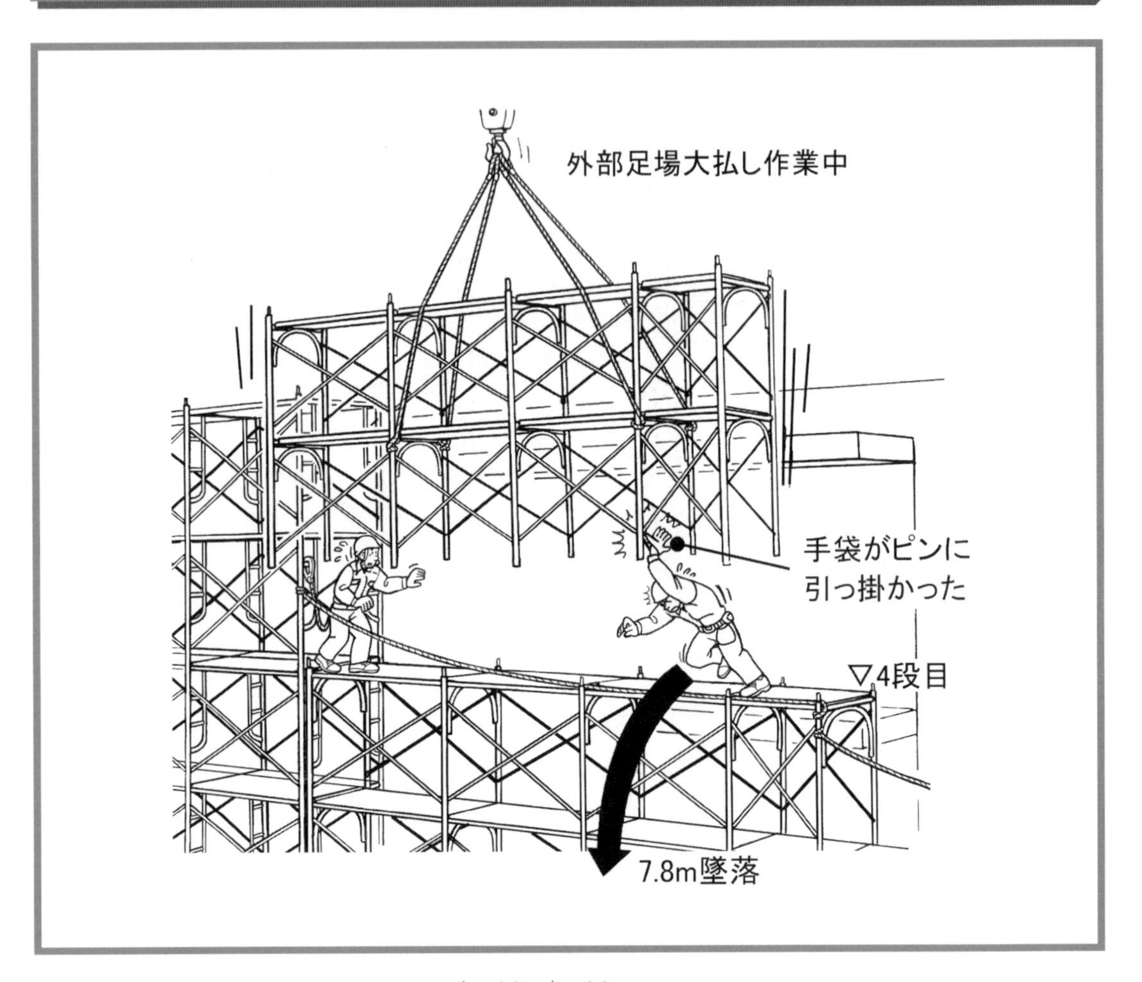

被災者の状況

職種：とび工
年齢：62歳
経験年数：25年
請負次数：１次

災害の発生状況

外部足場をユニットで解体中（大払し）、つり上げた足場のブロックを旋回した際、建枠のピンに皮手袋が引っ掛かり、バランスを崩して地上へ墜落した。

同種の作業で予測されるその他の危険性

① 玉掛けワイヤーが破断し、足場が落下する
② 作業中にバランスを崩し、足場から墜落する
③ つり上げた足場から部材が落下する

事例 14 昇降階段を使用せず、足場伝いに昇降中に墜落

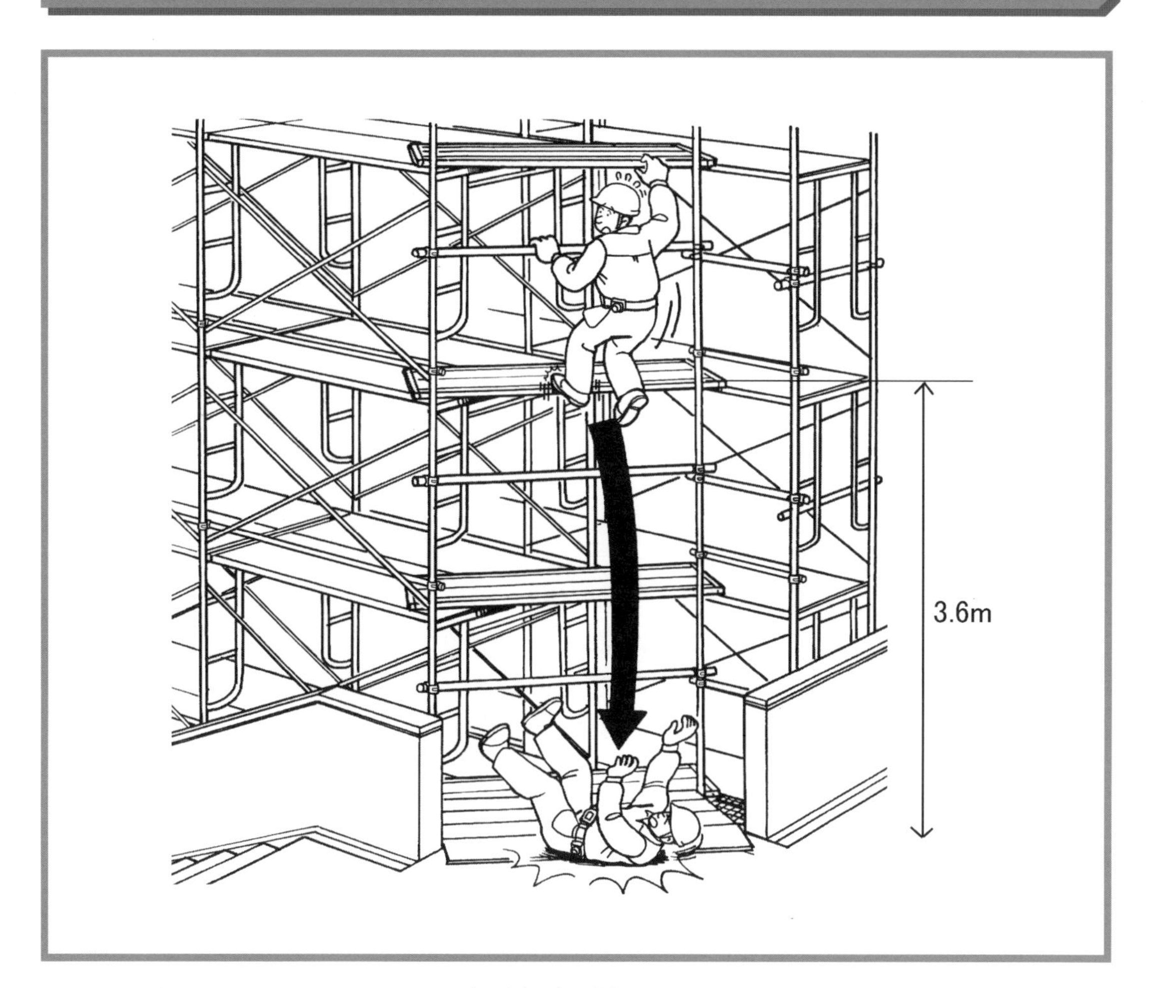

被災者の状況

職種：型枠大工
年齢：57歳
経験年数：20年
請負次数：３次

災害の発生状況

建物内の階段室が仕上げ作業中であったため、外部足場のコーナー部を足場伝いに降りたところ、足を滑らせて墜落した。

同種の作業で予測されるその他の危険性

① コーナー部の手すりの間から墜落する
② 足場上で作業中、資材や工具を落下させる
③ 足場の脇を通行する際、足場の部材に激突する

事例15 フォークがつり構台端部に接触し、構台が外れて墜落

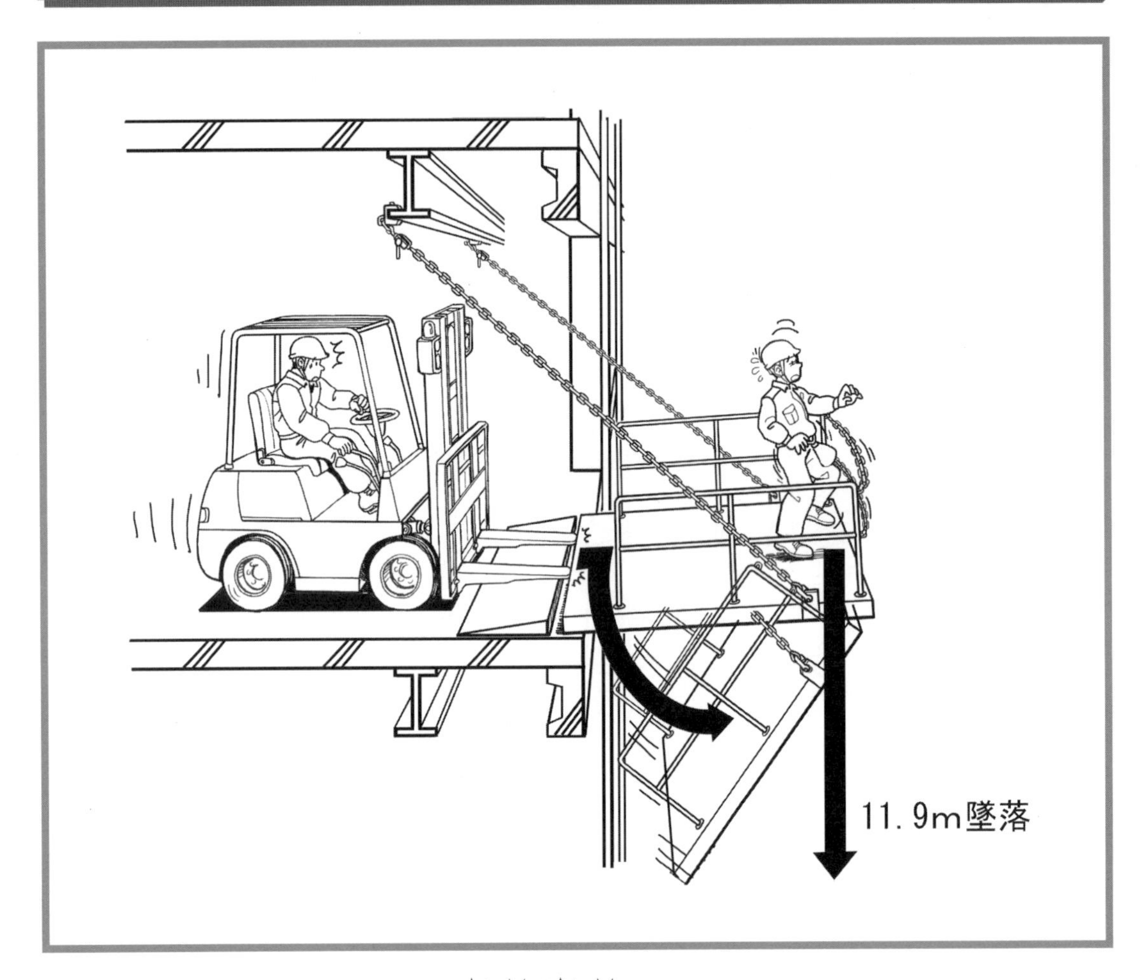

被災者の状況

職種：とび工

年齢：20歳

経験年数：3年

請負次数：3次

災害の発生状況

鋼材の取込作業中、フォークリフトのフォークがつり構台端部に接触し、外側に押された構台が外れ、ステージ上にいた作業員が墜落した。

同種の作業で予測されるその他の危険性

① 荷取り作業中、フォークリフトに激突される

② 構台上から資材が落下する

③ 構台のつりワイヤーの固定金具が外れ、構台が落下する

開口部からの墜落・転落災害

建設現場における開口部は、床の端部（作業床の端部、屋上、階段、構造物間の隙間等）、床に生ずる開口（荷上げ・荷下ろし用、マンホール、ピット、床点検口等）、壁の開口（窓、ドア、エレベーター出入口等）があり、工事の進捗に伴って現れるこれらの開口部を事前に把握しておくことが大切です。

労働安全衛生法は、開口部等には、「囲い、手すり、覆(おお）い等」の設置を求めています。工事の計画段階で予測される開口部等に対して、堅固な設備の設置方法を定めておきましょう。

事例 1 荷下ろし中に建設用リフトとステージの隙間から墜落

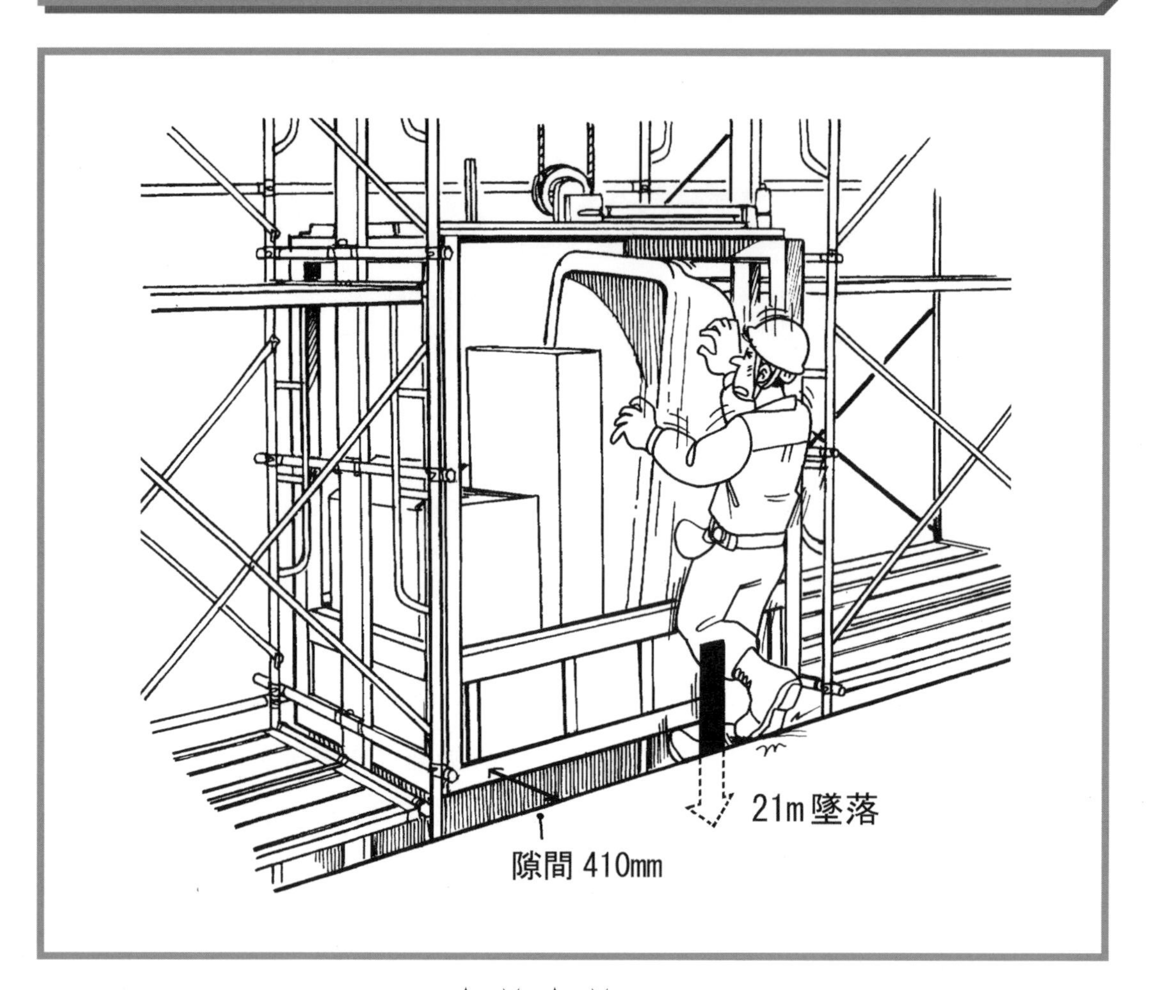

被災者の状況

職種：設備工
年齢：40歳
経験年数：18年
請負次数：５次

災害の発生状況

ＲＣ造９階建てマンション工事現場の８階において建設用リフト（積載荷重240kg）の搬器から荷下ろしを行う際、搬器とステージとの開口部から設備工が21ｍ下の地上に墜落し、死亡した。

同種の作業で予測されるその他の危険性

① 躯体とリフトの隙間から資材が落下する
② 搬器に載せた機材が倒れ、作業員が挟まれる
③ 搬器に載せた機材が倒れ、外側に落下する
④ 搬器と足場部材の間に手足が挟まれる

事例 2 開口部脇を通ろうとして墜落

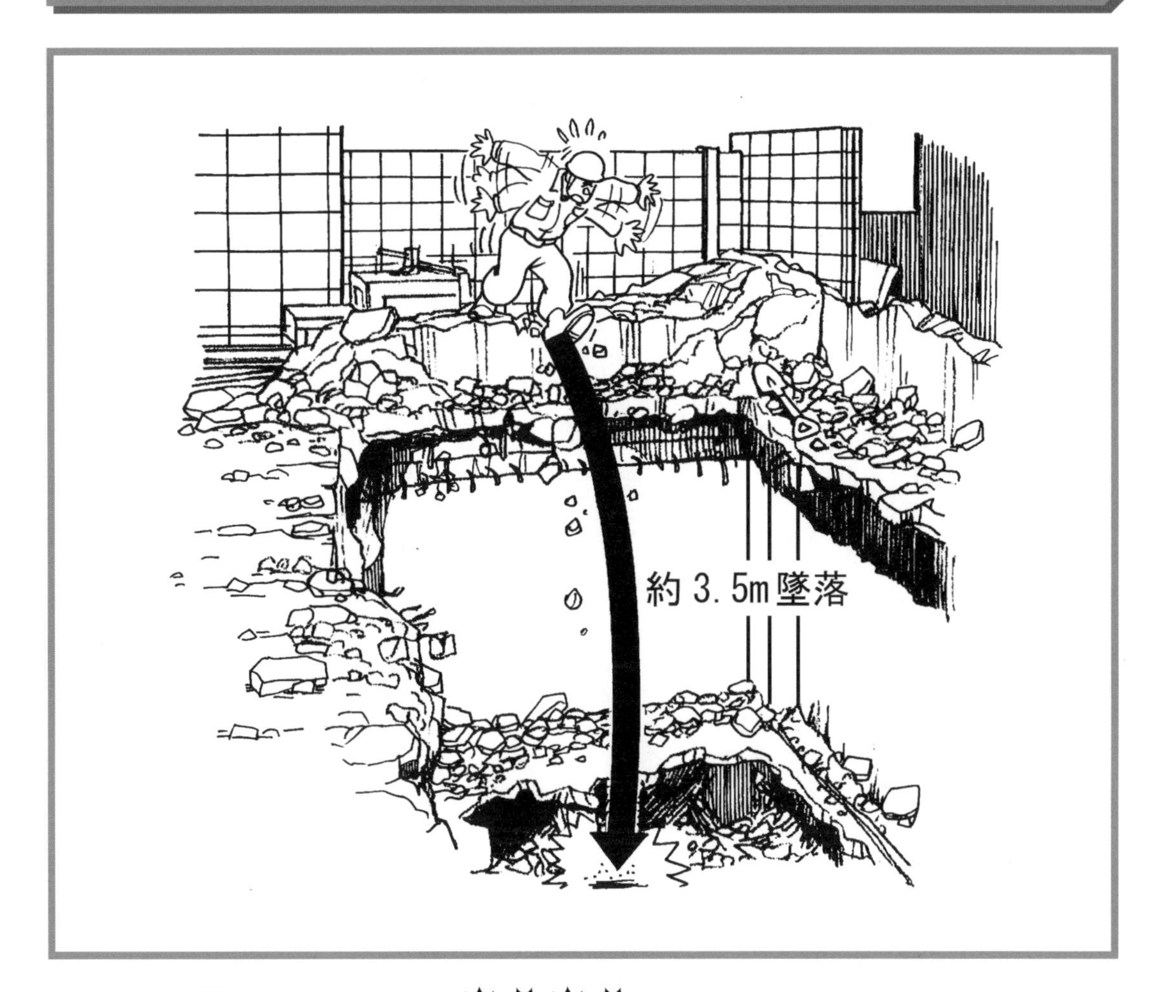

被災者の状況

職種：土工
年齢：60歳
経験年数：12年
請負次数：３次

災害の発生状況

ＲＣ造の建物の解体作業中、土工が開口部脇を通ろうとした際に足を滑らせ、約3.5ｍ下の地下１階コンクリートガラ部に墜落し、死亡した。

同種の作業で予測されるその他の危険性

① 解体中のスラブが崩落する
② 解体中の部材が倒壊する
③ 歩行中、解体ガラにつまずき、転倒する
④ 解体ガラが落下する

事例 3 作業場所の確認中、開口部から墜落

被災者の状況

職種：防水工

年齢：30歳

経験年数：11年

請負次数：３次

災害の発生状況

４階床面のシール工事のため、防水工が秤量器の上に乗って作業場を確認中、吹き抜け開口部から２階の床に墜落し、死亡した。

同種の作業で予測されるその他の危険性

① 床面から、資機材が吹き抜け部に落下する

② 資機材につまずいて転倒する

③ シール工事中にバランスを崩し、開口部から墜落する

事例 4 開口部養生蓋の上に生コンを仮置き中、矢板が折れて墜落

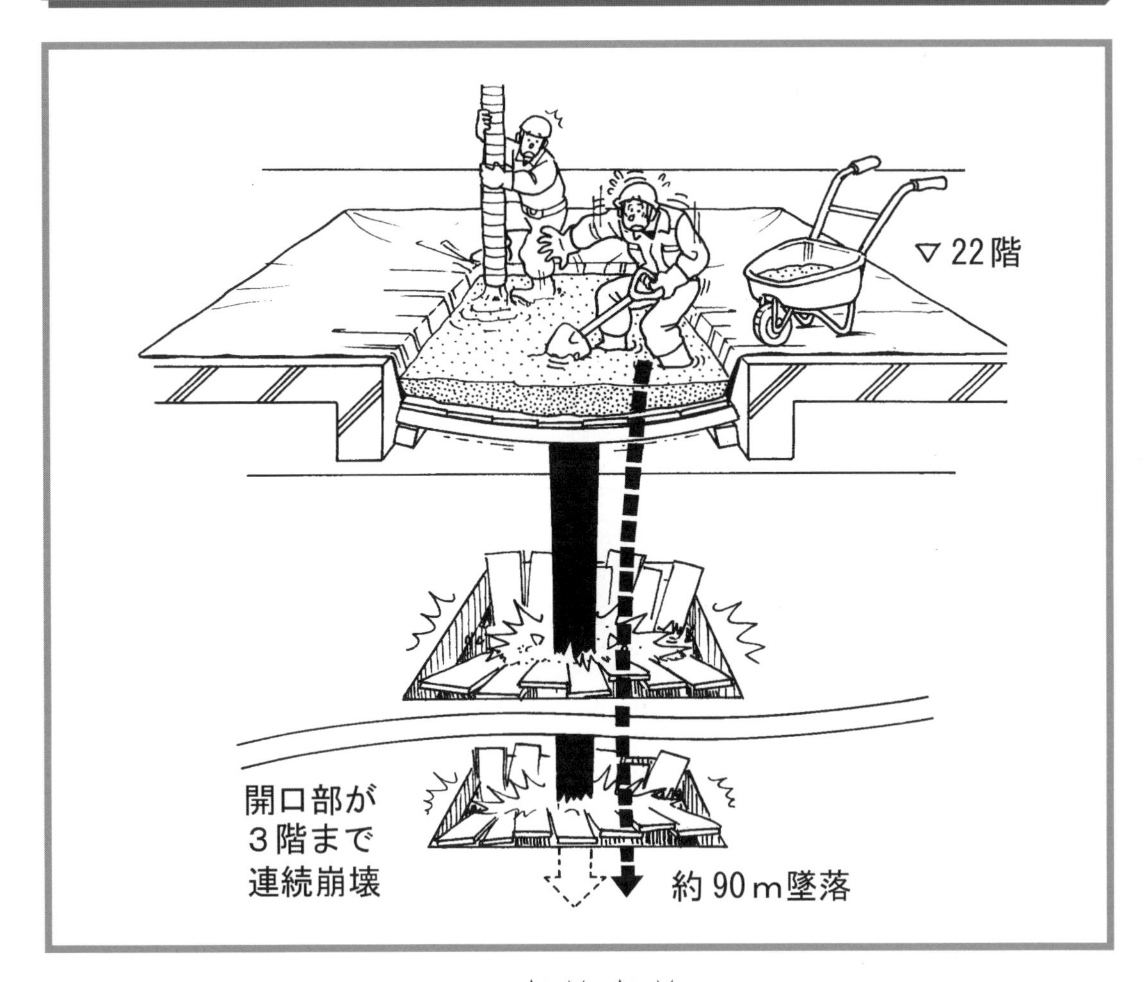

被災者の状況

職種：土工
年齢：44歳、56歳
経験年数：1年、26年
請負次数：1次

災害の発生状況

コンクリートを打設するため、厚さ40mmの木製矢板を使用したエレベーター開口部養生蓋の上に、コンクリートを仮置きしたところ、重さで矢板が折れて、作業中の作業員2人が地上まで墜落した。

同種の作業で予測されるその他の危険性

① 開口部の段差を踏み外して転倒する
② 開口部の蓋を取り外そうとして墜落する
③ 開口蓋受けアンカーが抜けて養生蓋が崩壊する

事例 5 鉄骨ボルトを本締め中、外部足場と鉄骨の間から墜落

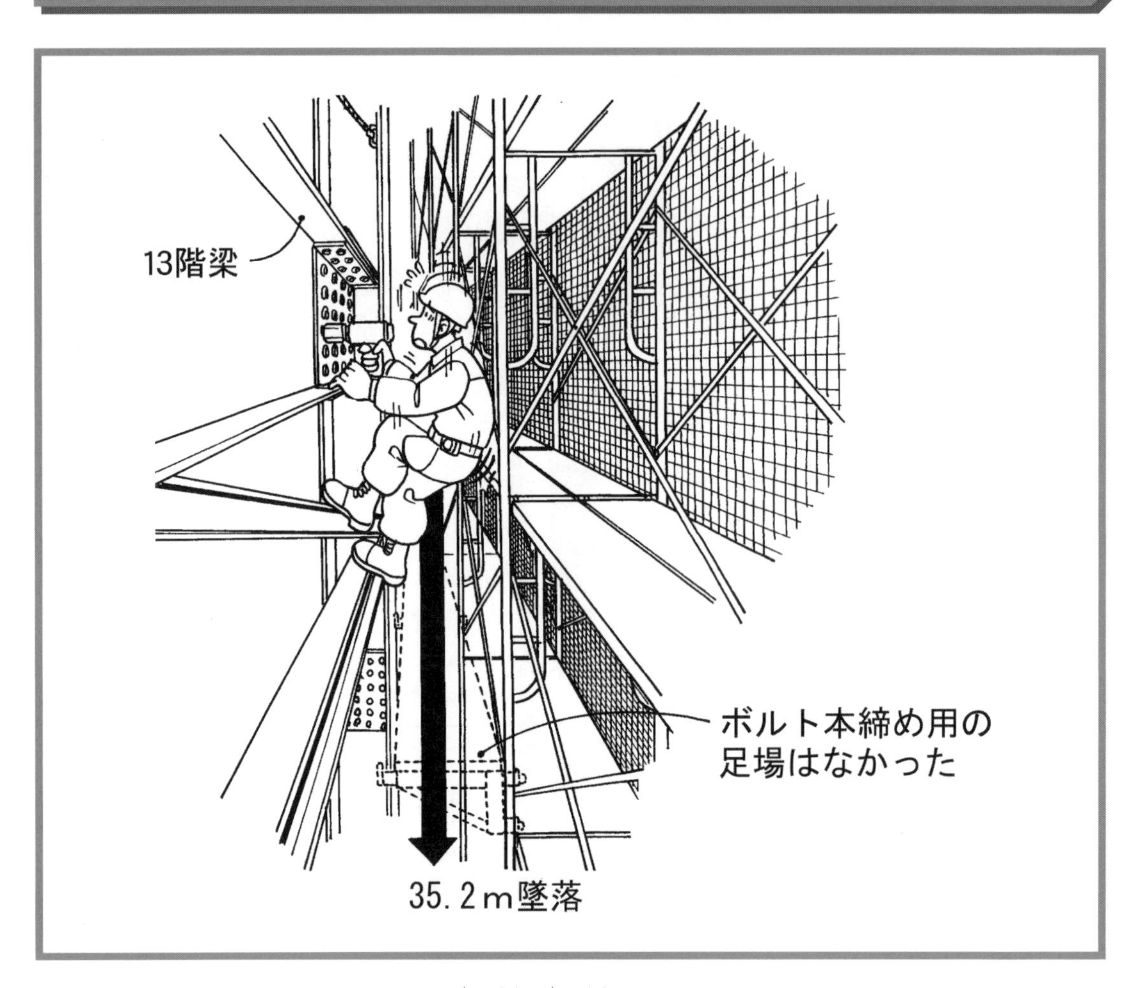

被災者の状況

職種：鉄骨工
年齢：60歳
経験年数：32年
請負次数：２次

災害の発生状況

エレベーター棟13階の梁鉄骨の本締め作業中、梁外側のボルトを締めようとして、外部足場に身体を預けて作業を行っていたところ、バランスを崩して足場と鉄骨の間から墜落した。

同種の作業で予測されるその他の危険性

① 電動工具、ボルト等を落下させ、下の作業員に激突する
② 作業中にバランスを崩し、鉄骨や足場に激突する
③ 片手で電動レンチを操作しているため、反動で手をひねる

事例 6 天井内で配線中、ダクトスペース開口部から墜落

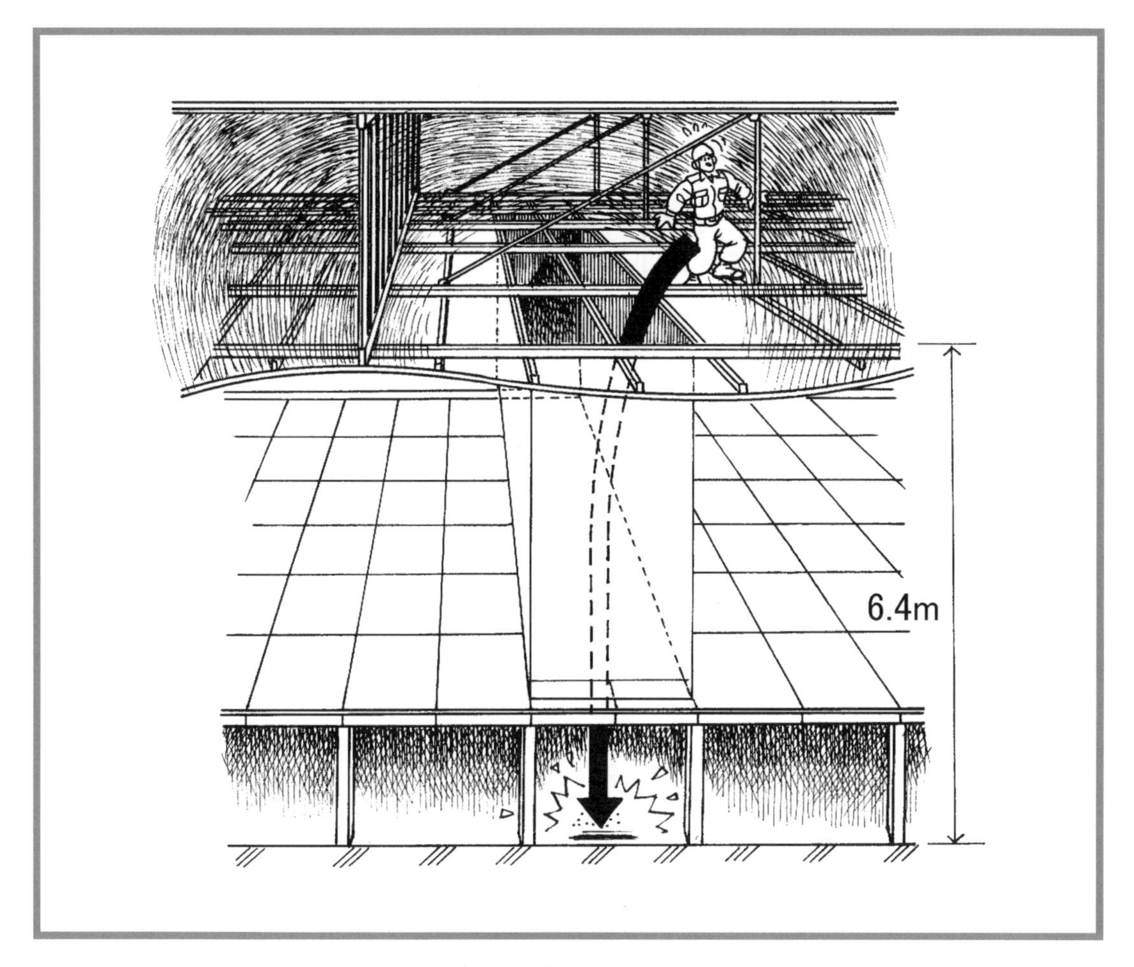

被災者の状況

職種：電工
年齢：22歳
経験年数：３年
請負次数：２次

災害の発生状況

システム天井の歩行用パネル上で配線作業を行っていたところ、バランスを崩してダクトスペース開口部から墜落した。

同種の作業で予測されるその他の危険性

① 歩行用パネルを踏み外し、パネルを突き破って墜落する
② 開口部付近で作業中、資材や工具が落下し、下の作業員に激突する
③ 歩行中、天井用つりボルトに激突する
④ つりボルトや金具が外れ、天井が崩壊する

事例 7　２階開口部からネットを投下中に墜落

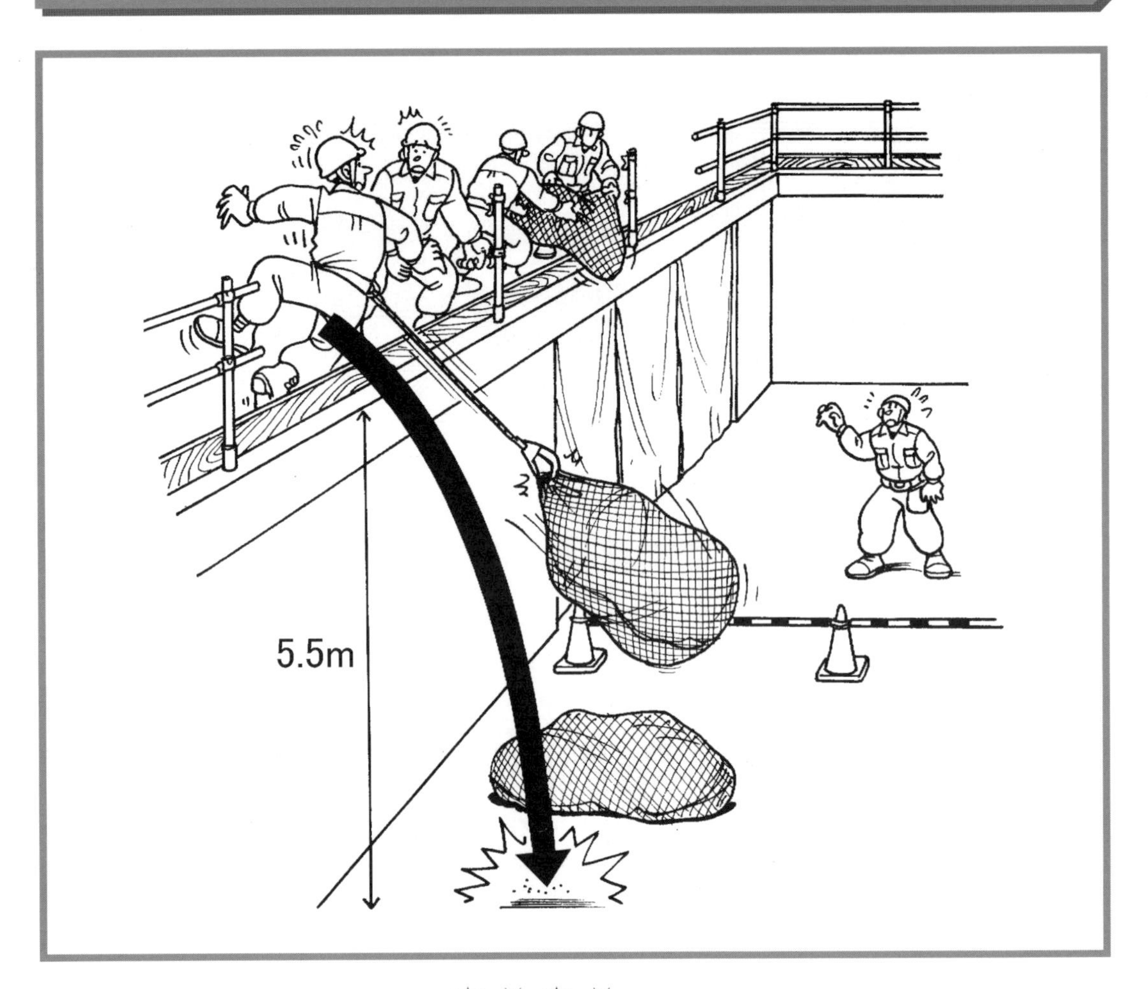

被災者の状況

職種：とび工
年齢：46歳
経験年数：14年
請負次数：３次

災害の発生状況

２階開口部手すりの一部を取り外し、仮置きしていたネット（重さ45kg）を投下していたところ、投げ下ろしたネットに安全帯が引っ掛かり、ネットと共に１階スラブ上に墜落した。

同種の作業で予測されるその他の危険性

① 手すりを取り外す作業中、バランスを崩し墜落する
② 投下したネットが下の作業員に激突する
③ 投下作業中、ネットが作業服に引っ掛かり、墜落する

事例 8 ピットの中を覗き込んだ際にバランスを崩して墜落

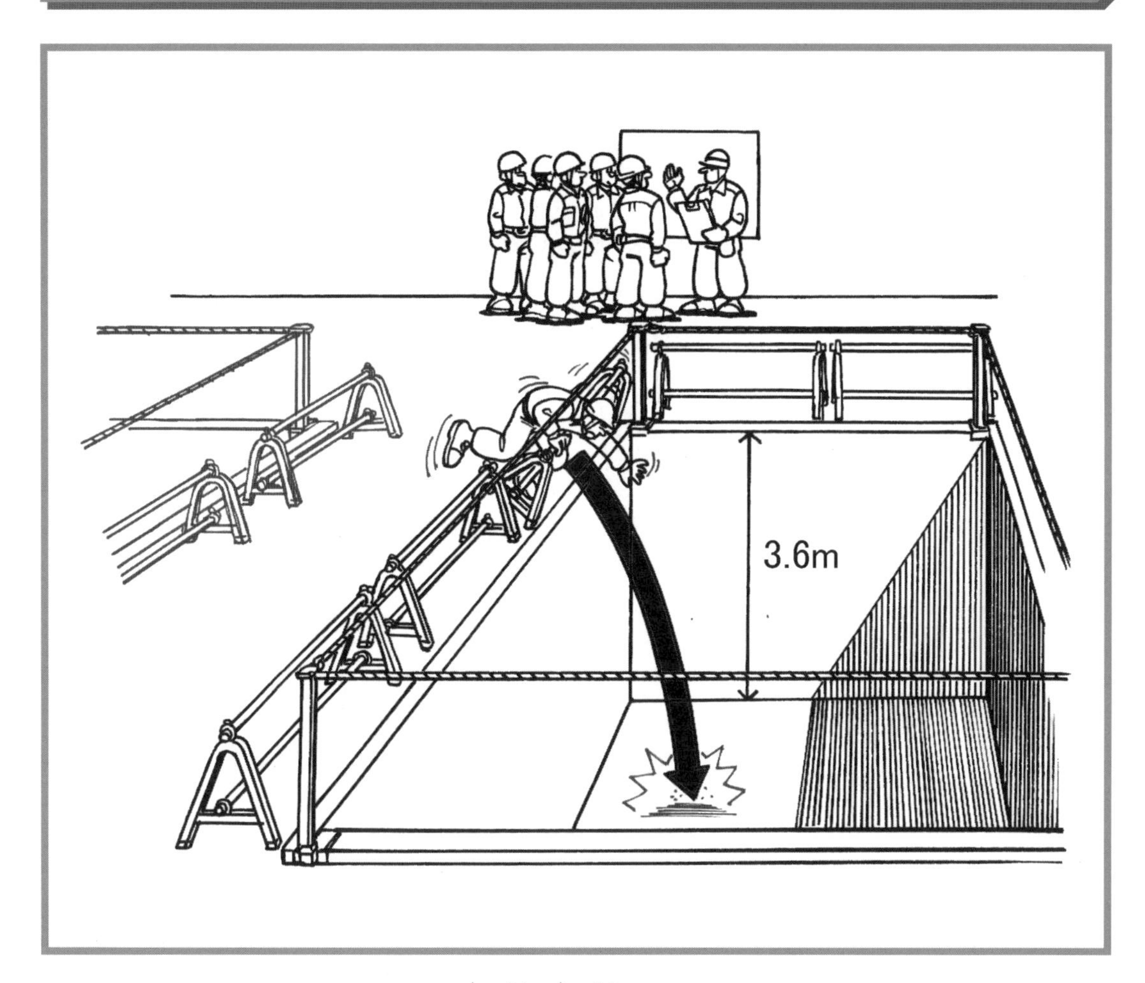

被災者の状況

職種：職長

年齢：55歳

経験年数：36年

請負次数：１次

災害の発生状況

朝のミーティング中にピット内部のことが気になり、開口部周囲に設置していたA型バリケードを掴んで覗き込んだところ、バランスを崩してピット内部に墜落した。

同種の作業で予測されるその他の危険性

① 開口部内の昇降中、足を滑らせて転落する

② 上部の作業中、A型バリケードに接触し落下させる

③ 開口部上部で作業中、資材や工具を落下させる

事例 9

側溝据付け中、バールが外れた反動で転落

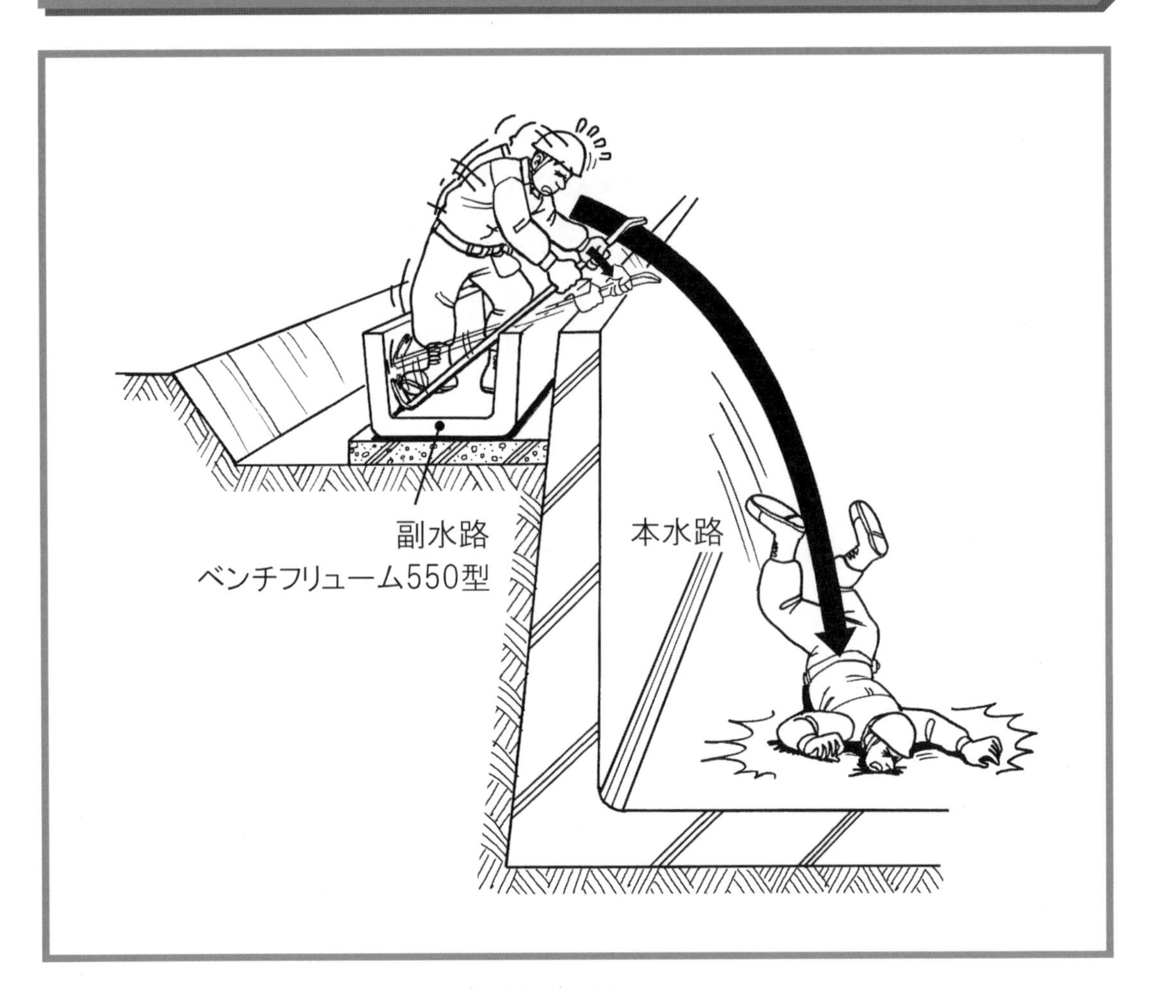

被災者の状況

職種：土工

年齢：61歳

経験年数：20年

請負次数：４次

災害の発生状況

農業水利事業の水路工事で側溝（ベンチフリューム550型、400kg）を据付け作業中、バールに体重を掛けて側溝位置を微調整していた作業員が、バールが外れた反動で水路に転落した。

同種の作業で予測されるその他の危険性

① フリュームをクレーンで設置中、荷が外れて落下する

② Ｌ型水路底部に梯子で昇降中、足を踏み外して転落する

③ ベンチフリューム据付け中、荷振れを起こして激突する

事例10 開口部近くで墜落防止ネットを設置中、墜落

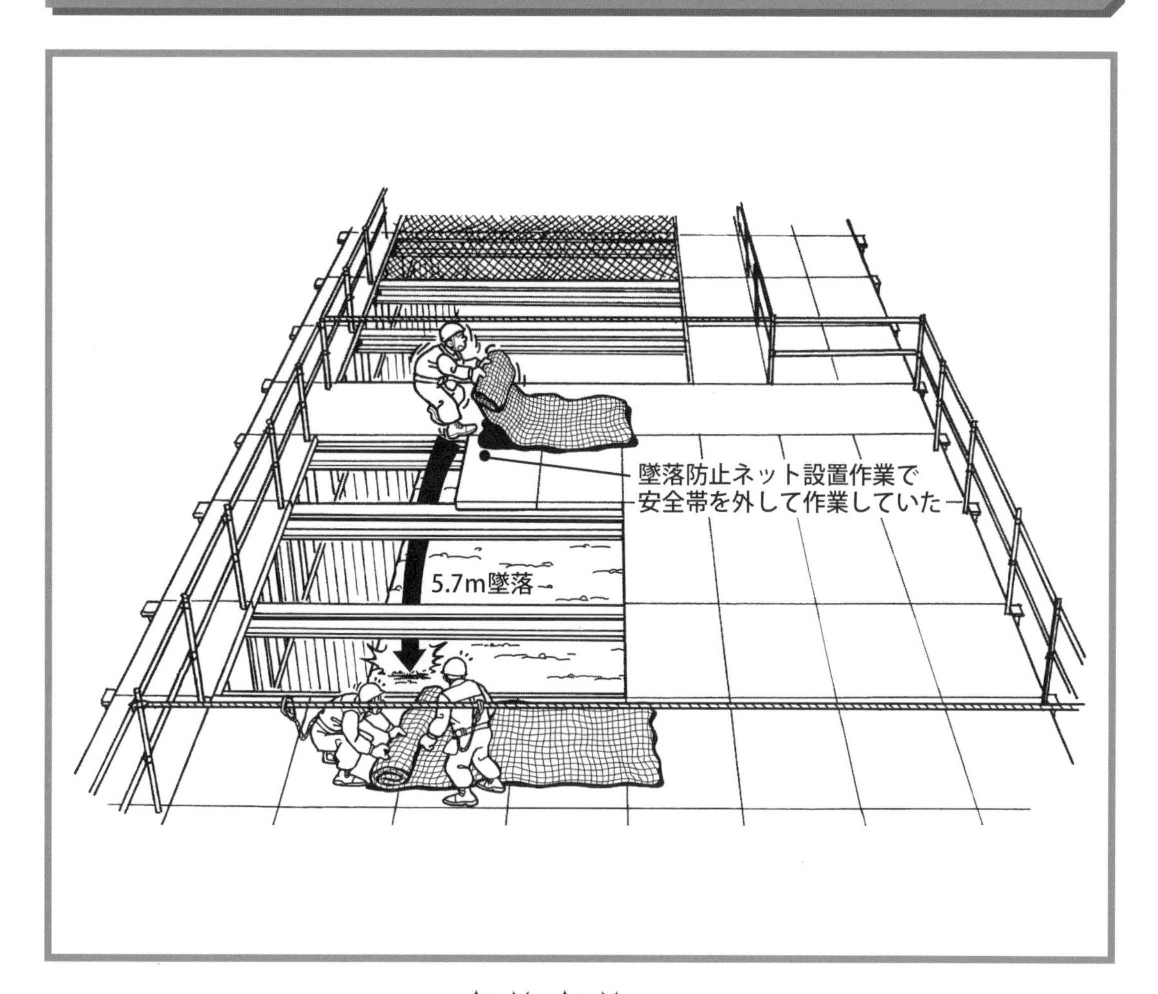

被災者の状況

職種：土工
年齢：53歳
経験年数：８年
請負次数：３次

災害の発生状況

覆工板上で、墜落防止用ネットを掛ける作業を行うためネットを広げていたところ、バランスを崩して開口部から墜落した。

同種の作業で予測されるその他の危険性

① クレーンでつり上げた覆工板を落下させる
② 覆工板の設置・撤去作業中、つり上げた覆工板が振れて激突する
③ 掘削作業中、バケットの土砂が落下し、激突する

事例 11 汚水処理場の地下２階で型枠材を集積中、ピット内部に転落

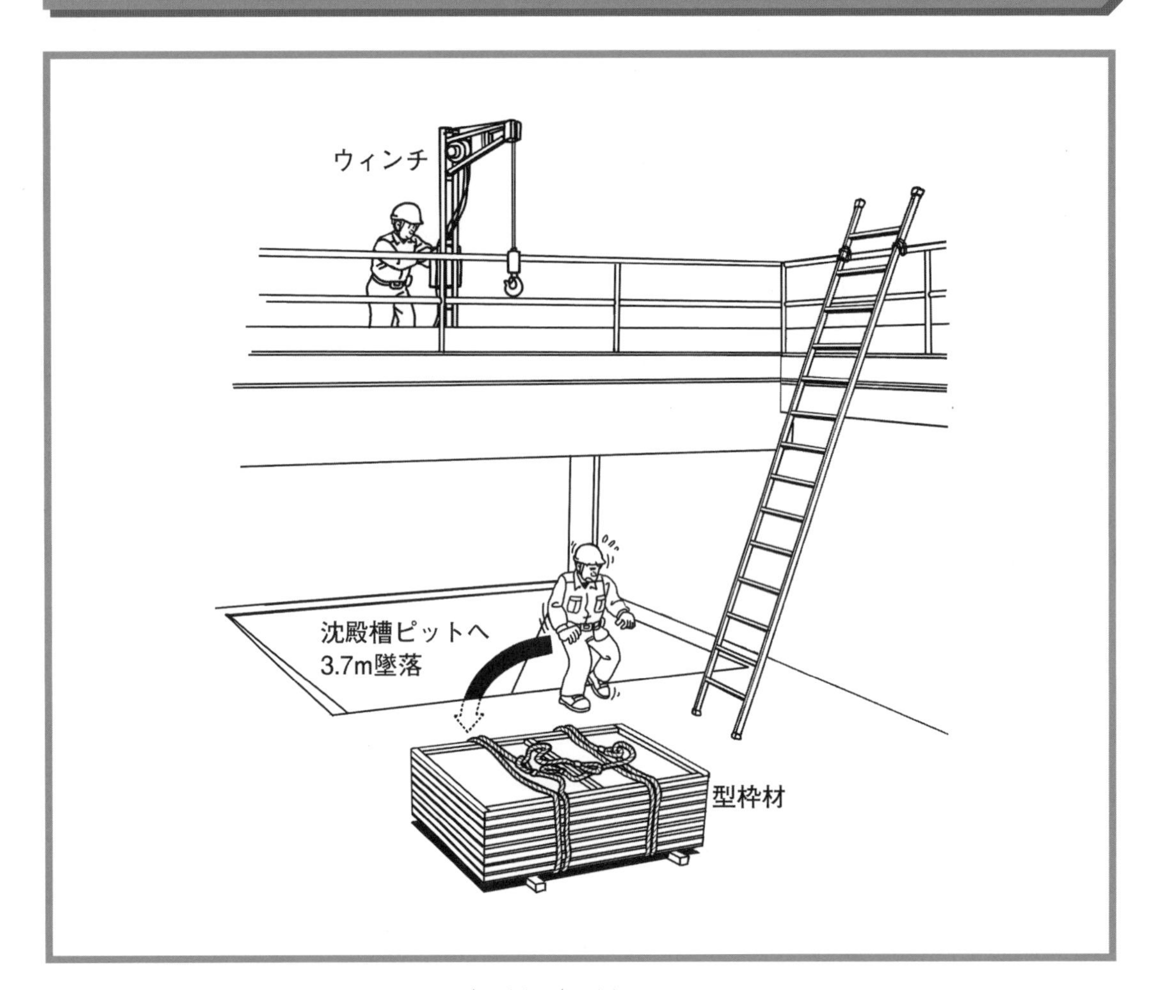

被災者の状況

職種：土工
年齢：69歳
経験年数：20年
請負次数：４次

災害の発生状況

汚水処理場施設の地下２階で、型枠材を集積して地下１階へウィンチでつり上げる作業中、誤って地下２階沈殿槽ピット（H=3.7m）に転落した。

同種の作業で予測されるその他の危険性

① 梯子を昇降する際、足を滑らせ転落する
② ウィンチでつった型枠材を落下させる
③ ウィンチを操作中、作業員が身を乗り出して墜落する

事例12 地下免震ピットの周囲を点検中、開口部から墜落

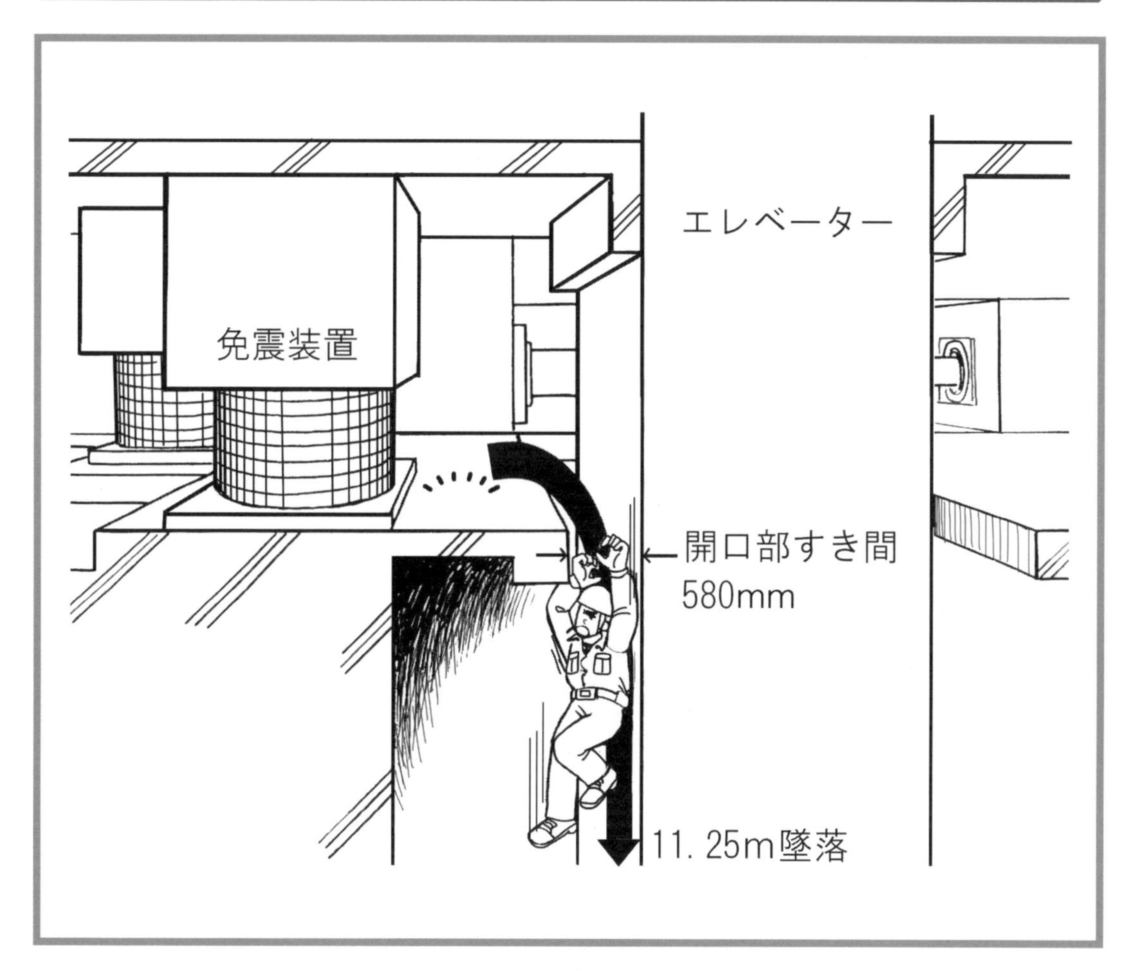

被災者の状況

職種：一次業者職員
年齢：31歳
経験年数：12年
請負次数：一次

災害の発生状況

建物の引き渡し後に、免震ピット内部の点検を行っていたところ、誤ってエレベーターシャフト周囲の開口部から墜落した。

同種の作業で予測されるその他の危険性

① スラブの段差につまずいて転倒する
② ピット内部を移動中、頭部を梁に激突させる
③ 作業中、酸素欠乏症を引き起こす

事例 13 エレベーターシャフトの手すりが外れて墜落

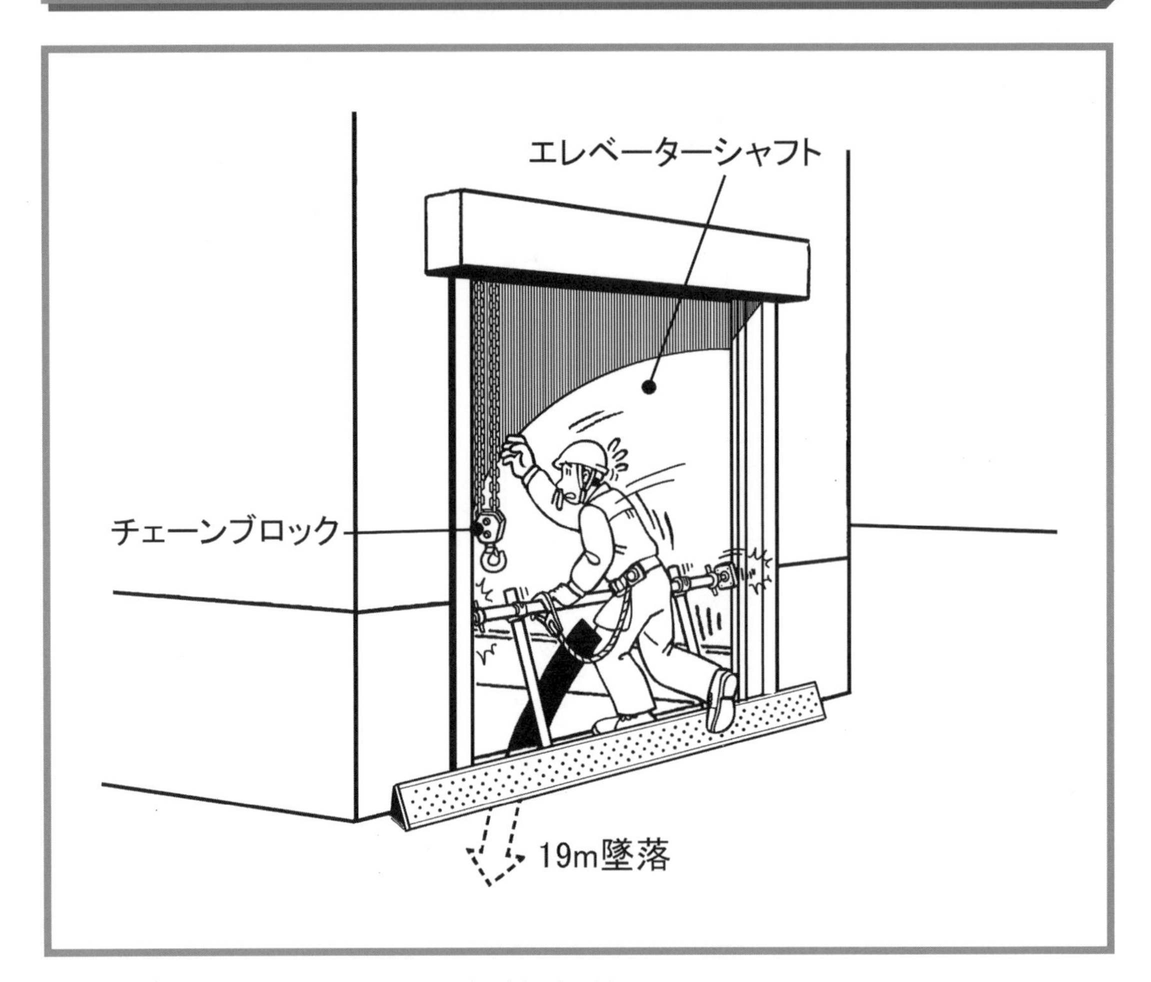

被災者の状況

職種：設備工
年齢：26歳
経験年数：７年
請負次数：３次

災害の発生状況

チェーンブロックのフックを手繰り寄せようと、手すりに安全帯のフックを掛けてシャフト内に身を乗り出したところ、手すりを固定していたジャッキが外れて墜落した。

同種の作業で予測されるその他の危険性

① 開口部から部材や工具を落下させる
② 手すりの隙間から墜落する
③ チェーンブロックでつり上げた資材を落下させる

事例 14 立体駐車場の機械室フロアーを歩行中、開口部から墜落

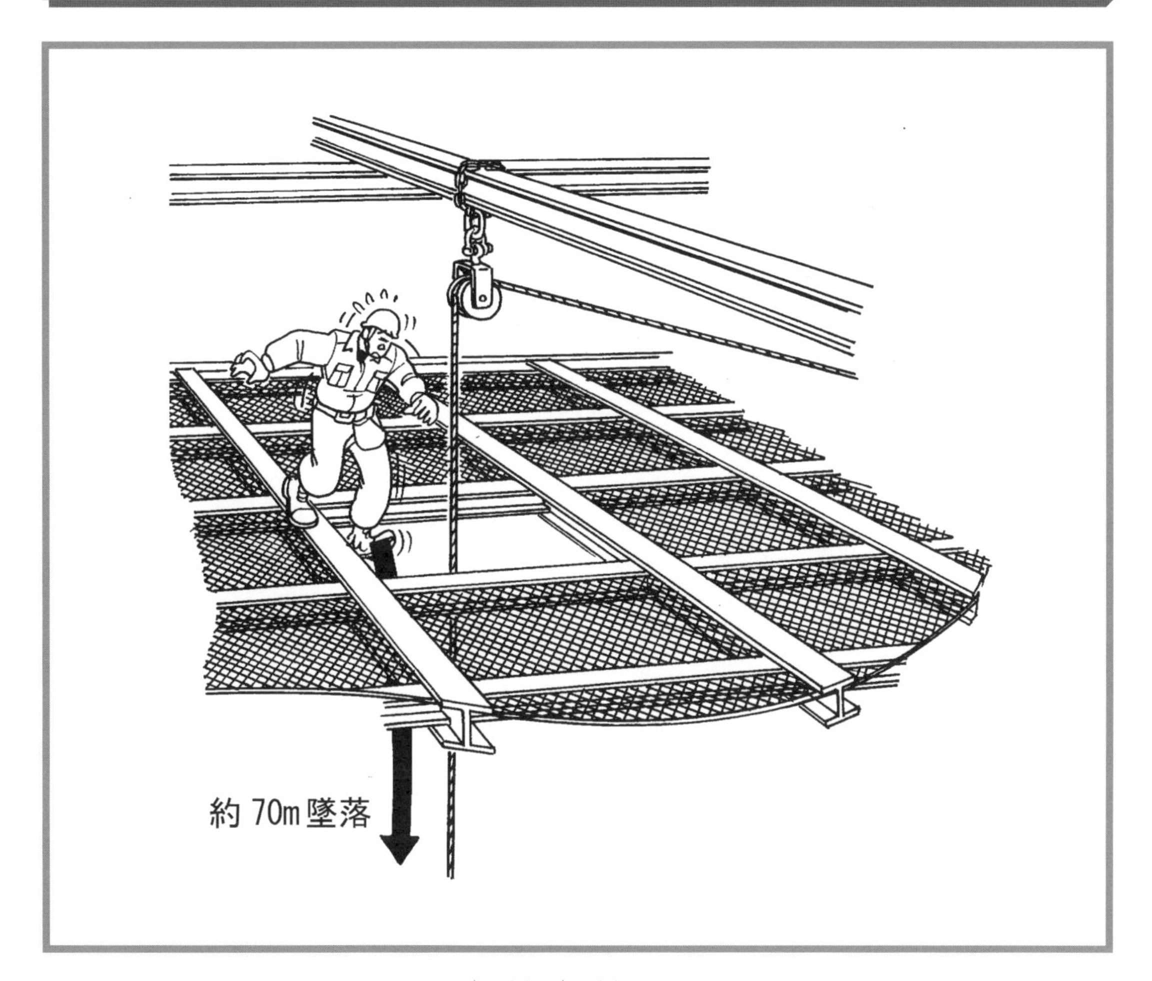

被災者の状況

職種：職長
年齢：52歳
経験年数：20年
請負次数：１次

災害の発生状況

作業場所を確認するために、最上部機械室フロアを点検していたところ、フロア床面に設置してあった材料を荷上げするための仮設ウィンチ用の開口部（560×1400㎜）から１階床まで墜落した。

同種の作業で予測されるその他の危険性

① 開口部脇で荷の取り込み作業中、バランスを崩し墜落する
② フレーム上を歩行中、足を踏み外して転倒する
③ 開口部から資機材が落下し、下の作業員に激突する

簡易足場等からの
墜落・転落災害

２ｍ未満の高さで作業する場合に簡易足場が使用されますが、高さが低いために安易な取り扱いが目立ちます。

立ち馬・踏み台などの簡易足場を設置する場所は水平であることを前提に、昇降時は脚注をつかみながら踏み桟に向いて昇降する、開き止め金具は確実にロックする（完全に開く）、作業床の幅の中で作業を行う、反動のかかる作業を避ける等の取り扱う上での基本を遵守することが大切です。

事例 1　可搬式作業台から転落し、差筋が頭部に突き刺さる

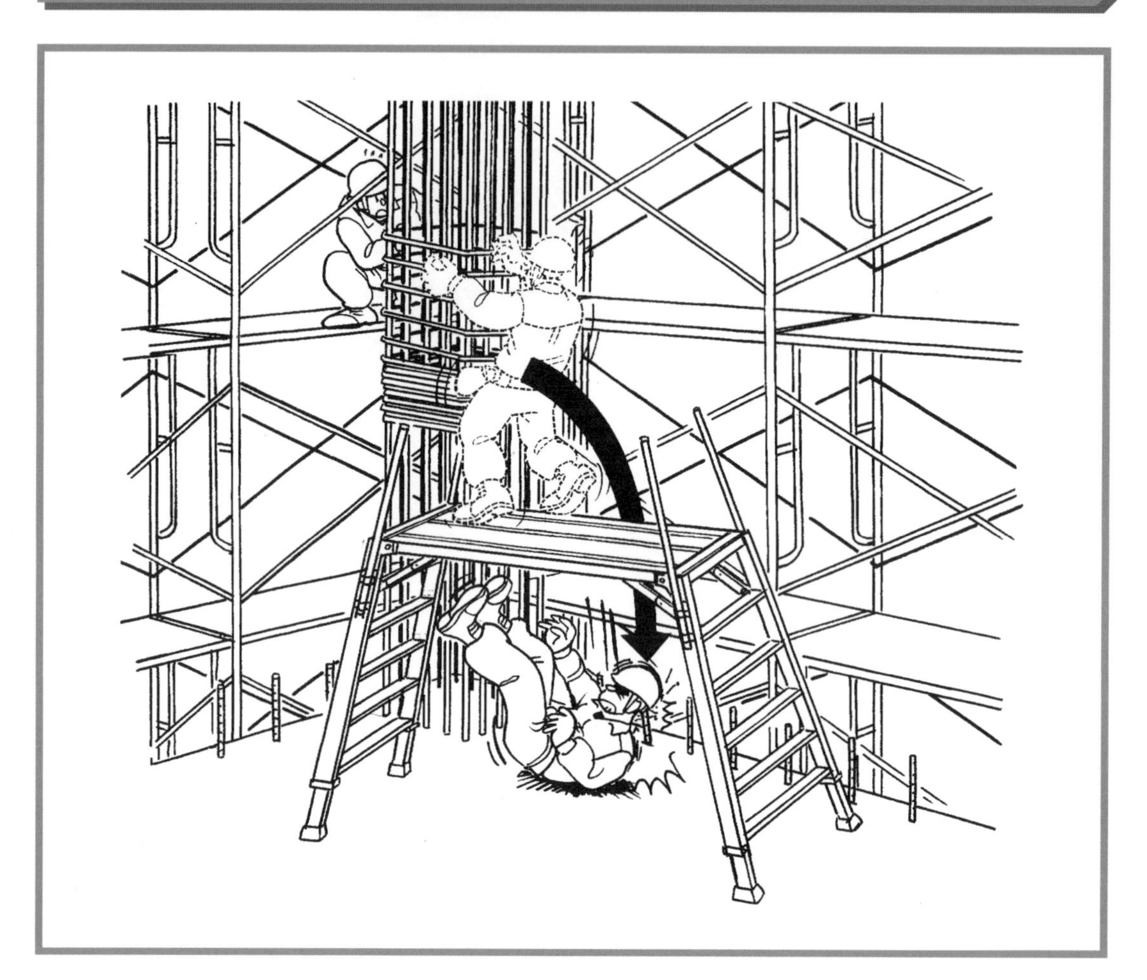

被災者の状況

職種：鉄筋工
年齢：48歳
経験年数：1年
請負次数：3次

災害の発生状況

スパイラルフープ筋を結束中、バランスを崩して可搬式作業台から転落し、スラブ上の差筋（D10、L250）上に倒れ込んだ際、鉄筋が頭部に突き刺さった。

同種の作業で予測されるその他の危険性

① 作業の反動で可搬式作業台がぐらつき、転落する
② 作業の反動で可搬式作業台が転倒する
③ 作業中にバランスを崩し、躯体との隙間から墜落する
④ 可搬式作業台の昇降中、足を踏み外して転倒する

事例

2 可搬式作業台に梯子を乗せて昇降中に転落

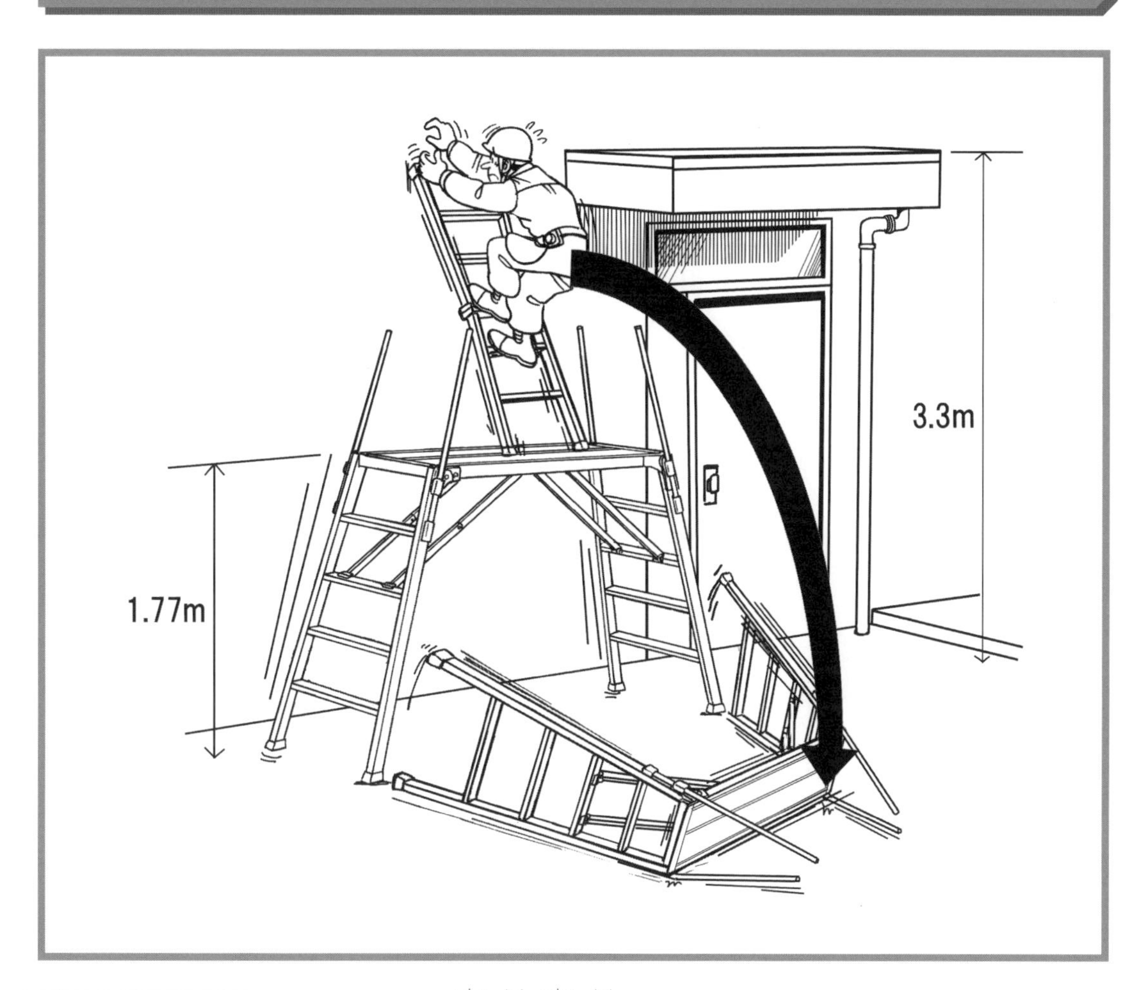

被災者の状況

職種：設備工
年齢：63歳
経験年数：36年
請負次数：1次

災害の発生状況

出入口上部の庇上（H＝3.3m）で作業を行うため、可搬式作業台（H＝1.77m）の上に折りたたみ式脚立を伸ばして設置した梯子を降りる際、昇降時の反力によって可搬式作業台が倒れ、梯子と共に転落した。

同種の作業で予測されるその他の危険性

① 庇の上で作業中、バランスを崩して墜落する
② 立ち馬を昇降中、足を踏み外して転落する
③ 庇の上で作業中、工具を落として作業員に激突する

事例 3 ローリングタワー上で手すりの盛替え中に墜落

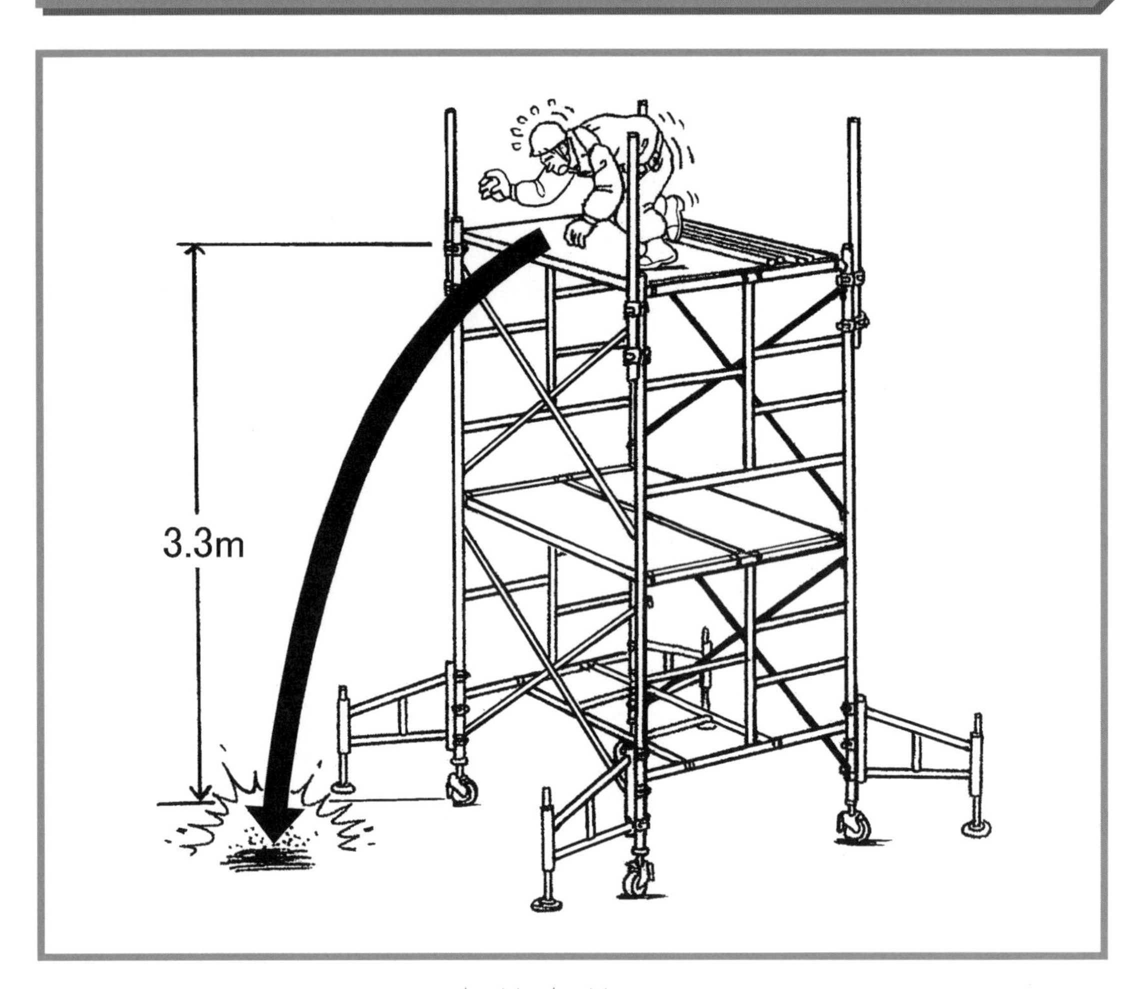

被災者の状況

職種：とび工
年齢：61歳
経験年数：15年
請負次数：２次

災害の発生状況

ローリングタワーの手すりの盛替え作業中（移動する時に手すりが上部の梁に当たるため、手すりを下げていた）、バランスを崩し、3.3m下の床に墜落した。

同種の作業で予測されるその他の危険性

① 手すりから身を乗り出して作業中、バランスを崩し墜落する
② 作業床上の単管パイプにつまずき、バランスを崩し墜落する
③ 作業床上の資材が落下し、下の作業員に激突する

事例 4 手すりのないローリングタワーの作業床から墜落

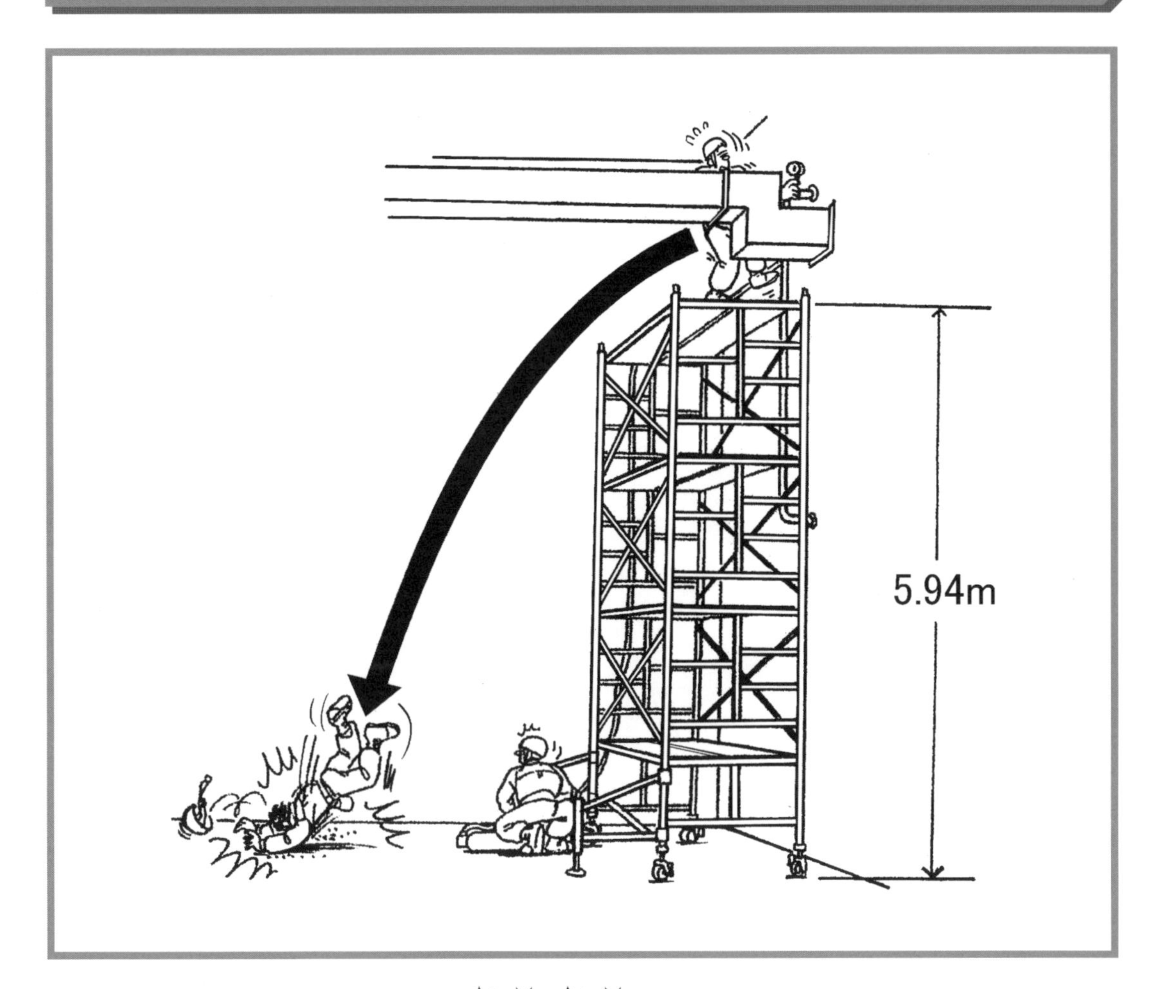

被災者の状況

職種：設備工
年齢：45歳
経験年数：20年
請負次数：３次

災害の発生状況

配管の耐圧テストのため、被災者は、ローリングタワー（３段半、高さ＝5.94m）の作業床上（手すり設置なし）に上がり、ゲージの読み取りを行っている最中、バランスを崩して床に墜落した。

同種の作業で予測されるその他の危険性

① 作業中に足を踏み外して墜落する
② 作業床上の機材や工具類が落下し、下の作業員に激突する
③ 作業中、ダクトに頭や体を激突させる

事例 5 ダクト解体中、ローリングタワーの作業床から墜落

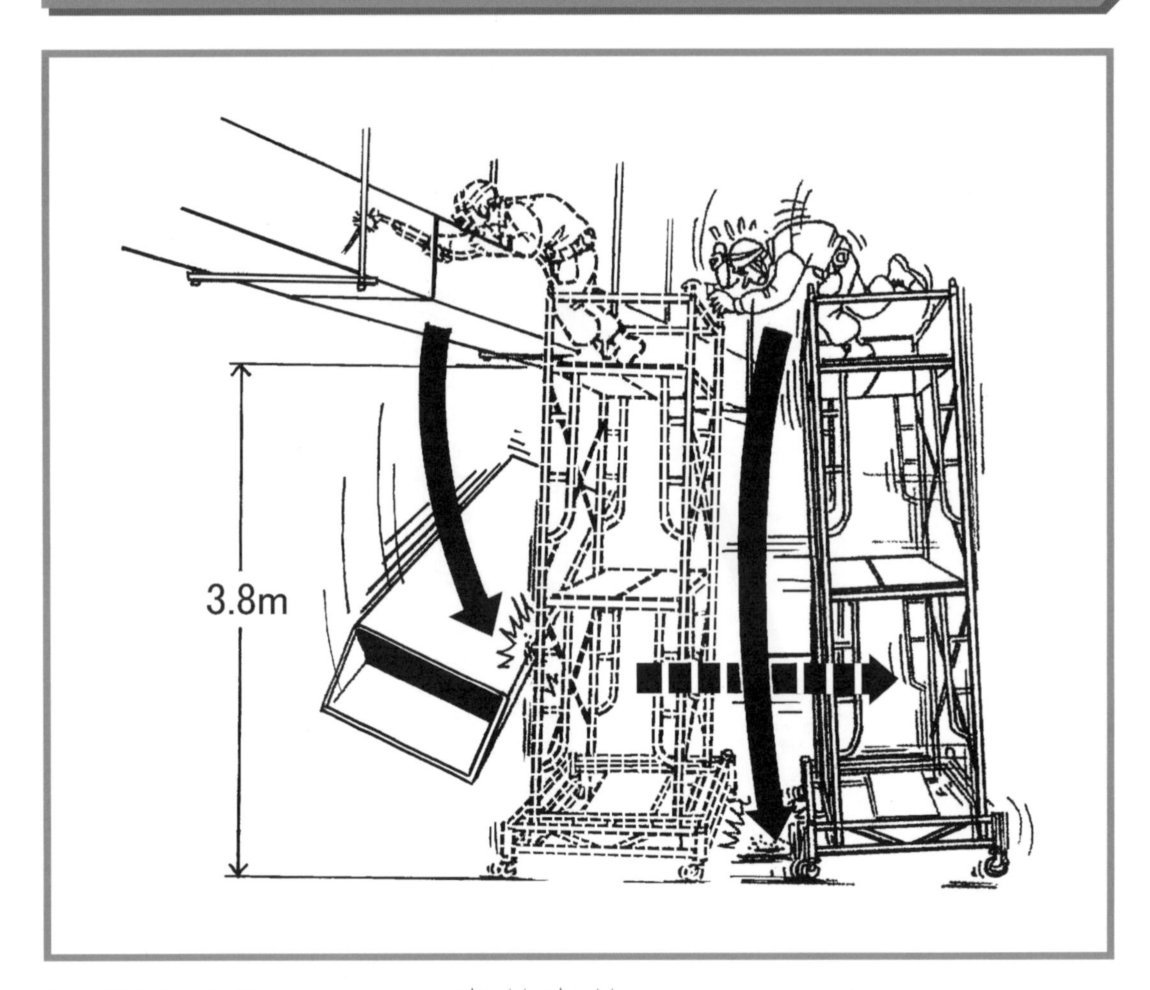

被災者の状況

職種：解体工
年齢：49歳
経験年数：23年
請負次数：４次

災害の発生状況

天井吊ダクト解体のため、解体工がローリングタワーを使用してダクトをガス溶断していたところ、突然ダクトが落下し、反動でバランスを崩して作業床から3.8m下に墜落した。

同種の作業で予測されるその他の危険性

① 身を乗り出した姿勢で作業を行い、バランスを崩し墜落する
② 作業の反動でローリングタワーが転倒し、床に激突する
③ 作業中にローリングタワーが動き出し、バランスを崩し墜落する
④ 作業床上の資材や工具が落下し、下の作業員に激突する

事例 6 PC鋼線の引き抜き中、ローリングタワーから身を乗り出し転落

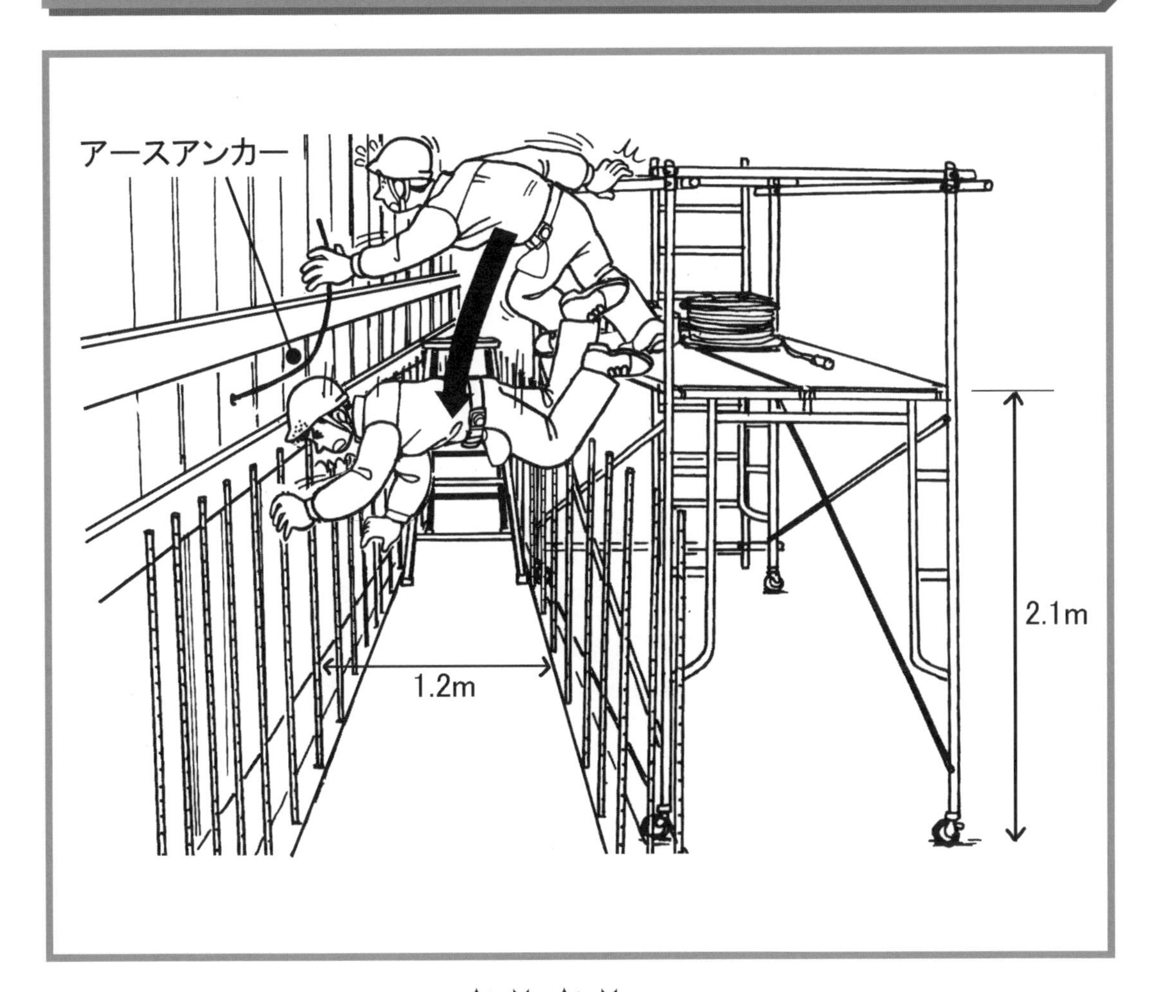

被災者の状況

職種：土工
年齢：39歳
経験年数：5年
請負次数：4次

災害の発生状況

ローリングタワー上でアースアンカーのＰＣ鋼線（φ12.7mm）を引き抜く作業を行っていたところ、横向きになっていた鋼線を左手でつかみ取ろうとしてバランスを崩して転落し、鉄筋に激突した。

同種の作業で予測されるその他の危険性

① 昇降用タラップを踏み外して転落する
② ローリングタワーが反動で移動し、バランスを崩して転落する
③ 作業床から足を踏み外して転落する

事例 7 ローリングタワーの手すりに足を掛けて作業中、墜落

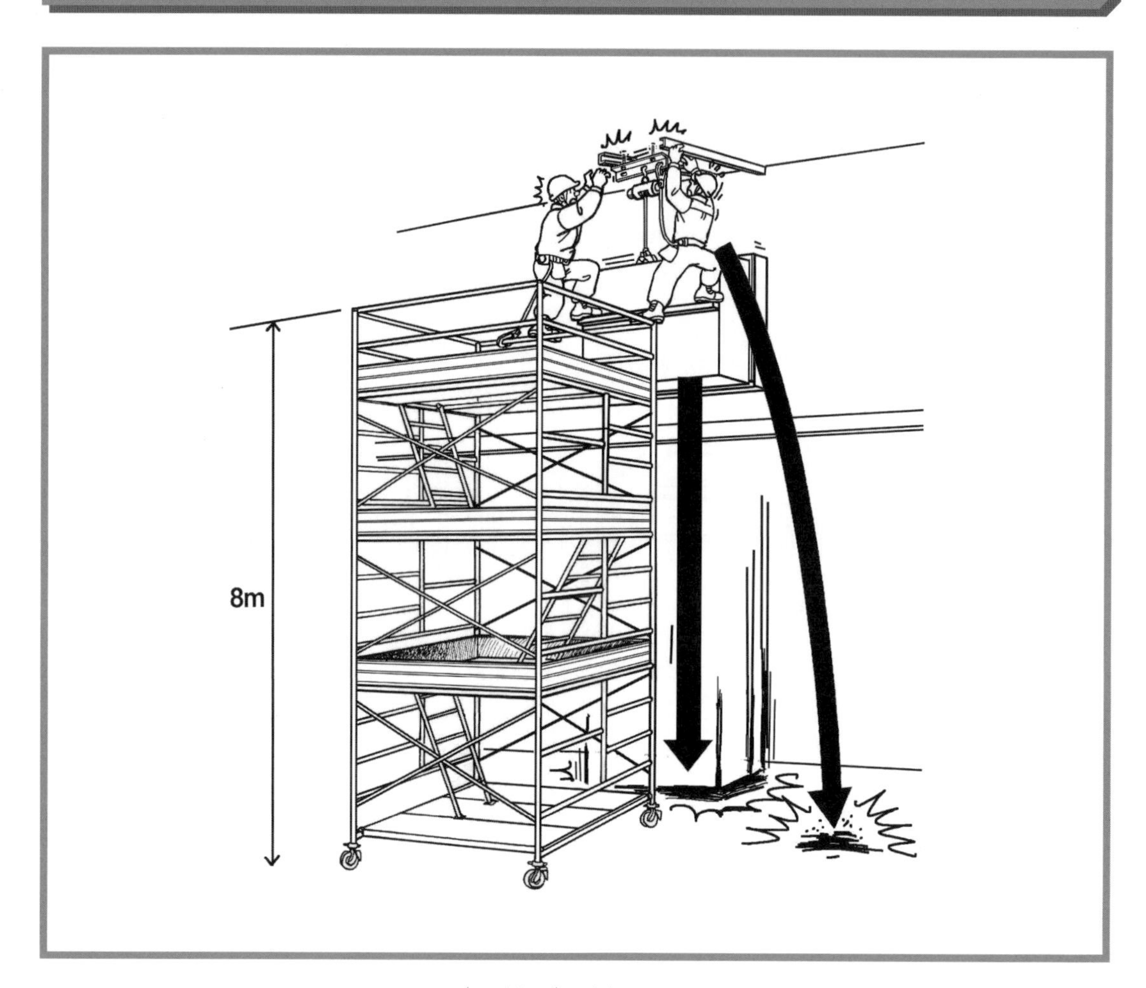

被災者の状況

職種：電気工

年齢：33歳

経験年数：１年

請負次数：４次

災害の発生状況

換気扇（120kg）を取り付けるため吊りボルトに固定しようとしてローリングタワーの手すりと換気扇に足を掛けたところ、固定用のアングルのアンカーが抜け、安全帯もろとも８ｍ墜落した。

同種の作業で予測されるその他の危険性

① 取り付け作業の反動でローリングタワーが倒壊する

② 内部昇降階段の開口部から転落する

③ 作業中に資材や工具を落下させる

床端部からの
墜落・転落災害

床の端部（作業床の端部、屋上、階段、構造物間の隙間等）からの墜落・転落を防止するためには、手すりの設置を最優先に行わなければなりません。床の端部にA 型バリケードを設置したり、親綱を周辺に張り巡らせて「開口部注意」の標識を取り付けているケースがよく見られます。バリケードはもちろん、親綱やワイヤーロープを開口部周辺に設置しても手すり替わりになりませんので、単管パイプ等を用いて強固な構造とするようにしなければなりません。

事例1 後ろ向きでケーブルを引き伸ばし中、屋上から墜落

被災者の状況

職種：電工
年齢：39歳
経験年数：12年
請負次数：２次

災害の発生状況

屋上にあるキュービクルに電気ケーブルを引き込む作業中、ケーブルを引き伸ばそうと後ろ向きの姿勢で引いていき、そのまま屋上端部より墜落した。

同種の作業で予測されるその他の危険性

① 資機材の荷揚げ作業中にバランスを崩して墜落する
② 後ろ向きで作業中に資材や工具につまずいて転倒する
③ 作業中に誤って資材や工具を端部から落下させる

事例 2 外壁用パネル下地金物を溶接中、スラブ端部より墜落

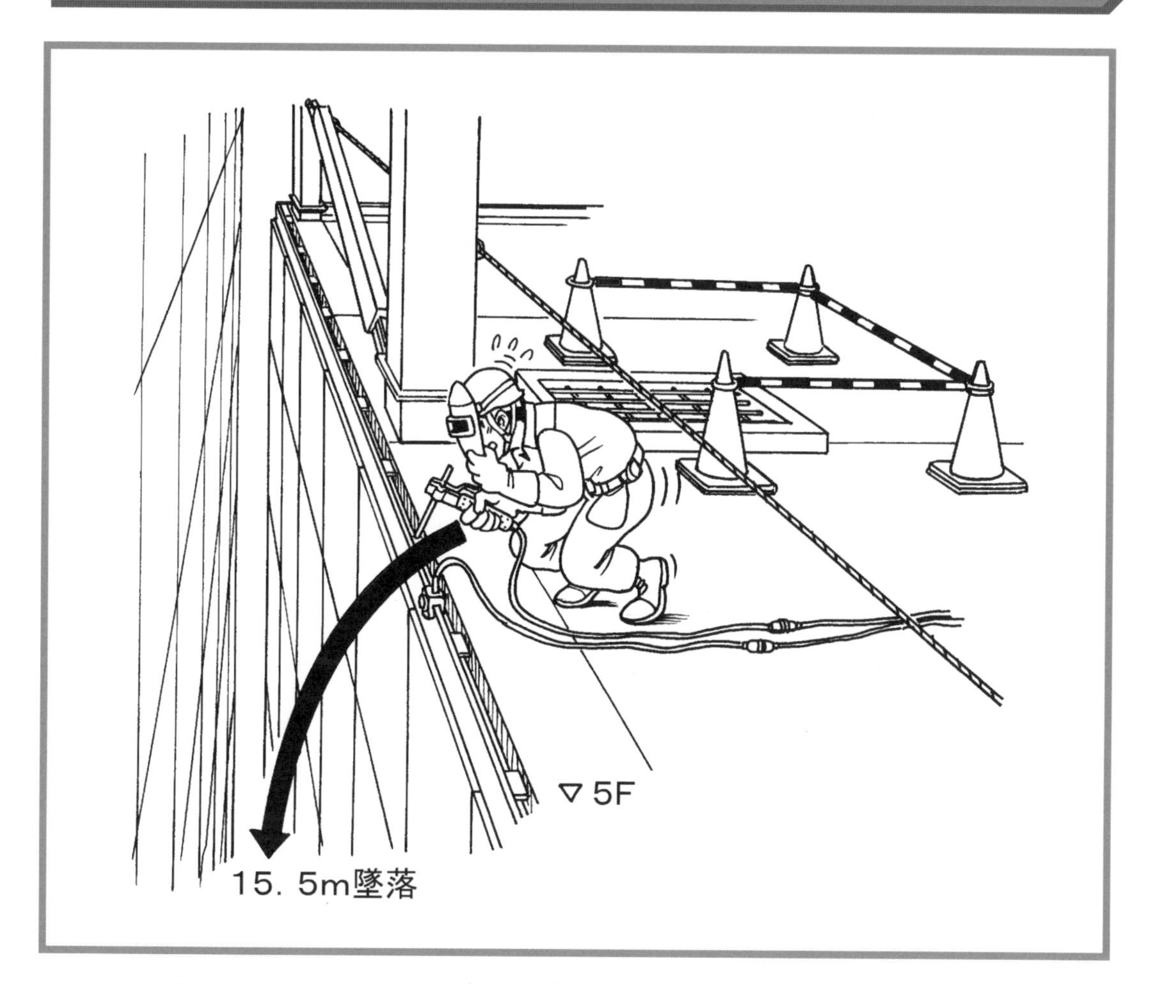

被災者の状況

職種：ALC工
年齢：22歳
経験年数：2年
請負次数：3次

災害の発生状況

5階の外壁パネル用下地金物を溶接していたところ、バランスを崩してスラブ端部より墜落した。

同種の作業で予測されるその他の危険性

① 外壁用パネル取付け中、墜落する
② パネル取付け作業中、資材や工具を落下させる
③ 溶接の火花が落下し、資材に引火する

事例

3 屋根の解体中に屋根端部から墜落

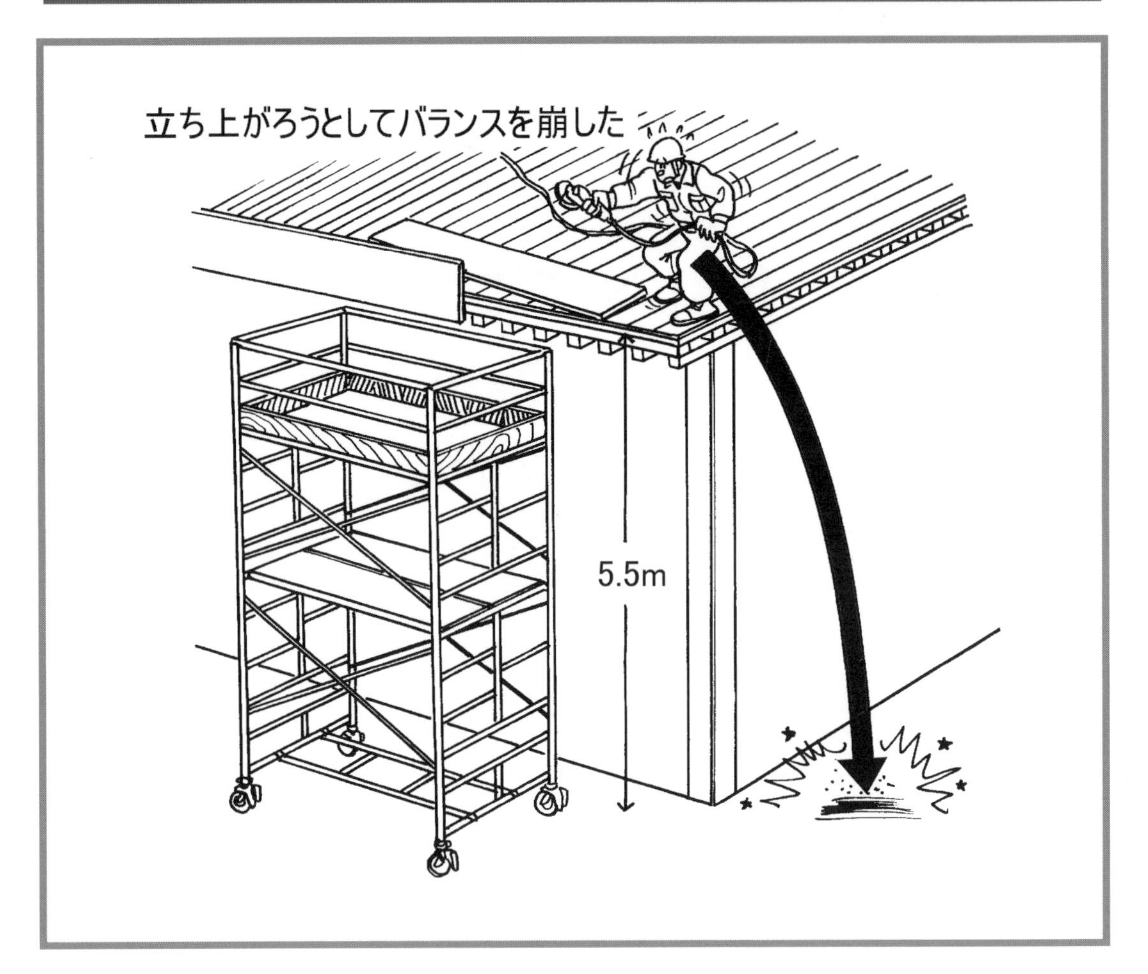

被災者の状況

職種：解体工

年齢：36歳

経験年数：４年

請負次数：１次

災害の発生状況

屋根の解体作業中、サンダーを用いて幕板を約２ｍ切り終え、立ち上がったときにふらつき、5.5m下のアスファルト舗装上に墜落した。

同種の作業で予測されるその他の危険性

① ローリングタワーから屋根に移る際、足を踏み外して墜落する

② ベビーサンダーを使用中、砥石が反発して手足を切る

③ 取り外した幕板を落下させる

④ 屋根の凹凸につまずき、転倒する

事例 4 クレーンで荷下ろし中、つり荷に引きずられて墜落

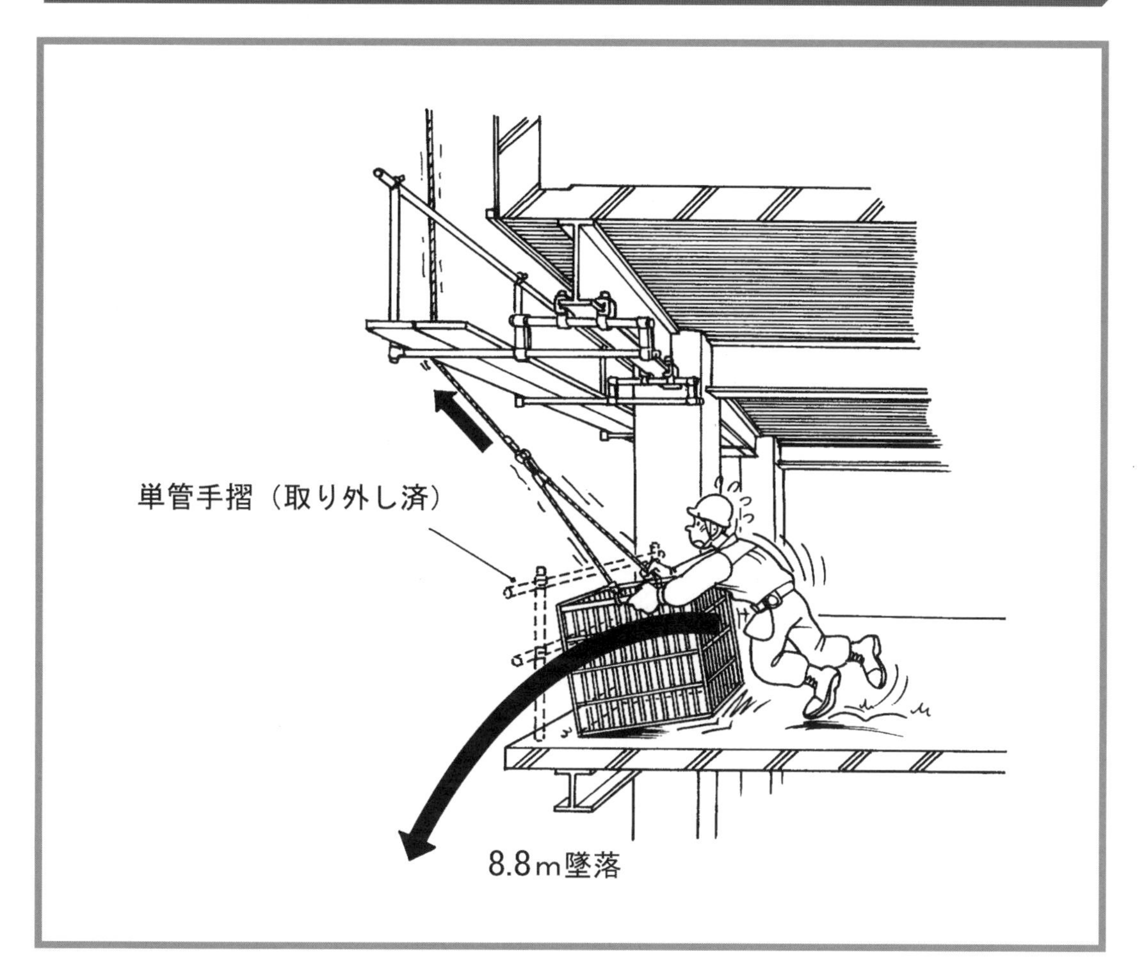

被災者の状況

職種：とび工

年齢：48歳

経験年数：7年

請負次数：2次

災害の発生状況

駐車場棟4階スラブ上（高さ8.8m）で、同僚と2人で安全ネットを地上に下ろそうとして、ネットを収納したメッシュパレットをつり上げたところ、勢いがついたパレットに引きずられて地上に墜落した。

同種の作業で予測されるその他の危険性

① ワイヤーが破断して、つり荷が落下する

② 手すりを外した箇所から作業員が墜落する

③ つり荷が振れた反動で、クレーンが転倒する

④ つり荷が振れた反動で、パレットからネットが落下する

事例 5 デッキプレートを敷設中、デッキ端部から墜落

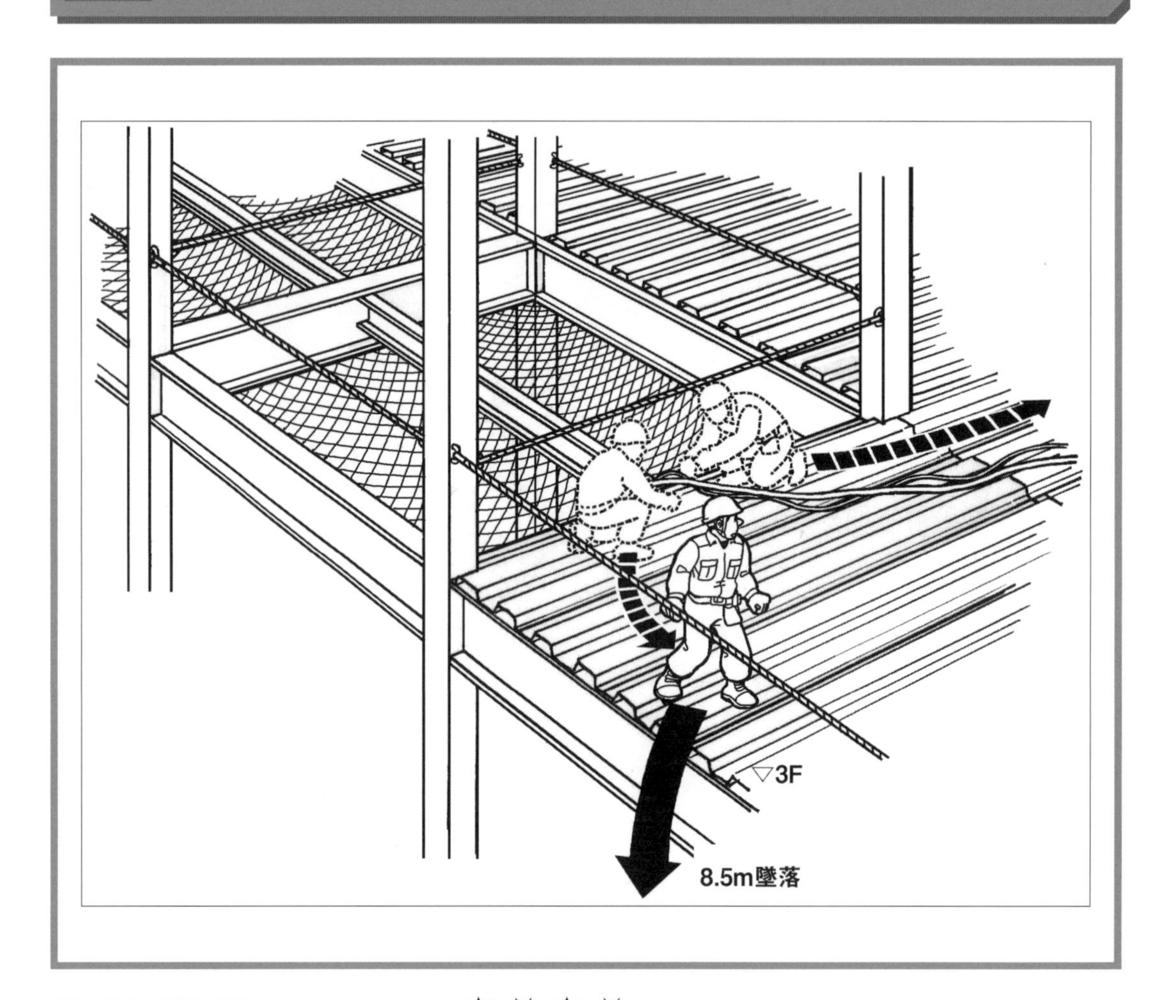

被災者の状況

職種：鍛冶工
年齢：41歳
経験年数：18年
請負次数：２次

災害の発生状況

デッキプレートを敷設中、安全帯を親綱から外してデッキの端部付近を歩行中にバランスを崩し、１階のフロアーまで墜落した。

同種の作業で予測されるその他の危険性

① 資材を揚重後、仮置場のデッキが崩壊する
② デッキの接合不良部（接合忘れ）から墜落する
③ 降雨後、作業員が滑って転倒する

事例 6 デッキスラブ上へ荷上げ中、荷に激突されて墜落

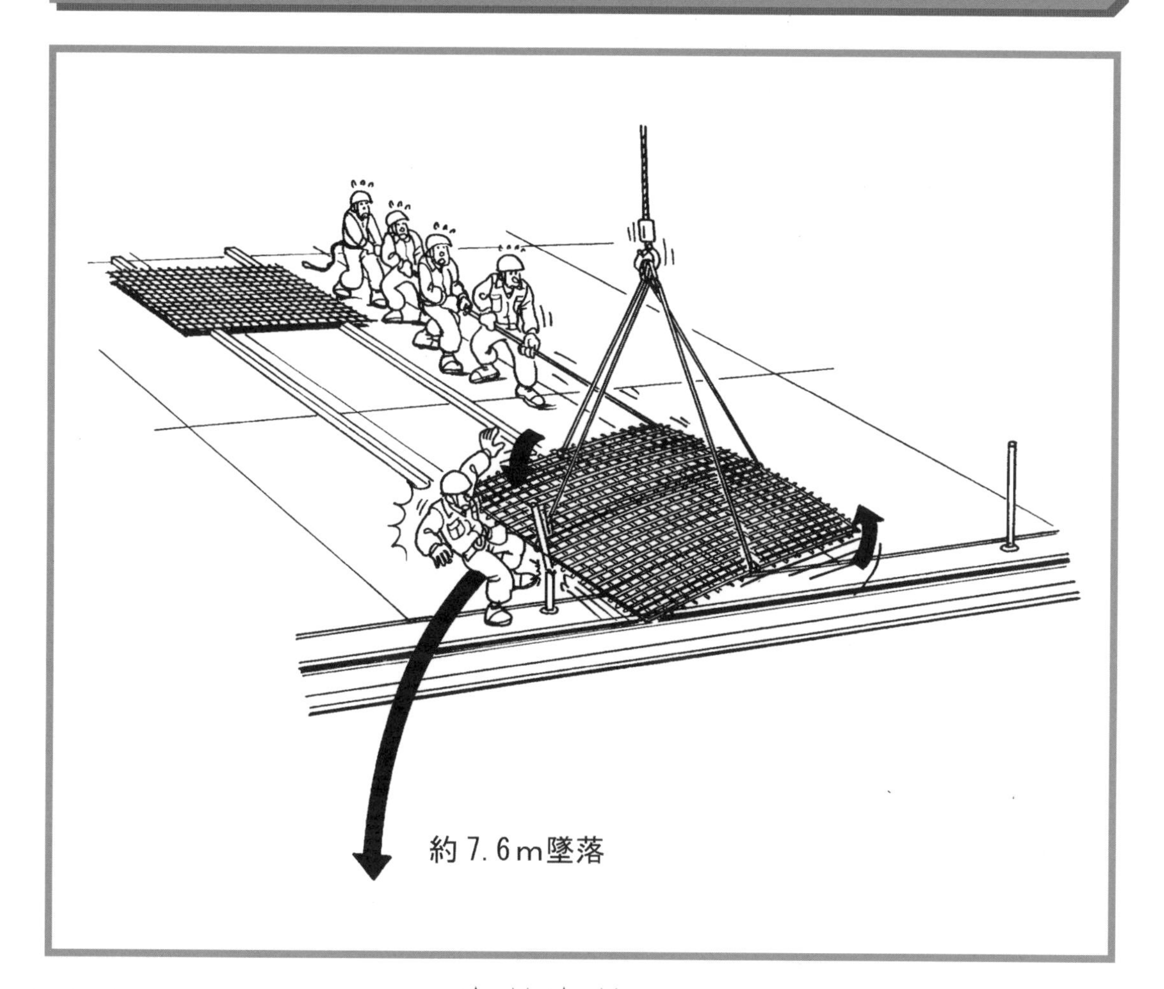

被災者の状況

職種：とび工
年齢：62歳
経験年数：34年
請負次数：1次

災害の発生状況

３階デッキスラブ端部でワイヤーメッシュ筋の荷上げ作業を行っていたところ、スラブ端部で荷を引き込もうとした際、合図者が、回転した荷に激突されて地上に墜落した。

同種の作業で予測されるその他の危険性

① 他の作業員がスラブ端部から墜落する
② 天井部にワイヤーが接触して破断し、つり荷が落下する
③ 資材の枕木につまずいて転倒する

踏み抜きによる墜落・転落災害

スレート等の屋根は、経年による劣化が進むことによりもろくなっている場合が多く、作業を行う際は、踏み抜いた際の墜落を防ぐための防網の設置や足場板のレイアウトを事前に検討しなければなりません。

一方、屋根に設けてあるガラス製や樹脂製のトップライトは、人の体重を支えるためには強度が不十分であるため、取り付けた後も作業員が誤って踏み抜かないように養生を行ったり、万が一、踏み抜いても墜落に至らないよう、防網を設置する等の墜落防止策を検討する必要があります。

事例 1 スレート屋根を修理中、スレートを踏み抜き墜落

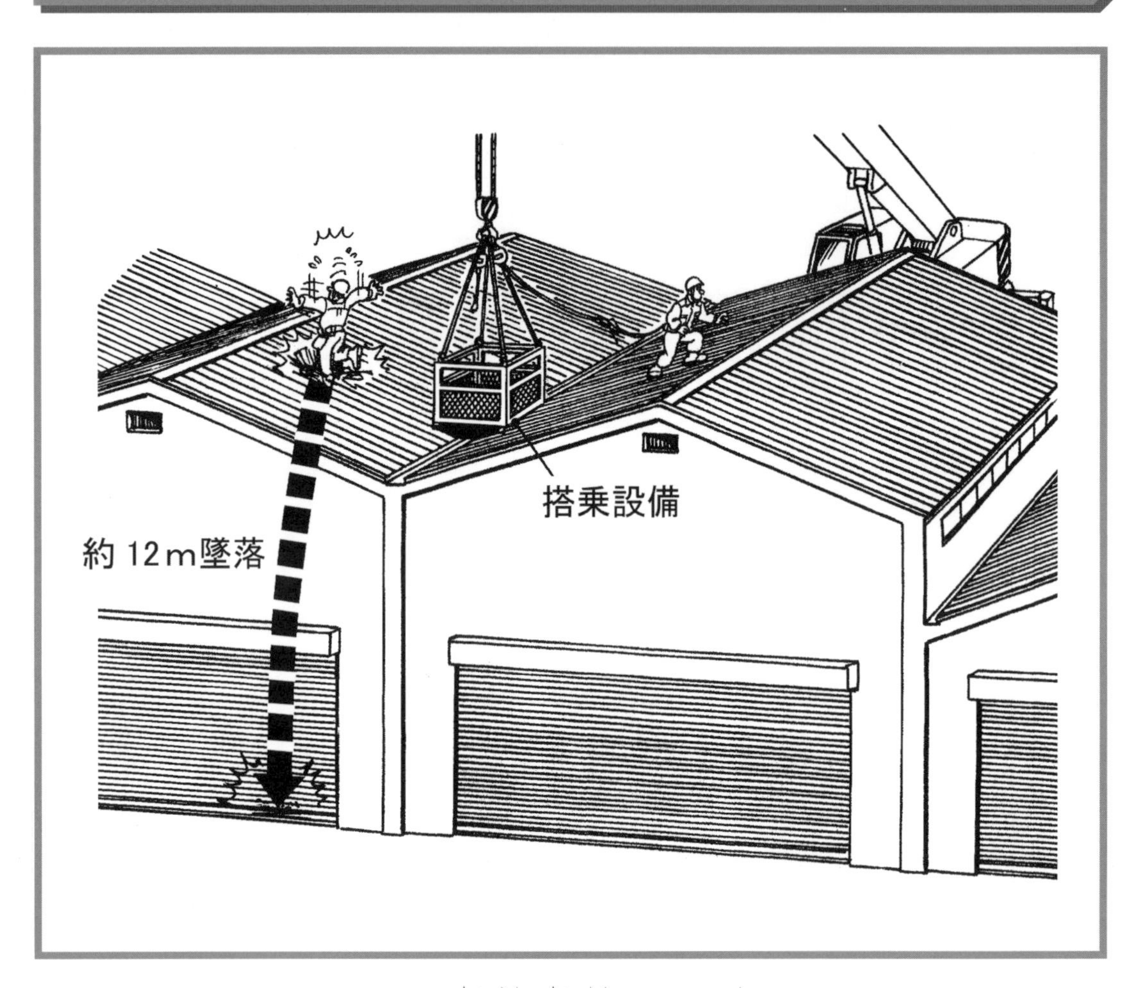

被災者の状況

職種：とび工
年齢：64歳
経験年数：40年
請負次数：１次

災害の発生状況

スレート屋根の補修作業を行うため、クレーンでつった搭乗設備から屋根に乗り移り、破損個所を点検中、誤ってスレート屋根を踏み抜き、約12ｍ下の床に墜落した。

同種の作業で予測されるその他の危険性

① 屋根の端部から墜落する
② 搭乗設備が建物に接触し、バランスが崩れて墜落する
③ 搭乗設備から身を乗り出し、墜落する

事例 2 トップライトガラスを突き破り墜落

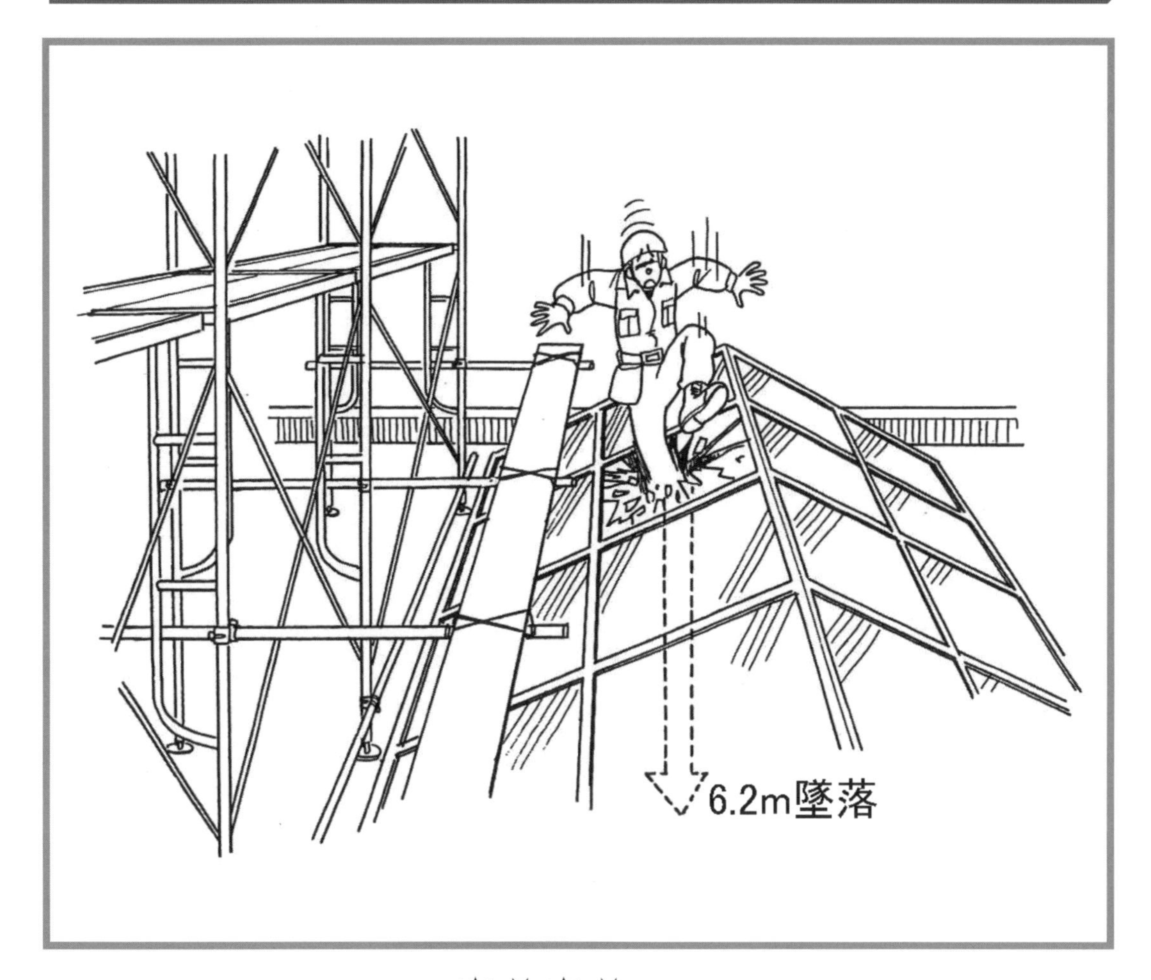

被災者の状況

職種：シール工
年齢：46歳
経験年数：20年
請負次数：２次

災害の発生状況

トップライトのガラスシールを施工中、架設されたブラケット足場からガラスを突き破り、6.2m下の１階の土間コンクリートに墜落した。

同種の作業で予測されるその他の危険性

① 他の作業員がトップライトを踏み抜き、墜落する
② ブラケット足場が倒壊する
③ 作業床に移動する際、足を踏み外す

事例 3 工場の解体中、スレート屋根を踏み抜き墜落

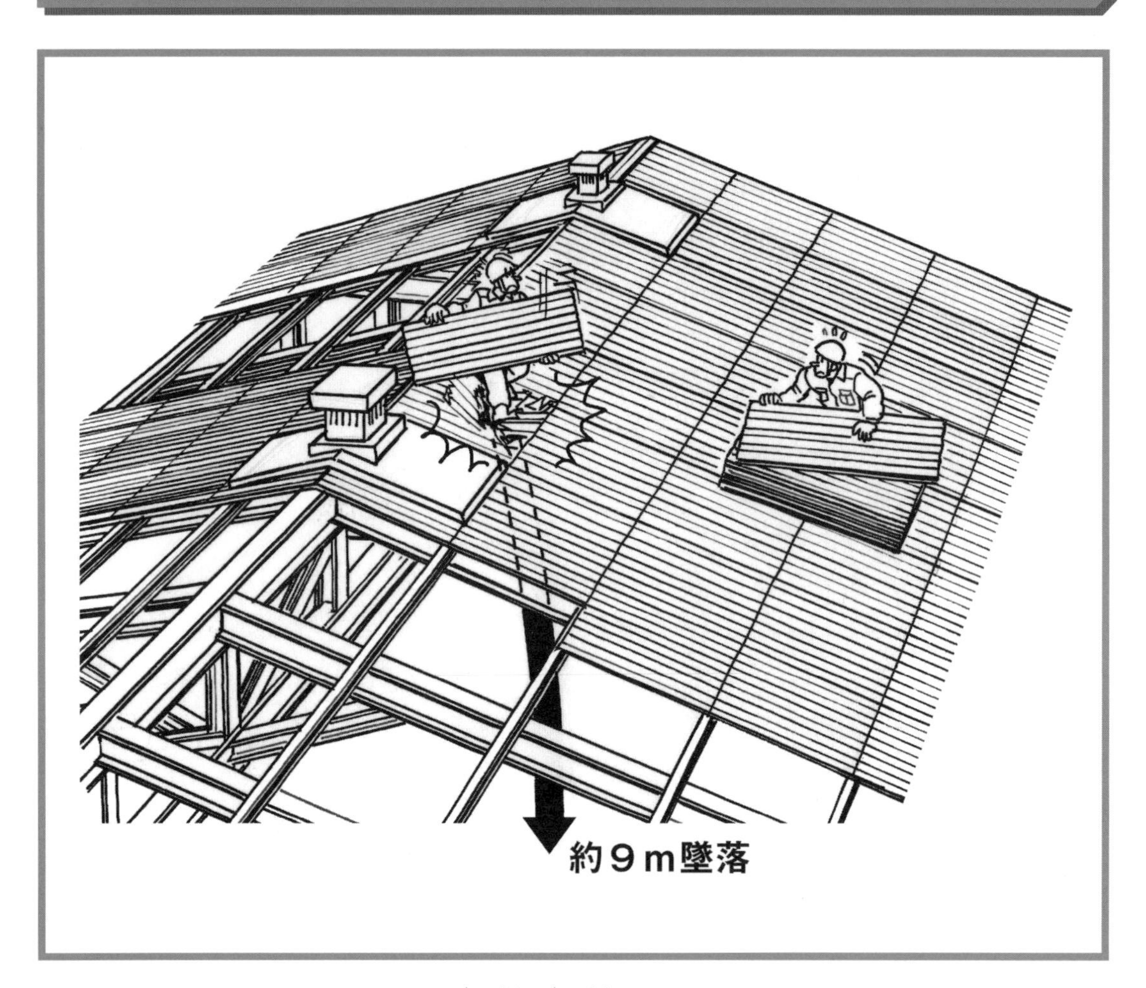

被災者の状況

職種：解体工
年齢：61歳
経験年数：８年
請負次数：３次

災害の発生状況

同僚と２名でスレート屋根を手ばらしで解体作業中、スレート板を集積場所に運搬しようとして移動し始めたところ、スレートを踏み抜き墜落した。

同種の作業で予測されるその他の危険性

① 屋根への昇降中に墜落する
② 屋根の端部から墜落する
③ 集積した屋根材の玉掛け作業中、つり荷を落下させる

事例 4 トップライトガラス周りのシーリング打替え中に墜落

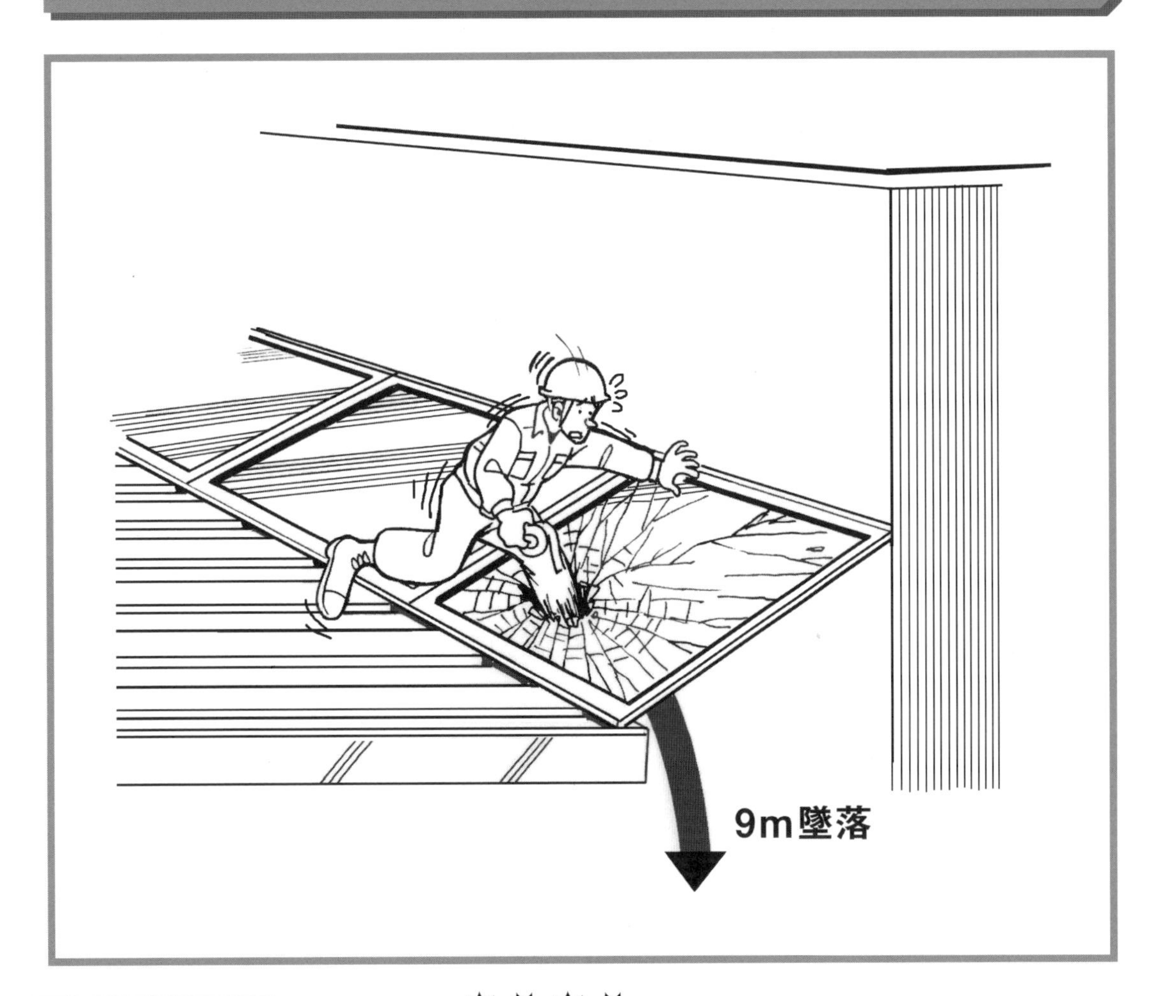

被災者の状況

職種：防水工

年齢：34歳

経験年数：16年

請負次数：２次

災害の発生状況

折板屋根部トップライトのシーリング打替え作業中、誤って網入りガラス（6.8mm）に踏み込んだためガラスが割れ、９ｍ下の床に墜落した。

同種の作業で予測されるその他の危険性

① 屋根の端部から墜落する

② 屋根を移動中につまずいて転倒する

③ 作業中、足を滑らせ滑落する

鉄骨からの墜落・転落災害

単独で建てた鉄骨柱は少しでも傾き始めると、根元のアンカーボルトやナットが破断するおそれがあることから、ボルトをナットで固定しただけでは倒壊する可能性があります。したがって、鉄骨柱を安全に建て込む際には、４方向に控えワイヤーを張って倒壊防止を図る措置が基本となります。

また、鉄骨建て方作業中における墜落防止のための防網は、鉄骨柱周囲は固定しにくいため、隙間が空いたままとなりがちですので、ネットクランプの固定方法を十分検討する必要があります。

事例 1 鉄骨建て方中、鉄骨柱が倒れて墜落

被災者の状況

職種：とび工
年齢：24歳
経験年数：２年
請負次数：３次

災害の発生状況

鉄骨建て方作業中、柱頂部で玉掛けワイヤーを外したとたんに柱が倒れはじめ、柱とともに墜落してコンクリート床に激突した。

同種の作業で予測されるその他の危険性

① クレーンで鉄骨を運搬中、ワイヤーが切れてつり荷が落下する
② 鉄骨柱を昇降中、足を踏み外して墜落する
③ 鉄骨の玉掛け作業中、つり荷が振れて激突する

事例 2 鉄骨組立て中、ステージの手すりと小梁に掛けた足が滑り墜落

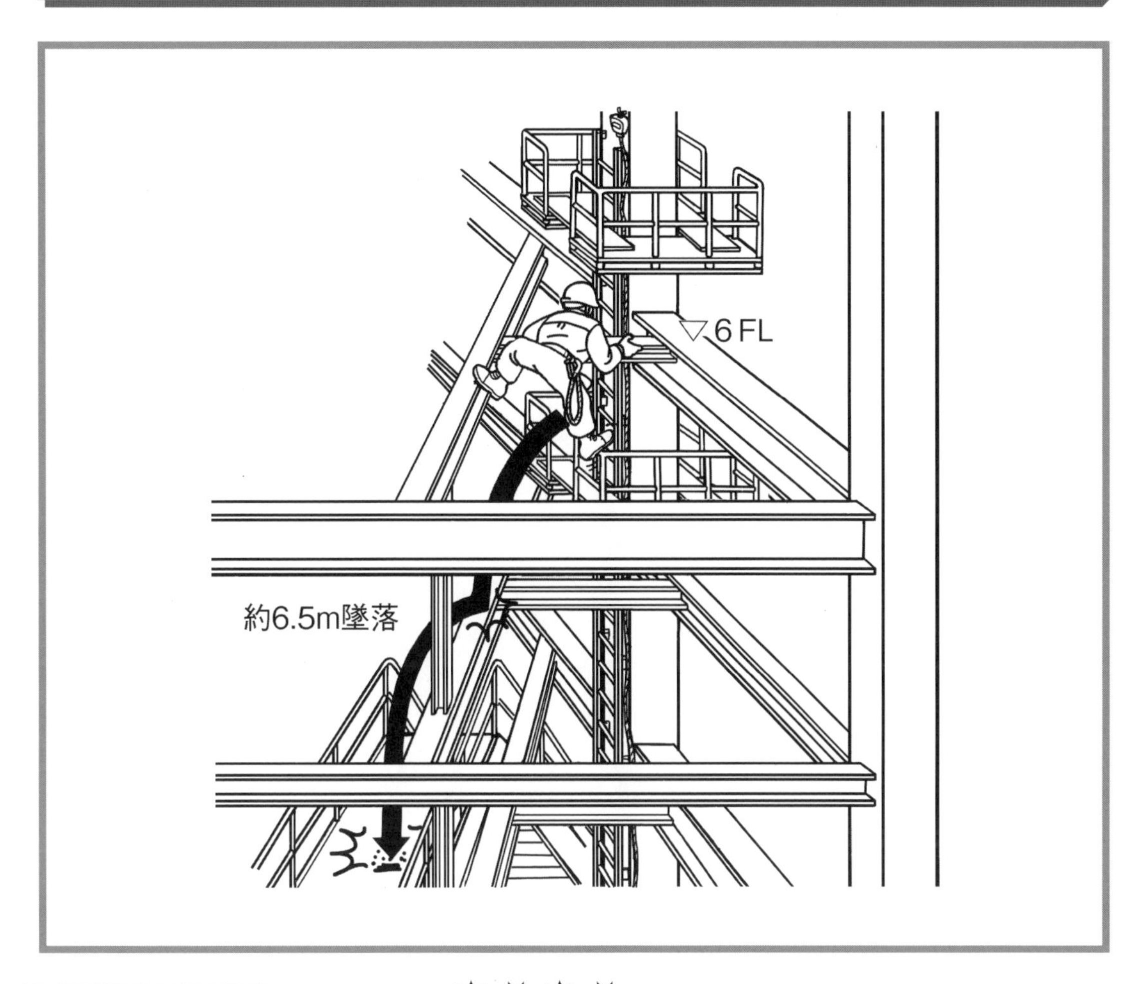

被災者の状況

職種：とび工
年齢：29歳
経験年数：12年
請負次数：２次

災害の発生状況

鉄骨組立て作業中、とび工が鉄骨小梁を取り付けようとして、ステージの手すりと鉄骨小梁の上に足を掛けたところ、バランスを崩して墜落した。

同種の作業で予測されるその他の危険性

① 梁上を歩行中、バランスを崩して墜落する
② 組立て作業中、部材を落下させる
③ タラップを昇降中、足を滑らせて墜落する

事例 3 鉄骨建て方中、梁に昇ろうとしてネットの隙間から墜落

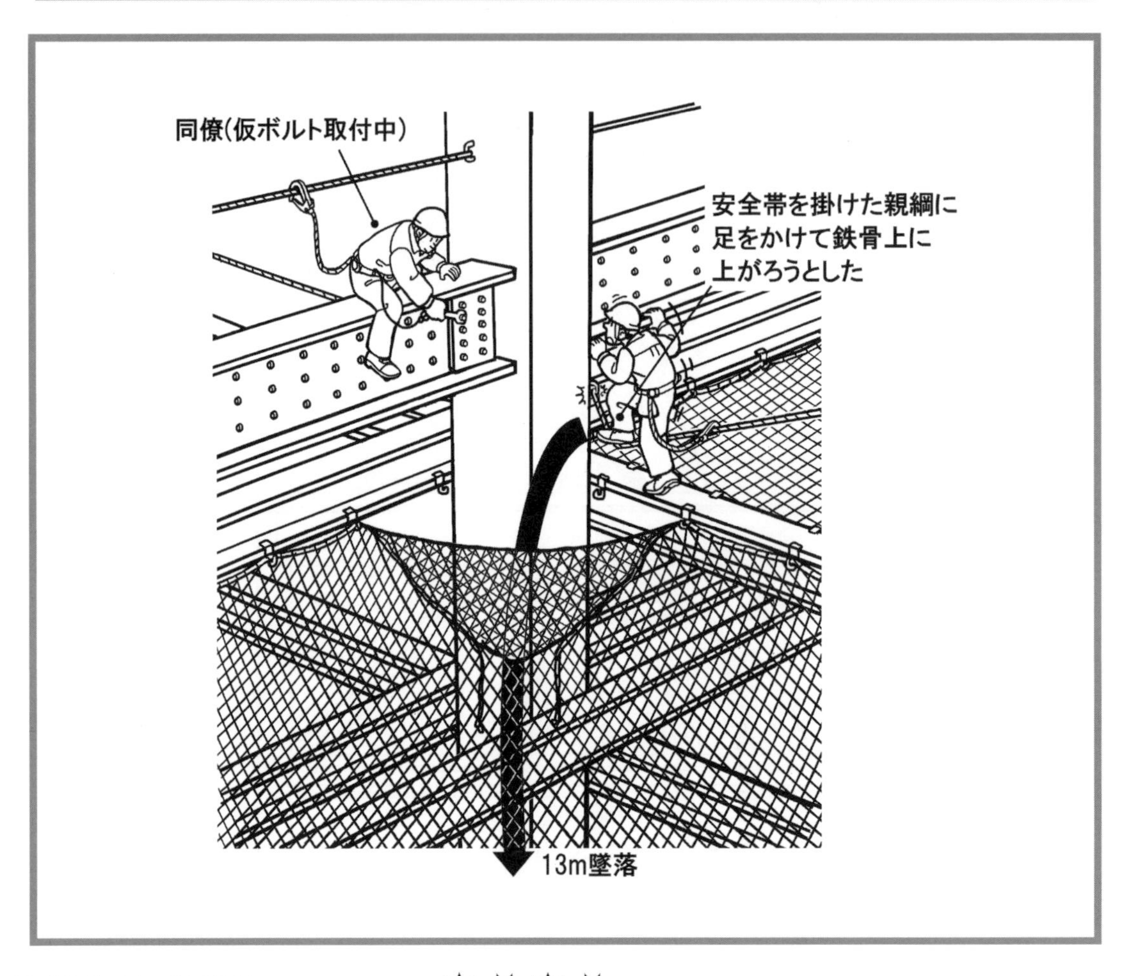

被災者の状況

職種：鉄骨とび

年齢：24歳

経験年数：５年

請負次数：１次

災害の発生状況

梁の仮ボルトを取り付ける作業を行うため、切梁上から鉄骨梁に昇ろうとして安全帯を掛けていた親綱に足を掛けたところ、バランスを崩して墜落した。

同種の作業で予測されるその他の危険性

① 仮ボルトを締め付ける作業中、ボルトやレンチを落下させる

② 柱周りを移動中、足を踏み外して墜落する

③ 鉄骨を玉掛け作業中、鉄骨が荷振れを起こし激突する

建設機械等からの墜落・転落災害

現場で使用される建設機械からの墜落・転落のうち、最も多い機械が高所作業車です。無理な作業姿勢になりがちな作業をバスケットの上で行ったり、資材を作業床の上に仮置きするなどの行為を黙認すると墜落・転落災害に結び付いてしまいます。

また、高所作業車のバスケット内ではしごや脚立を使用したり、必要以上の資材等を積載したり、バスケットから乗り移ったり、無資格者が操作を行うなどの行為が墜落・転落災害につながっています。

事例 1 バックホウでコンクリートバケットをつって旋回中、転落

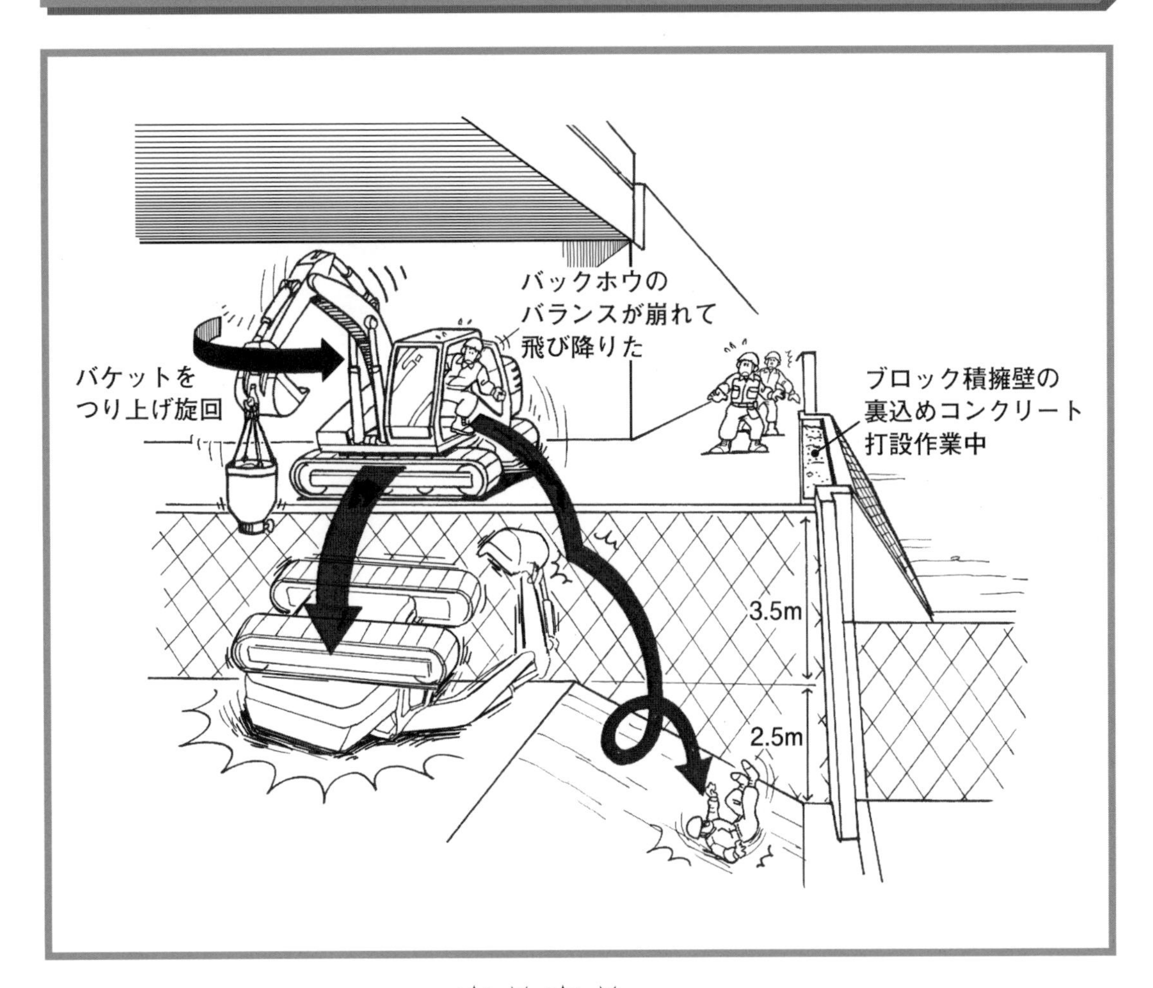

被災者の状況

職種：土工
年齢：48歳
経験年数：10年
請負次数：１次

災害の発生状況

クレーン仕様のミニバックホウ（0.2㎥クラス）でコンクリートを入れたバケットを打設個所に向けて旋回しようとしたところ、突然バランスを崩して擁壁上部から転落した。

同種の作業で予測されるその他の危険性

① コンクリートブロック擁壁の天端から作業員が転落する
② コンクリート打設中に重機に激突する
③ バックホウが移動中、バランスを崩して擁壁から転落する

事例 2 コンプレッサーをつって旋回中のミニバックホウが転落

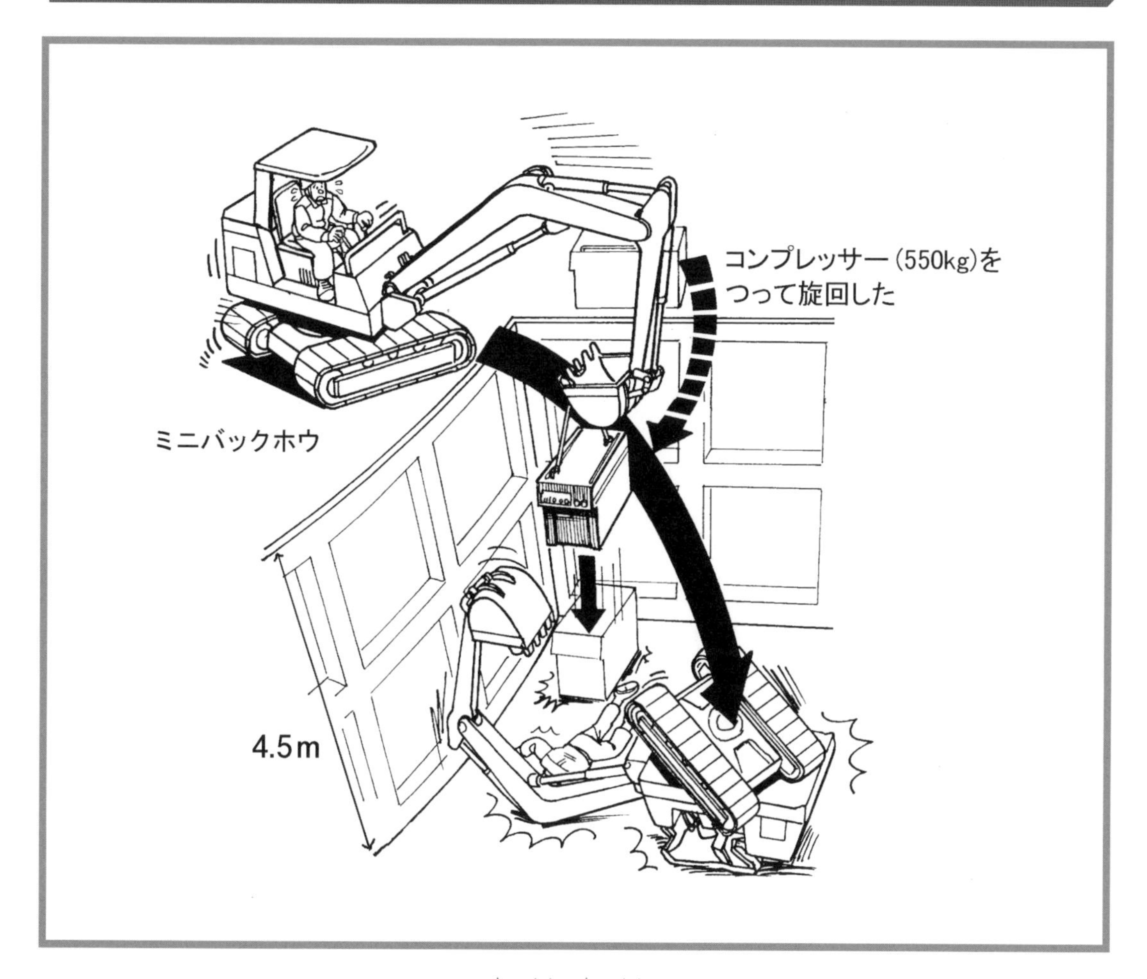

被災者の状況

職種：オペレーター
年齢：59歳
経験年数：33年
請負次数：3次

災害の発生状況

コンプレッサー（550kg）をミニバックホウのバケットの爪でつって旋回していたところ、バランスを崩し、擁壁の下部へ転落してオペレーターが機体の下敷きとなった。

同種の作業で予測されるその他の危険性

① 擁壁天端開口部から作業員が墜落する
② バックホウが移動中、法肩から転落する
③ 荷をつる際にワイヤーに作業員が挟まれる
④ つり荷を落下させ、作業員に激突する

事例 3 バックホウで解体用アタッチメントを下ろし中に転落

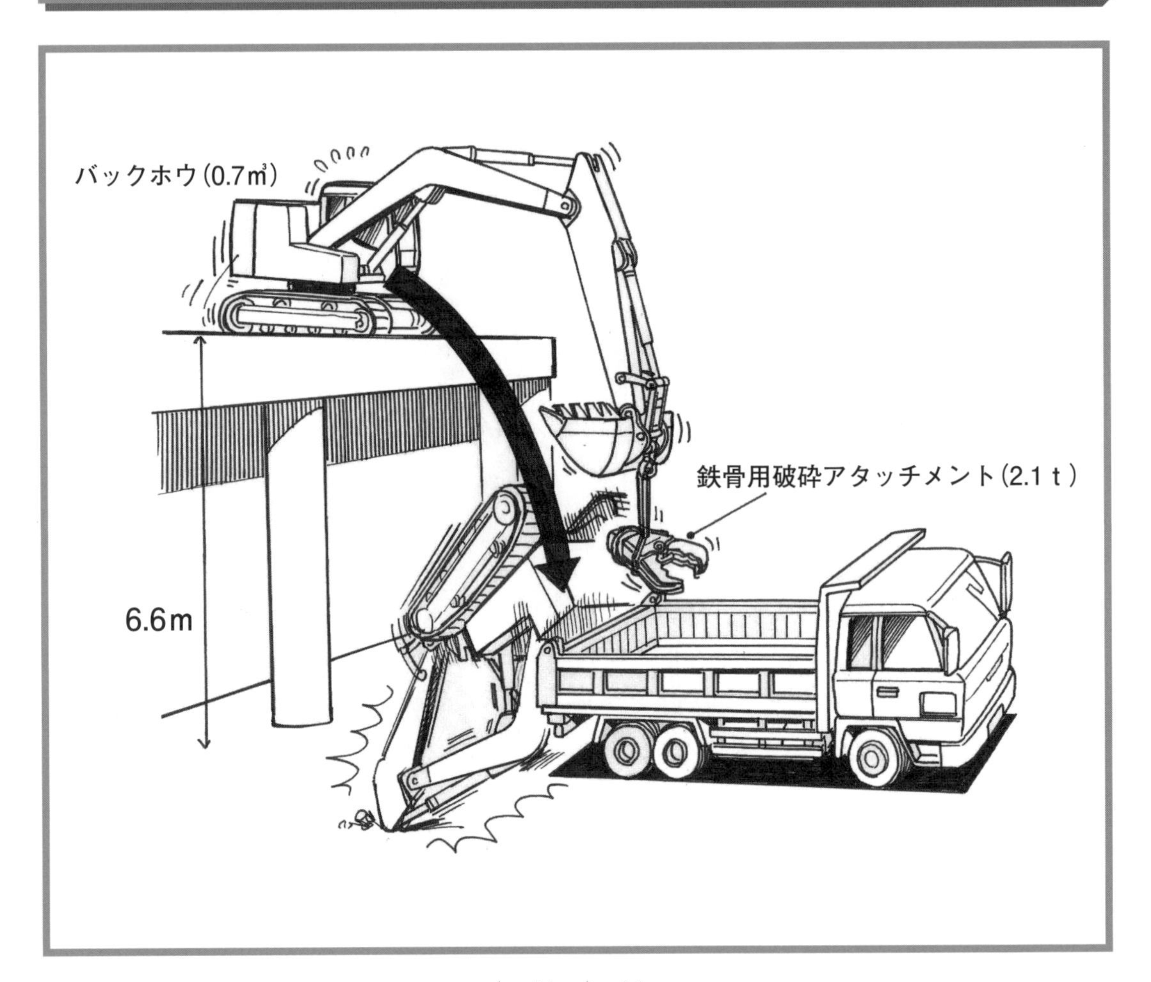

被災者の状況

職種：オペレーター
年齢：47歳
経験年数：20年
請負次数：２次

災害の発生状況

倉庫解体工事現場で、２階スラブからの鉄骨解体用アタッチメント（2.1ｔ）を地上の４tダンプの荷台に下ろそうとしたところ、バランスを崩し、バックホウと共に転落した。

同種の作業で予測されるその他の危険性

① 作業員がスラブ端部から墜落する
② スラブが崩壊し、作業員が巻き込まれる
③ つり荷がぶれて、作業員に激突する
④ バックホウに作業員が巻き込まれる

事例 4 足場板を荷下ろし中、高所作業車より墜落

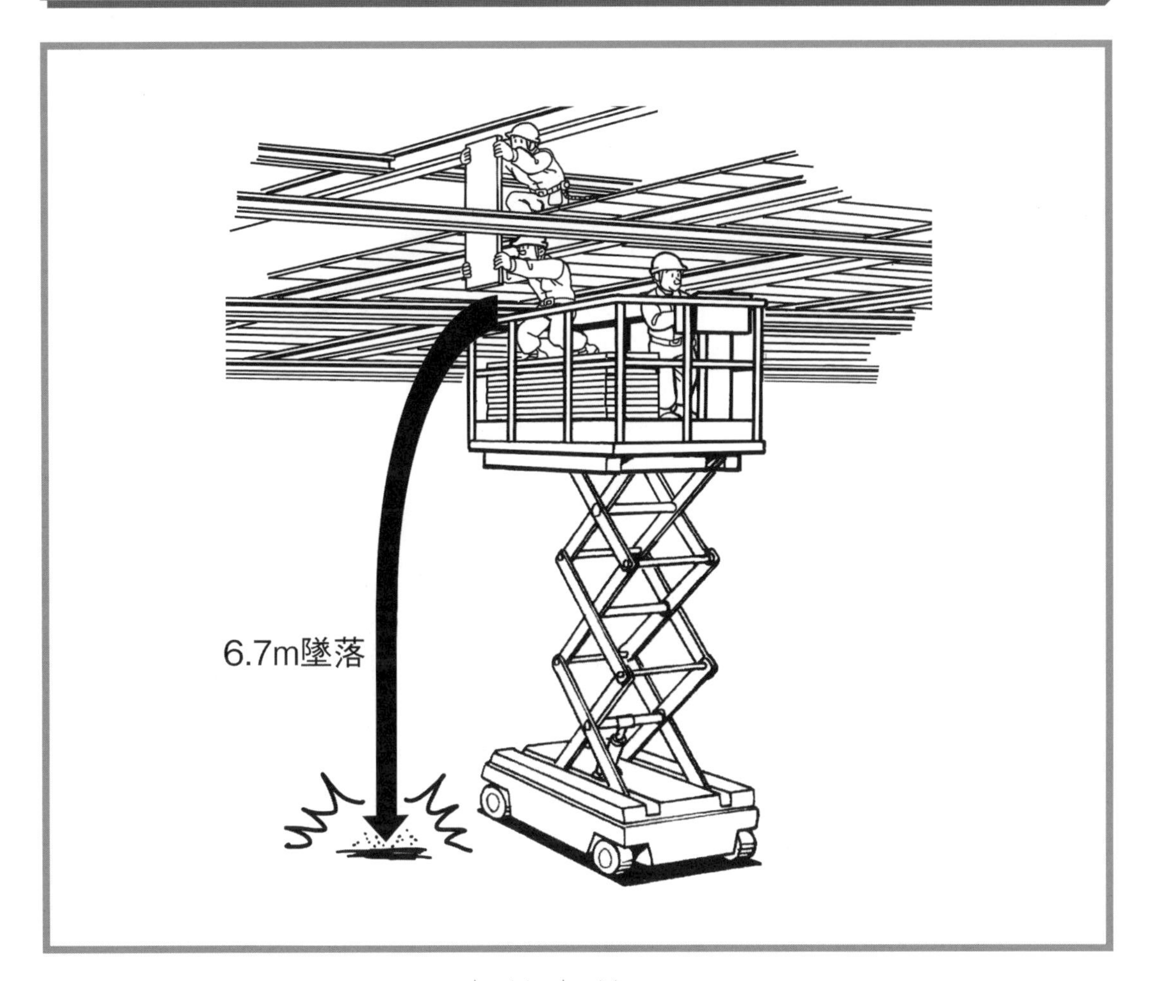

被災者の状況

職種：とび工
年齢：24歳
経験年数：５年
請負次数：３次

災害の発生状況

高所作業車上でつり足場解体部材を荷下ろししていたところ、部材を受け取る際にバスケット内に積み上げた足場板に乗って作業したためバランスを崩して墜落した。

同種の作業で予測されるその他の危険性

① 天井部の作業員がバランスを崩して墜落する
② 仮置きした荷が重く、高所作業車が転倒する
③ 高所作業車の操作を誤り、作業員が梁に激突する

事例 5 ホイールローダーの操作を誤り、屋上から転落

被災者の状況

職種：解体工
年齢：60歳
経験年数：25年
請負次数：３次

災害の発生状況

工場の解体作業中、屋上に鍵を付けたまま停車していたホイールローダーに乗り込み、解体材を仮置場所に運搬しようとして操作を誤り、パラペットを乗り越えて機体とともに地面に転落した。

同種の作業で予測されるその他の危険性

① 屋上端部から作業員が墜落する
② ホイールローダーを急転回させ、転倒する
③ 解体材を開口部から落下させ、作業員に激突する

事例 6 坑内でセグメントボルトボックスに足を掛けて昇降中に転落

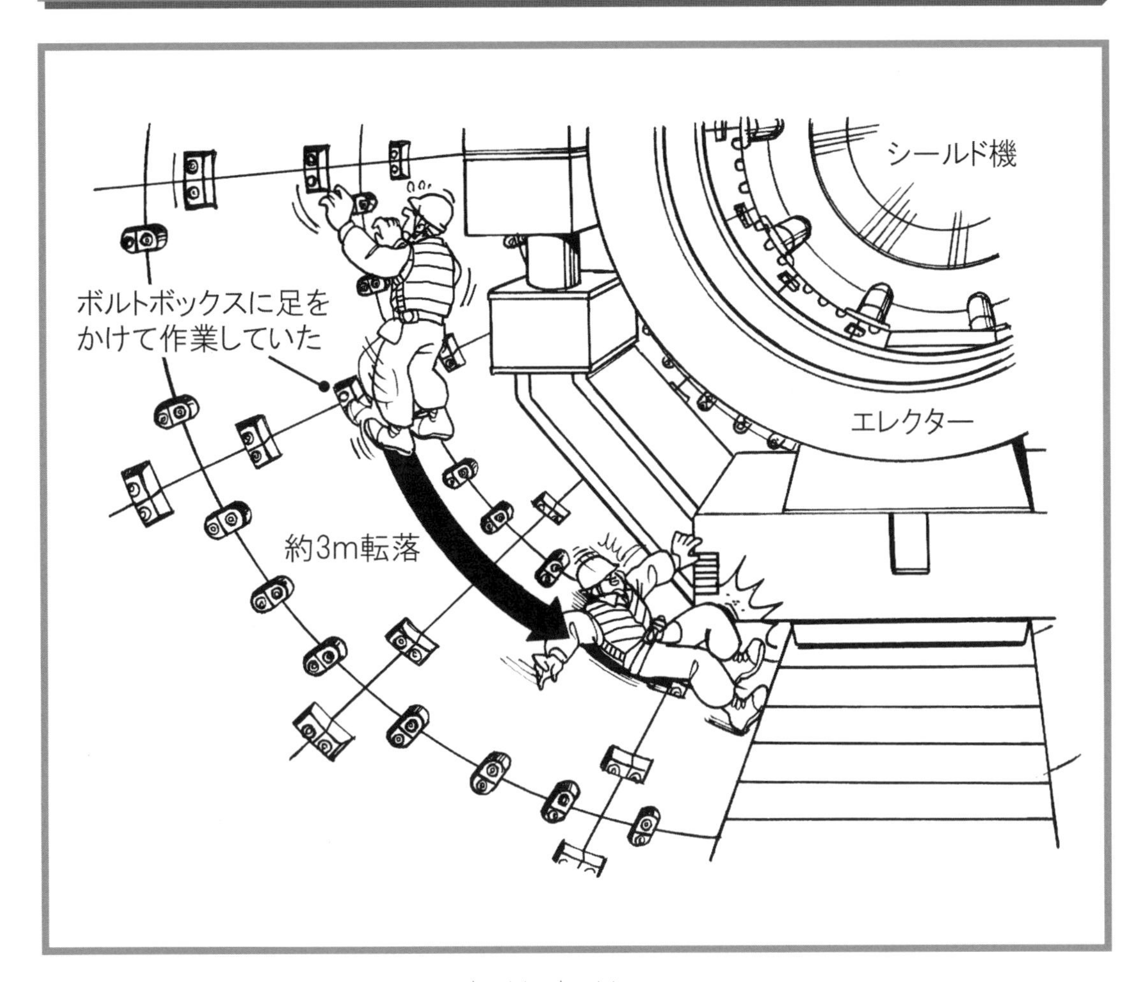

被災者の状況

職種：坑夫

年齢：22歳

経験年数：２年

請負次数：１次

災害の発生状況

シールド機先端部においてＲＣセグメントの組立て完了後、セグメントの間隔を測定するためボルトボックスに足を掛けて昇降中、高さ３ｍの所で足を滑らせて転落し、セグメントエレクターの端部に左足大腿部が激突した。

同種の作業で予測されるその他の危険性

① セグメントエレクターに体をはさまれる

② 坑内歩行中、凹凸部につまずいて転倒する

③ 坑内作業中、バッテリーロコと激突する

斜面からの墜落・転落災害

法面工事は、斜面を上下に移動しながら作業を行うため、傾斜面に適した親綱の設置及び専用の安全帯やロリップを使用することが大切です。一瞬でも安全帯を外すようなことがあれば即座に墜落・転落の危険に晒されることになりますので、作業員一人ひとりに対する安全帯使用方法の教育と作業中の監視が欠かせません。

また、安全帯の付け替え等に対処するため、二重の親綱の設置や安全ブロックを親綱の補助として設置するなどの対策も検討する必要があります。

事例 1　植栽ブロックに客土を中詰め中、パイプを抜いた反動で転落

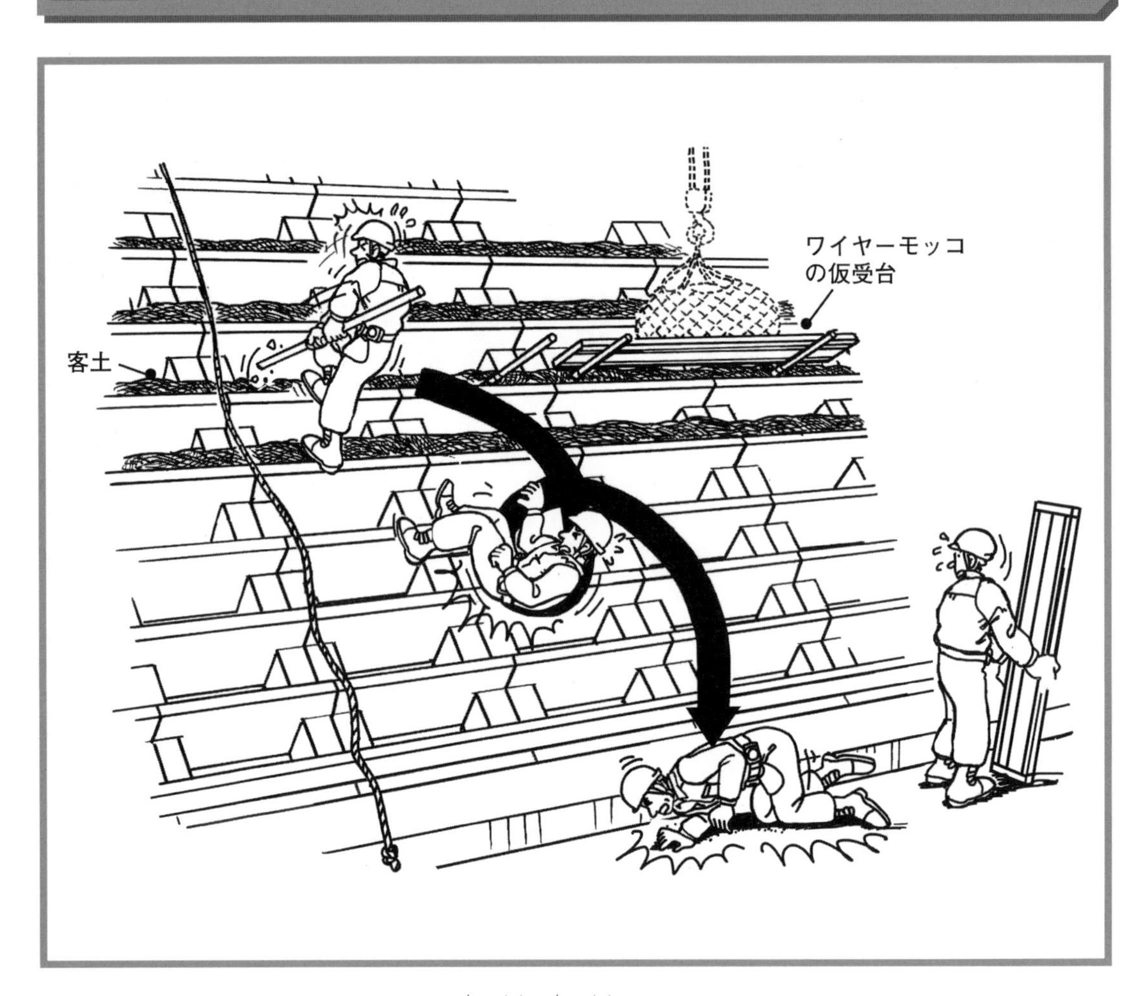

被災者の状況

職種：土工
年齢：50歳
経験年数：23年
請負次数：２次

災害の発生状況

植栽用擁壁ブロック内に客土を中詰めする作業で、ワイヤーモッコの仮受台を隣りのブロックに移そうとして単管パイプを引き抜いたところ、反動で足を踏み外して転落した。

同種の作業で予測されるその他の危険性

① 法面をよじ登って足を滑らせ転落する
② 仮受台が崩壊し、資材が落下する
③ 玉外し作業中、バランスを崩して転落する

墜落・転落災害防止の主なポイント

① 足場に関連する附帯設備（水平ネット、垂直ネット、小幅ネット、幅木、壁つなぎ、中桟等）の作業手順があいまいなまま作業を進めるため災害の発生も多く、「足場組立て作業」における関連設備の作業手順書を整備する必要があります。

　また、足場に附帯する設備の設置、撤去作業は常に開口部に近接して行われる場合が多く、作業中の危険源を十分把握した上で現場に合った作業手順の作成に努めることが重要です。

② 現場に生ずる開口部周囲にA型バリケードの設置や、親綱を張り巡らせて「開口部注意」の標識を取り付けているケースがよく見られます。バリケードはもちろん、親綱やワイヤーロープを開口部周辺に設置しても手すり替わりになりませんので、単管パイプ等を用いて堅固な構造の手すりを設置することが大切です。

　また、手すりを設置する必要がない小さな開口部は養生蓋を設置することとなりますが、使用する部材の強度を検討し、ずれ止めを取り付け、表面は目立ちやすいよう表示を行う必要があります。

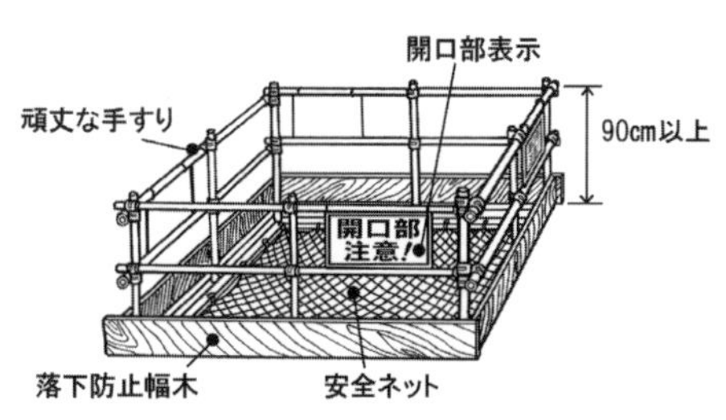

一般的な開口部の養生

③ スレート等の屋根は、経年による劣化が進んでもろくなっているため踏み抜き防止に対する綿密な計画を立案する必要があります。

　特に重要なのは、踏み抜いた際の墜落に備えて防網を設置することや作業床を確保するための足場板のレイアウトを計画することです。図のように天井裏に防網を取り付けた後、作業用の足場板を配置し、親綱を堅固に設置してから作業を開始します。

　また、屋根部に昇降する設備もあらかじめ計画することが肝要です。

④ 安衛則に規定されている作業床、架設通路等の手すりの高さは85㎝以上ですが、仮設工業会の基準では、作業員が身を乗り出す作業姿勢をとっても安全を確保できる高さとして、荷上げ用の開口部、荷上げ構台、仮設階段の踊場、乗り入れ構台、土留め壁上部等に設ける手すりの高さは、95㎝と規定しています。

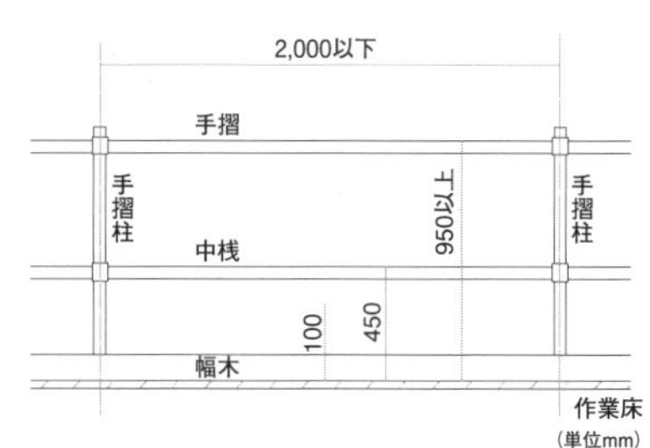

2. 建設機械・クレーン等災害

毎年のように建設現場における建設機械・クレーン等災害の防止の呼び掛けが行われています。建設機械・クレーン等の機能の多様化、高性能化に向けて多彩な機種の開発や改良が進み、建設業の省力化に大きな役割を担うようになってきました。

その一方で、高度な性能を持つ建設機械の構造や取扱い方法に対する知識が不十分であるため、オペレーターはもちろんのこと、周辺の作業員に新たにさまざまな危険源が生じているのではないでしょうか。

建設現場における建設機械等に関連した災害について過去の事例を整理してみたところ、バックホウ、高所作業車、転圧用ローラー、フォークリフト、仮設用エレベーター、移動式クレーン(車載型含む)に関連する災害の発生率が高いことが分かりました。

特にバックホウは、近年、クレーン機能付きの機種の導入が進み、建設現場の土砂の掘削や敷き均し作業のほかに、荷のつり上げ作業に多用されるようになってきましたが、バックホウの利便性が向上する一方で災害の発生率も高まっており、建設機械・クレーン等の災害のうち約40％がバックホウに関連していると報告されています。

移動式クレーンについては、事前に運転するクレーンの性能・機能・操作を十分に理解し、実際の荷上げ・荷下ろし作業における定格荷重等を十分確認した上で作業の方法を事前に検討することが肝要です。

建設機械・クレーン等の災害防止の基本事項は下記のとおりです。

① 建設機械・クレーン等の使用にあたっては、建設機械等の能力の範囲内で使用し、建設機械等の主たる用途に沿った作業を行う（用途外使用の禁止）とともに、安全装置を正しく機能させて作業を行うこと。

② 建設機械・クレーン等の運転操作にあたっては、定められた有資格者を選任し、表示を行うこと。

③ 作業開始前に、作業内容、作業手順、建設機械等の配置等を工事関係者全員に周知徹底すること。

バックホウに関連した災害

バックホウは、運転席から見て特に後方の視界が悪く、機体を旋回させる場合や移動する際に作業員と接触する可能性が高まります。

作業計画の作成段階で、誘導員の配置等の管理面の対策に加え、バックホウに走行警報装置や後方監視カメラを取り付けたり、作業員のヘルメット等にセンサーを取り付けてオペレーターに接近を知らせるシステムを搭載するなどの工学的な対策も併せて検討することも必要ではないでしょうか。

事例1 スロープの段差を上ろうとして転倒し、機体に巻き込まれた

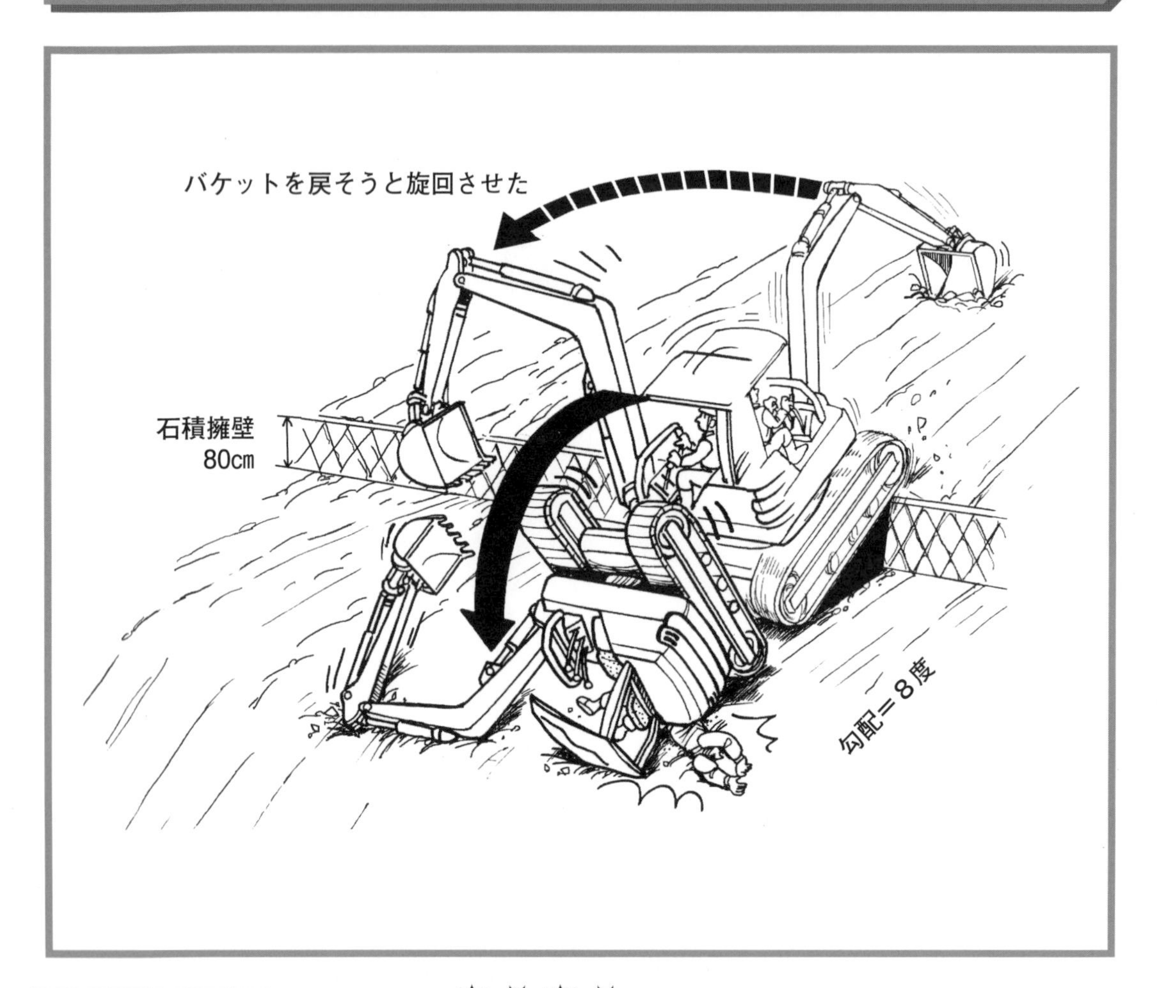

被災者の状況

職種：土工
年齢：30歳
経験年数：6年
請負次数：3次

災害の発生状況

ミニバックホウ（0.12㎥）で段差を上るため、バケットを前方の地山に食い込ませて引き上げようとしたが上り切れず、バケットを後方に戻そうと旋回した際に転倒し、機体に巻き込まれた。

同種の作業で予測されるその他の危険性

① 斜面を走行中に横滑りして転倒する
② 食い込ませたバケットが滑り、反動で機体が横転する
③ 段差を踏み外し、衝撃で体がキャビンに激突する

事例 2　バックホウで敷鉄板をつり上げ中、バランスを崩して転倒

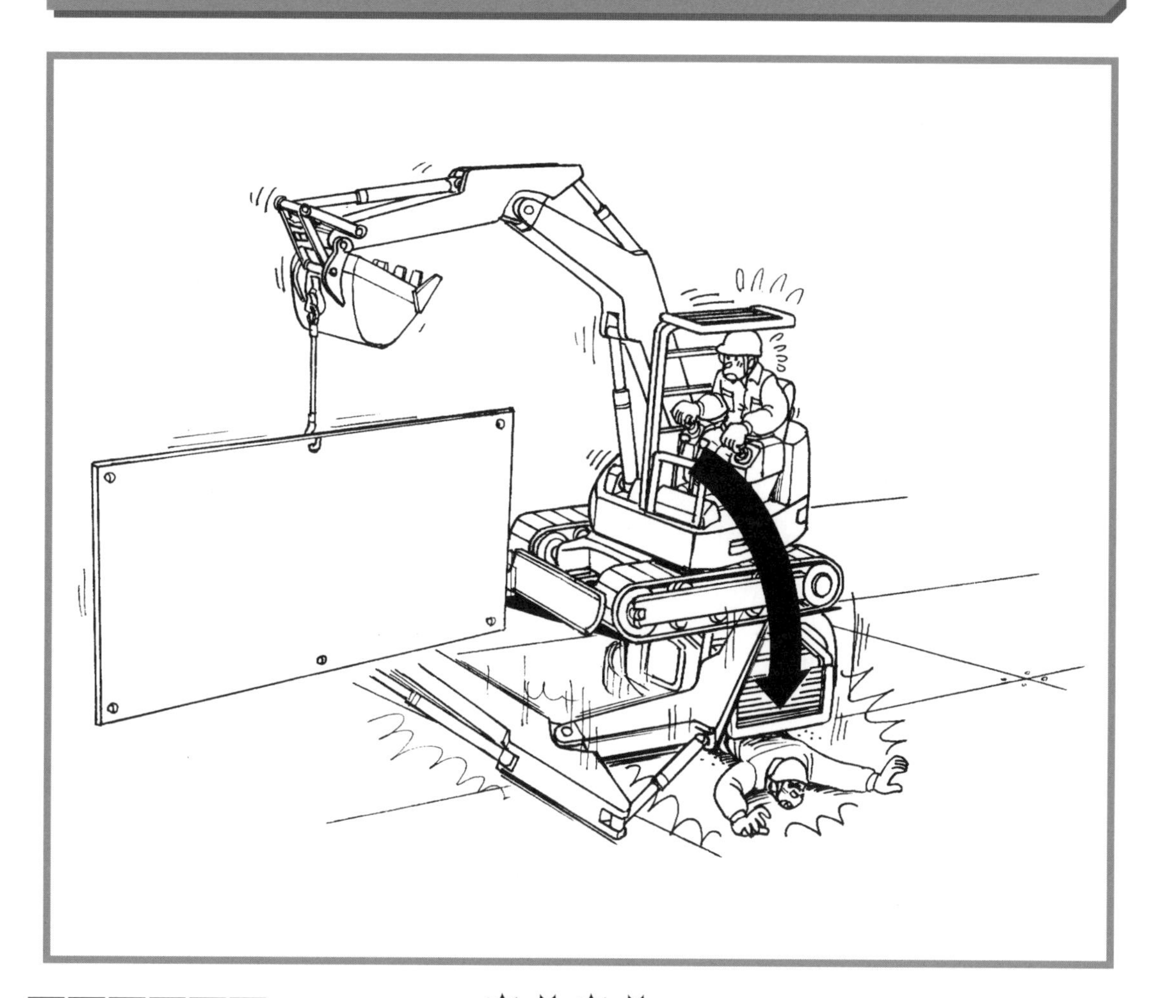

被災者の状況

職種：オペレーター
年齢：64歳
経験年数：18年
請負次数：２次

災害の発生状況

集水桝の設置作業後、桝周辺の開口部を養生するため、敷鉄板をミニバックホウでつり上げたところ、バランスが崩れて転倒。ミニバックホウと敷鉄板の間に挟まれた。

同種の作業で予測されるその他の危険性

① ワイヤーが切断し、鉄板の下敷きになる
② 敷鉄板を設置する作業中、鉄板に足を挟まれる
③ バックホウで走行中、敷鉄板が持ち上がり足が挟まれる
④ 敷鉄板が荷振れを起こし、作業員に激突する

事例 3 掘削作業中のバックホウのバケットが作業員に激突

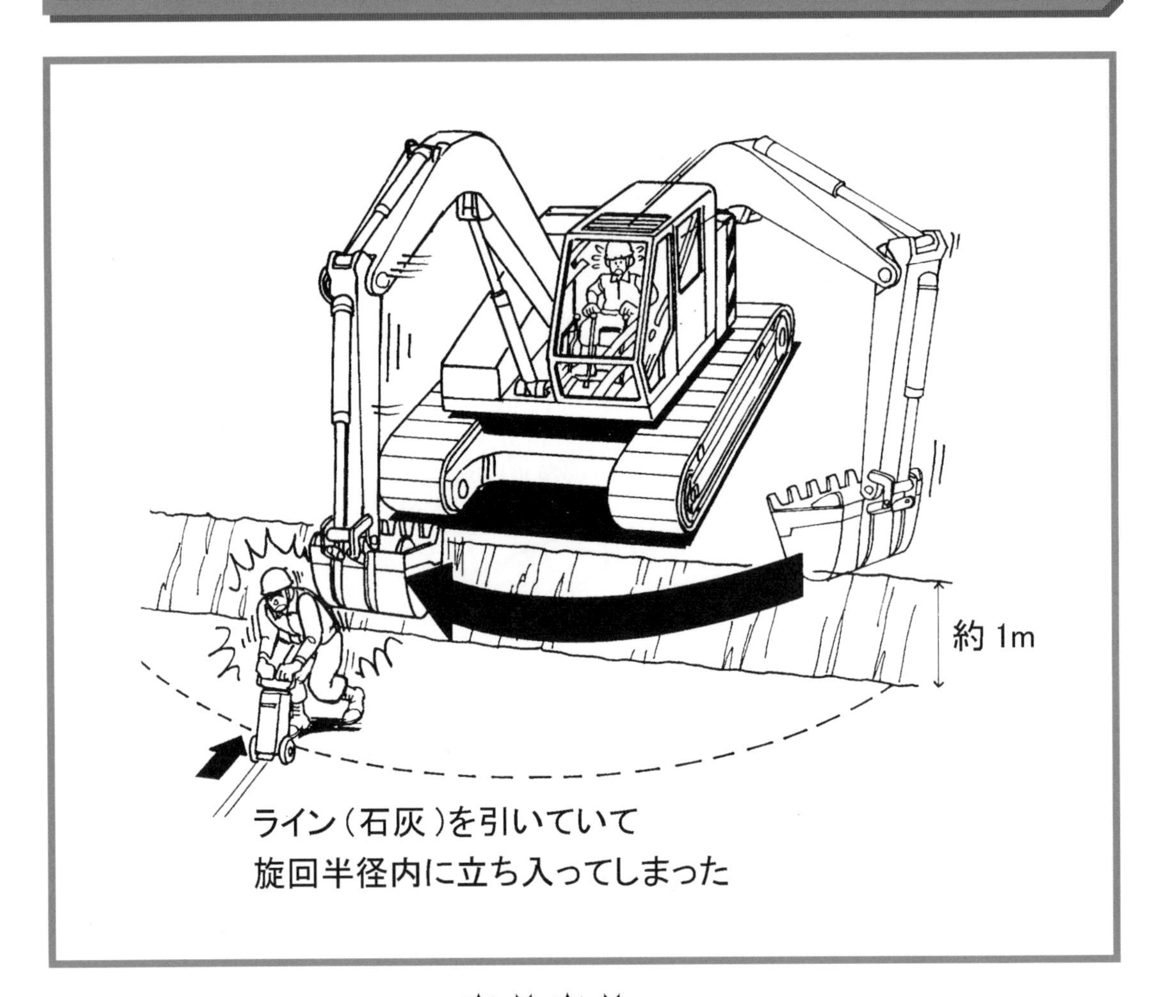

被災者の状況

職種：土工
年齢：45歳
経験年数：10年
請負次数：１次

災害の発生状況

基礎の掘削作業中、床付け位置出しを行っていた作業員が、バックホウの旋回半径内に誤って立ち入り、旋回してきたバックホウのバケットが激突した。

同種の作業で予測されるその他の危険性

① バックホウがバランスを崩して転落する
② バックホウが旋回中、車体に作業員が挟まれる
③ バックホウが後退中、作業員が履帯に巻き込まれる

事例 4 バックホウに押し出された敷鉄板が作業員に激突

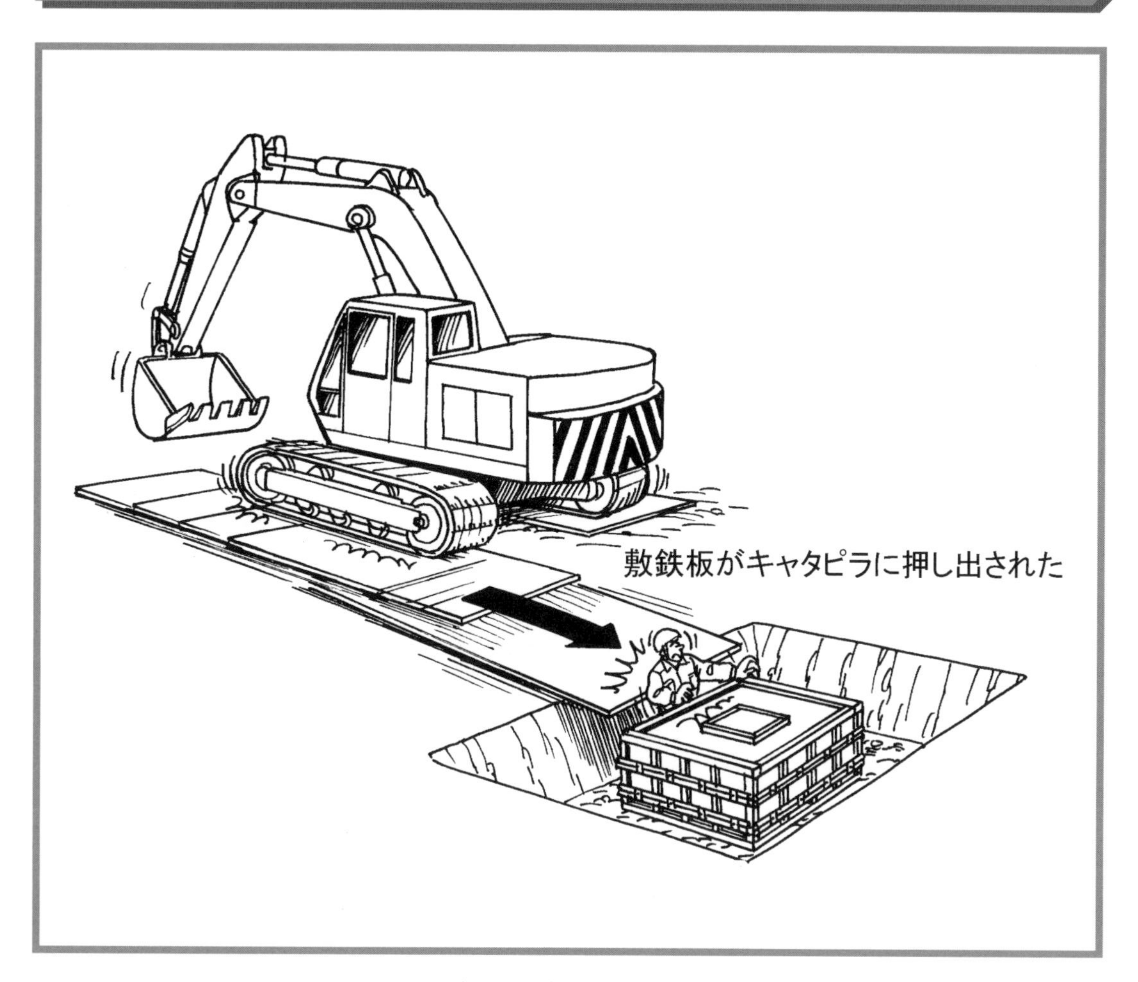

被災者の状況

職種：型枠大工
年齢：55歳
経験年数：35年
請負次数：１次

災害の発生状況

土砂の積込み作業を行っていたバックホウが移動した際、敷鉄板（1.5ｍ×6.0ｍ、厚さ=22mm、重量約1.6ｔ）を履帯が押し出し、滑った敷鉄板が基礎型枠組立て中の被災者に激突した。

同種の作業で予測されるその他の危険性

① バックホウが掘削断面に転落する
② バックホウが旋回中、作業員にバケットが激突する
③ バックホウが移動中に敷鉄板が跳ね上がり、作業員が挟まれる

事例 5 バックホウで解体ガラを集積中、バケットが作業員に激突

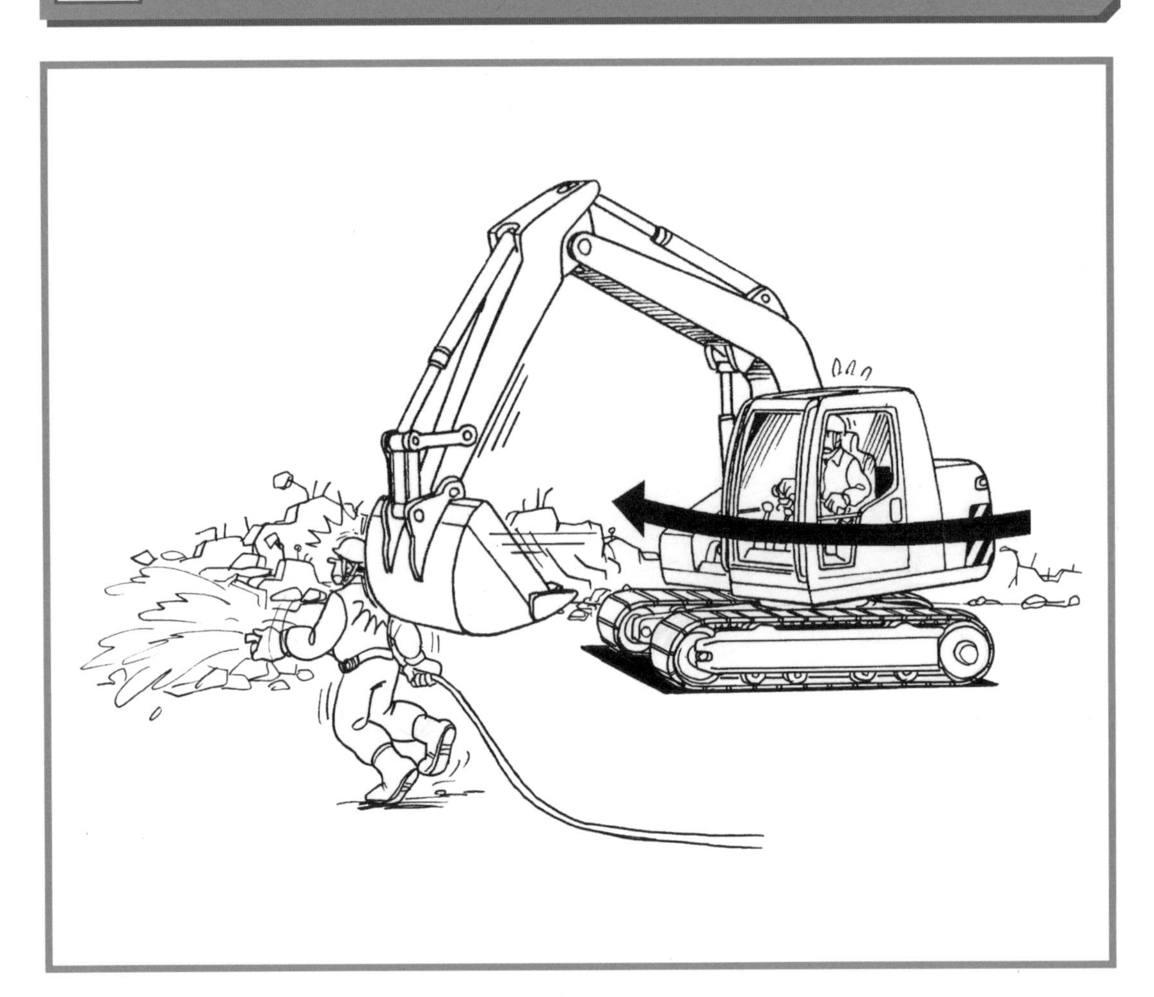

被災者の状況

職種：解体工

年齢：61歳

経験年数：30年

請負次数：２次

災害の発生状況

解体作業中に、粉じんの発生を抑えるために散水作業を行っていた作業員に、解体ガラをバケットですくおうと旋回したバックホウのバケットが激突した。

同種の作業で予測されるその他の危険性

① バックホウが旋回中にバランスを崩して転倒する

② 飛散したコンクリートの破片がオペレーターに激突する

③ 前・後進中に他の重機と激突する

④ 作業員が粉じんを吸い込む

事例 6 ブレーカーをつっていたバックホウが横転し挟まれた

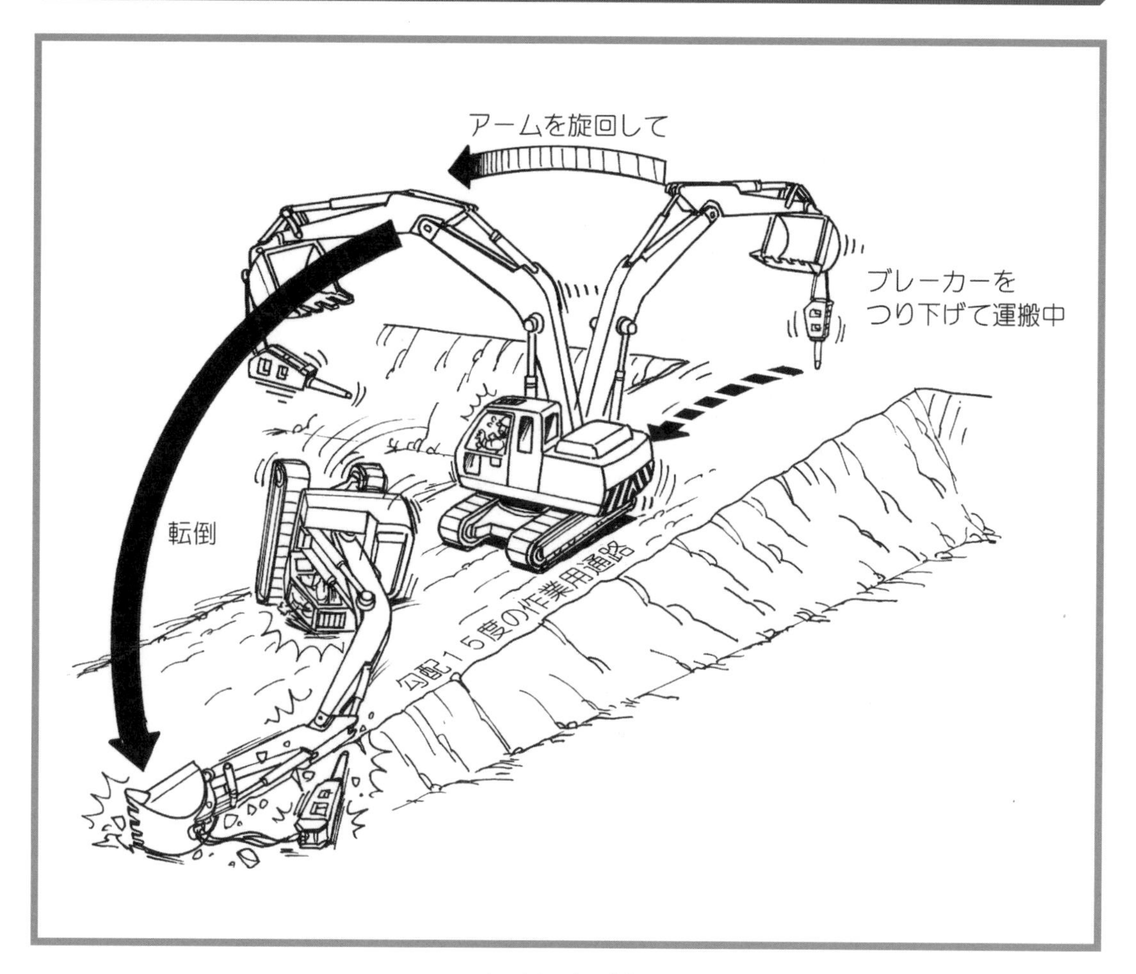

被災者の状況

職種：オペレーター
年齢：58歳
経験年数：25年
請負次数：２次

災害の発生状況

ブレーカー（重量1.3トン）を片づけるため、バックホウ（0.45㎥）でつり上げて仮設道路を移動中、アームを旋回させた際にバランスを崩して横転し、キャビンに挟まれた。

同種の作業で予測されるその他の危険性

① 仮設道路の路肩からバックホウが転落する
② ワイヤーが切断し、つり荷が落下して作業員に激突する
③ つり荷（アタッチメント）が揺れて作業員に激突する

7 敷鉄板をつっていたバックホウが横転し、作業員に激突

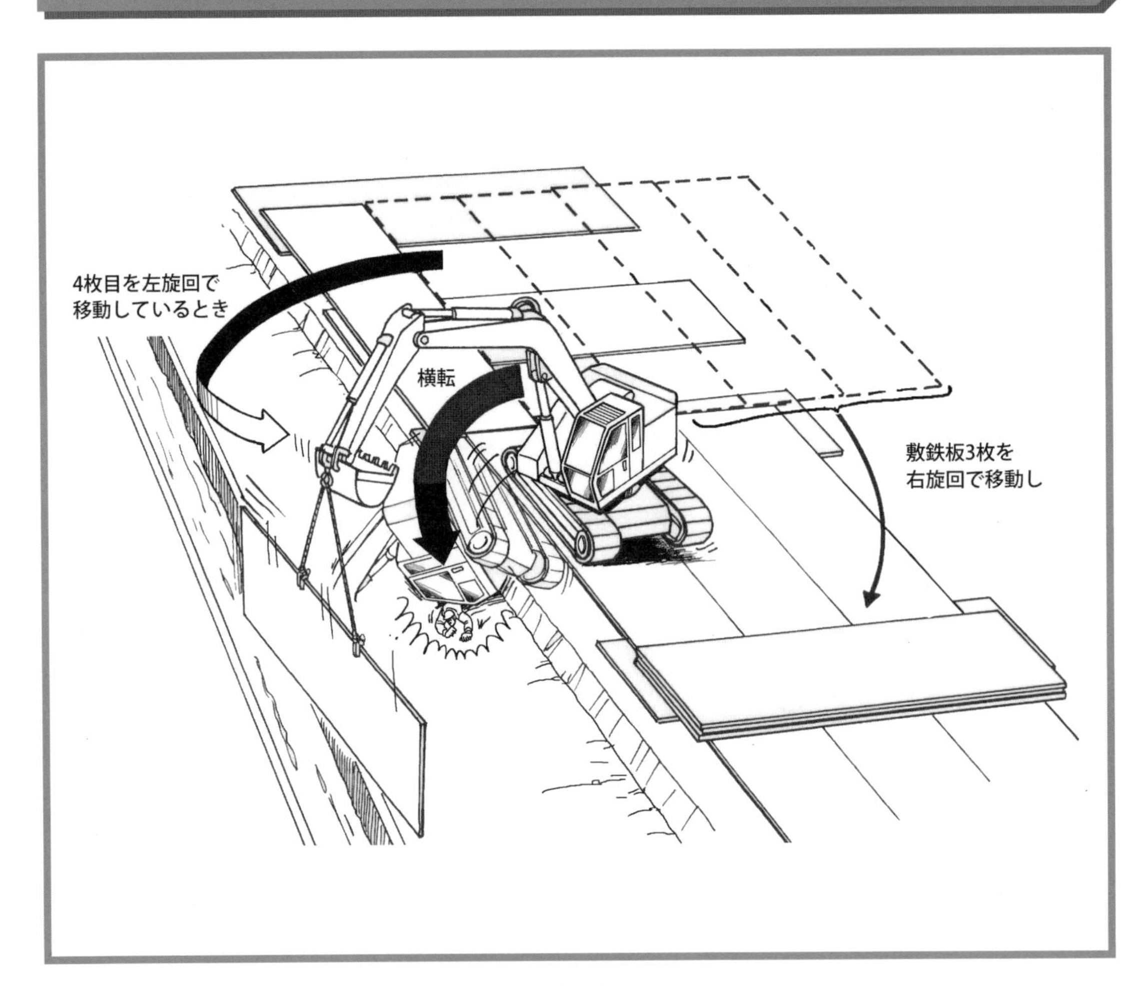

被災者の状況

職種：土工

年齢：62歳

経験年数：２年

請負次数：４次

災害の発生状況

職長から敷鉄板を移動するように指示されたオペレーターが、バックホウで鉄板をつり上げ旋回しようとしたところ、バランスを崩して転倒し作業員がバックホウの下敷きとなった。

同種の作業で予測されるその他の危険性

① つり上げた敷鉄板が作業員に激突する

② つり上げた敷鉄板が落下し、作業員に激突する

③ 敷鉄板が持ち上がり、作業員が挟まれる

④ 路肩が崩壊し、バックホウが転落する

事例8 排水溝の掘削中、仮置きしたU字溝とバックホウの間に挟まれた

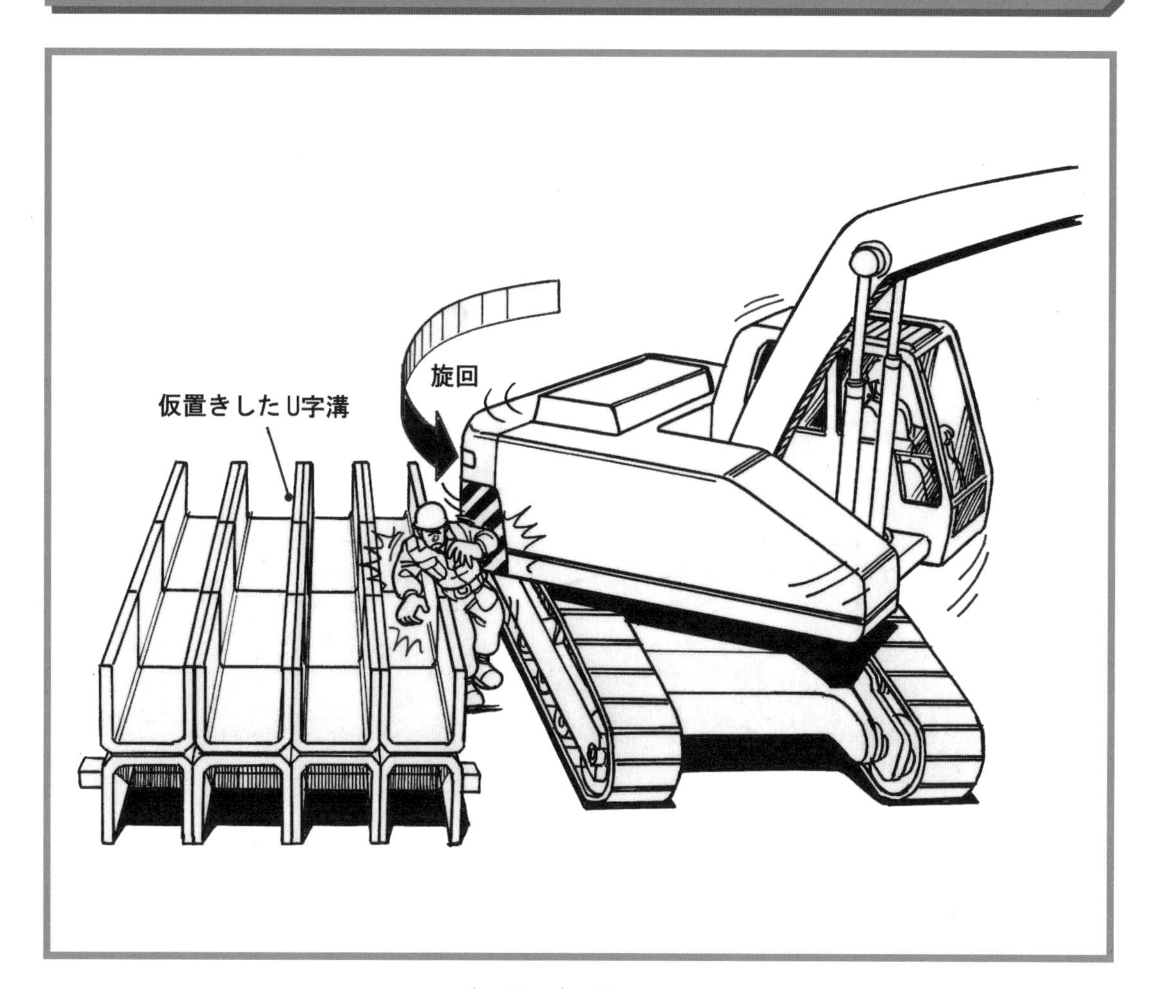

被災者の状況

職種：土工
年齢：45歳
経験年数：18年
請負次数：３次

災害の発生状況

U字溝を敷設するため、バックホウのオペレーターが掘削作業を開始しようとして旋回したところ、仮置きしていたU字溝とバックホウの間に作業員が挟まれた。

同種の作業で予測されるその他の危険性

① 掘削作業中、バケットが旋回し作業員に激突する
② 仮置きしたU字溝が倒壊し、作業員に激突する
③ バックホウの移動中、作業員と接触する

事例 9 ミニバックホウを運転中、切梁との間に挟まれた

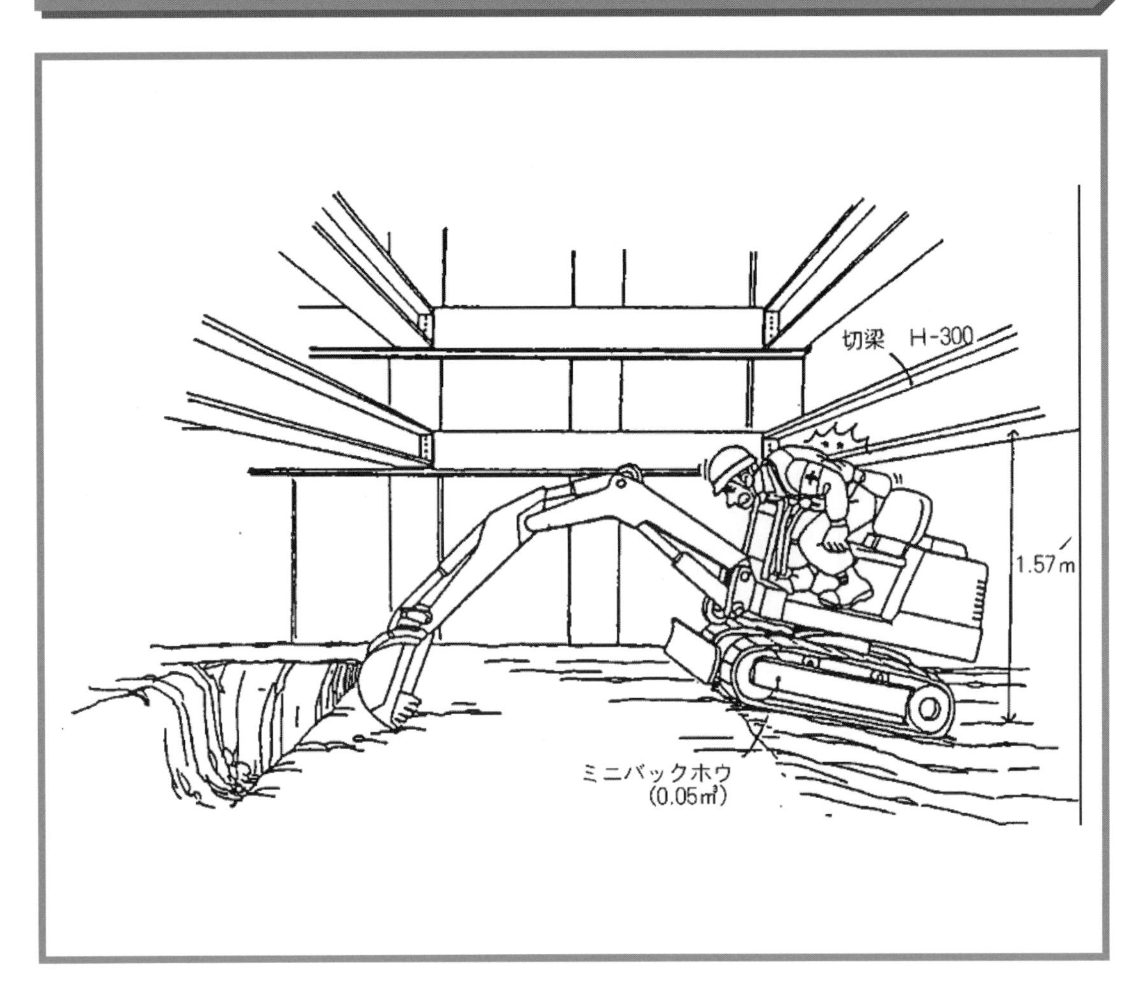

被災者の状況

職種：土工
年齢：54歳
経験年数：24年
請負次数：１次

災害の発生状況

切梁下で掘削作業を行っていたところ、ミニバックホウが大きく振れ、背後の切梁とミニバックホウの操作レバーの間に胸部を挟まれた。

同種の作業で予測されるその他の危険性

① バックホウを運転中に、作業員と激突する
② バックホウによる掘削作業中、掘削面底部に転落する
③ 掘削土を上部に搬出中、土砂が落下し激突する

事例 10 作業場所の清掃中、後進してきたバックホウに激突

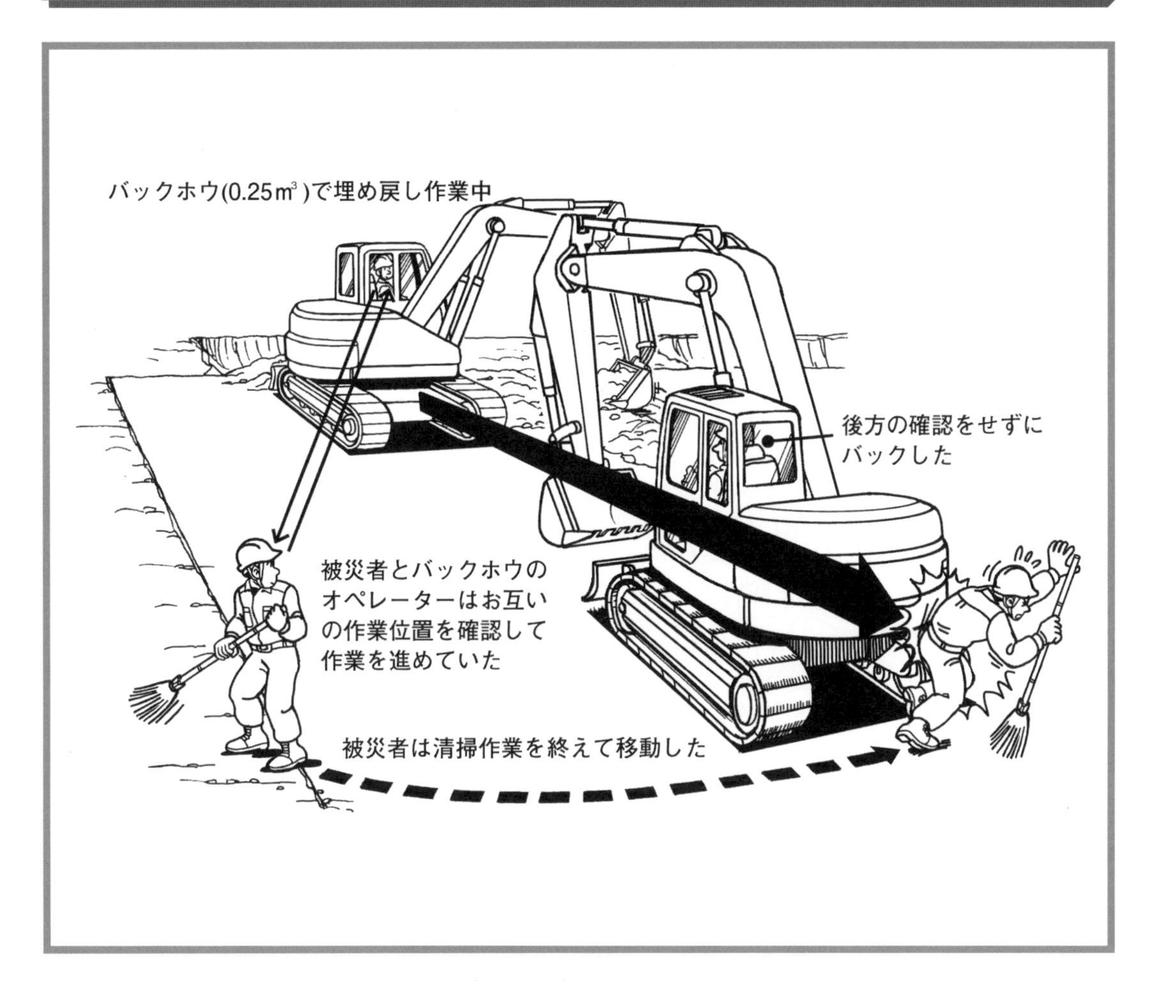

被災者の状況

職種：土工
年齢：59歳
経験年数：20年
請負次数：３次

災害の発生状況

敷地内の埋戻し作業をバックホウで行っていたところ、埋め戻しを終了したバックホウが急に後進したため、作業場所周辺の清掃を行っていた作業員に激突した。

同種の作業で予測されるその他の危険性

① 旋回するバケットに作業員が激突する
② バックホウが埋戻し作業中、掘削面に転落する
③ 荷をつるなどの用途外使用を行い、バックホウが転倒する

事例

11 バケットが急旋回し、マンホール側壁との間に挟まれた

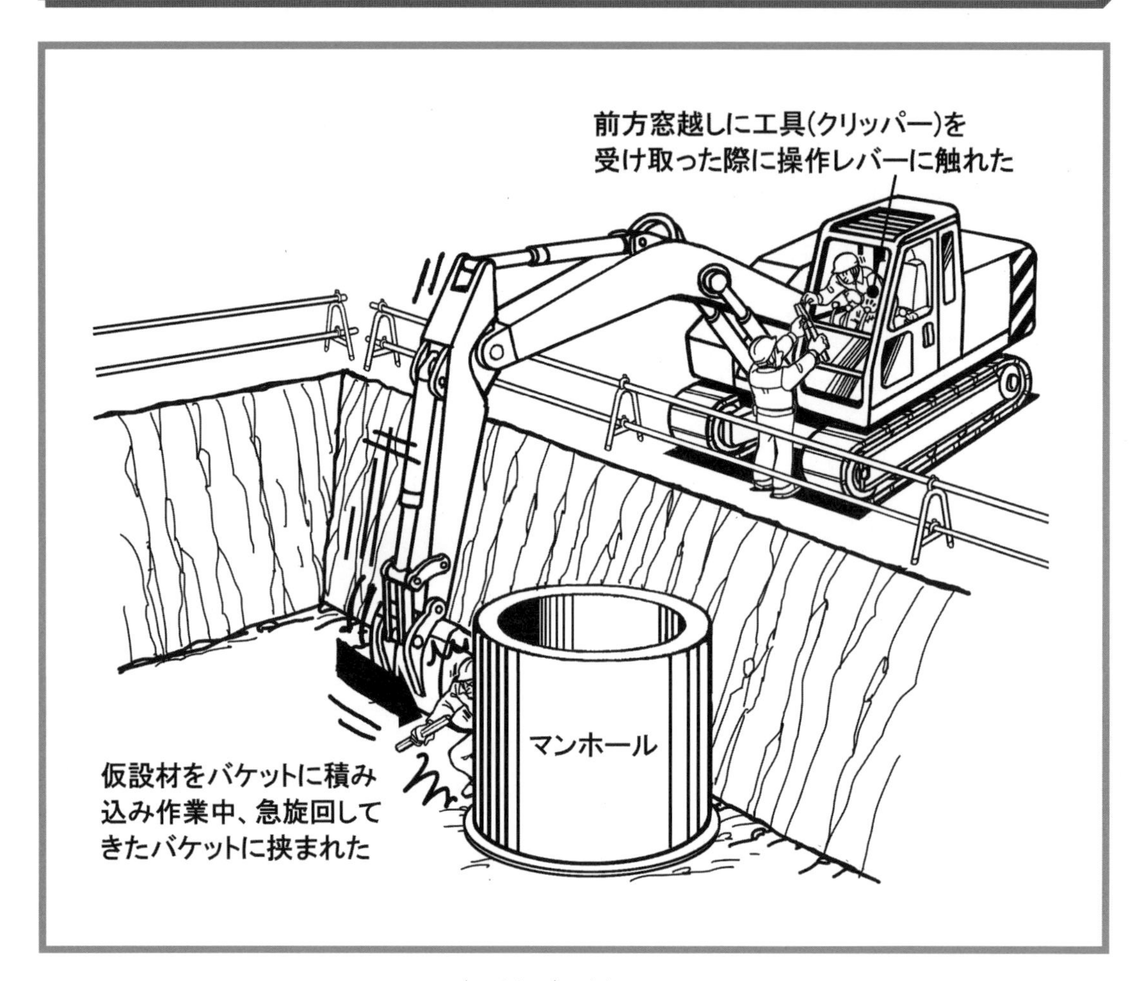

被災者の状況

職種：土工

年齢：45歳

経験年数：３年

請負次数：２次

災害の発生状況

浮かせた状態にしたバックホウのバケットに、ベースジャッキ等の資材を積み込んでいたところ、オペレーターの左腕が操作レバーに触れたため、バケットが急旋回し、マンホール側壁との間に挟まれた。

同種の作業で予測されるその他の危険性

① 掘削法面上部から作業員が墜落する

② 法面が崩壊し、バックホウが転落する

③ 法面を昇降中に転落する

事例 12 地山が死角となり、バックホウのバケットに挟まれた

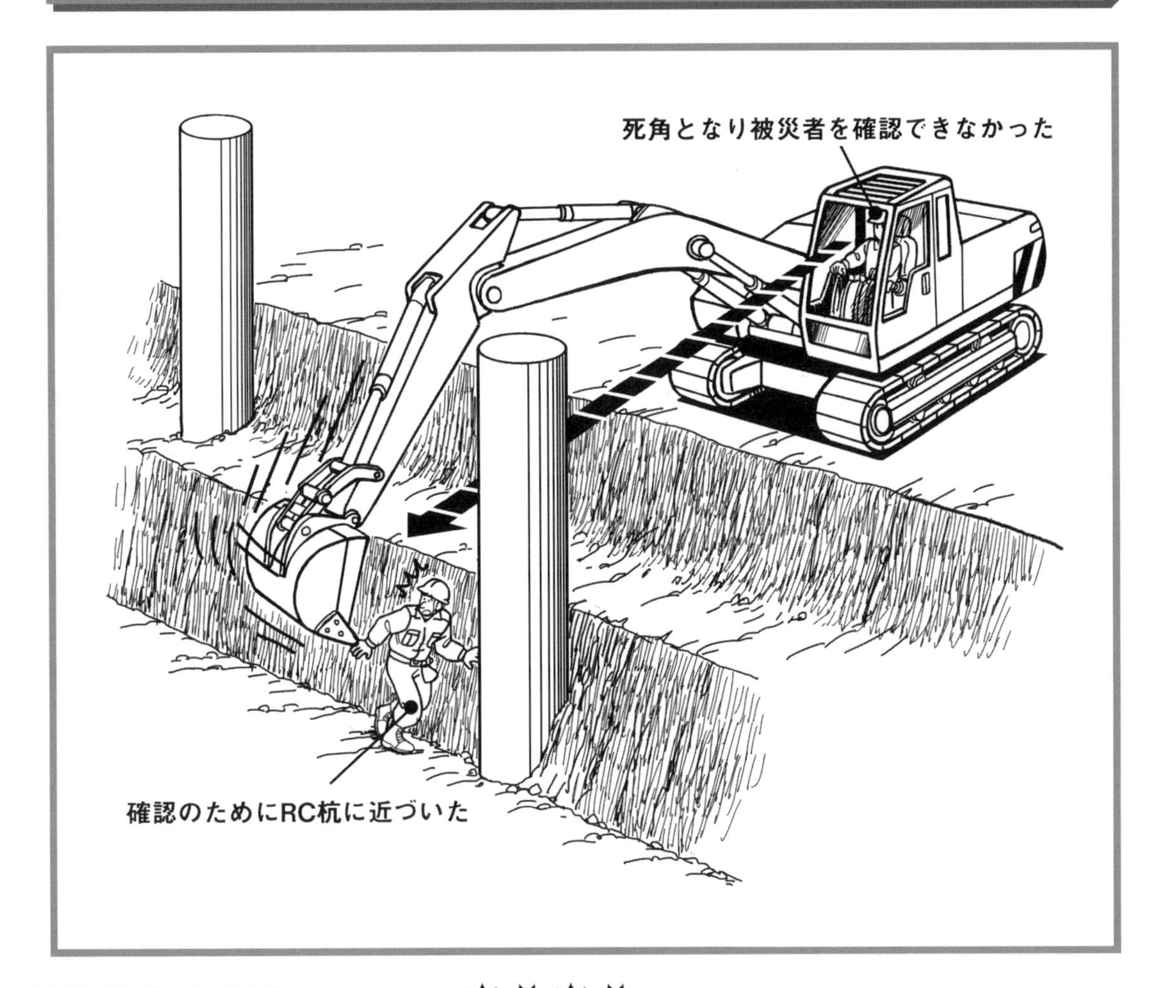

被災者の状況

職種：土工
年齢：25歳
経験年数：4年
請負次数：1次

災害の発生状況

バックホウの運転を停止させた後、RC杭にレベル出しを行い、一旦、作業場所を離れた作業員が、咄嗟に再確認のため元の場所に戻ったところ、運転を再開したバックホウのバケットに挟まれた。

同種の作業で予測されるその他の危険性

① 法肩が崩壊し、バックホウが転落する
② バックホウが移動する際、作業員と激突する
③ 斜面を昇降する際、作業員が転落する

事例 13 コンクリート基礎解体中、バケットに指を挟まれた

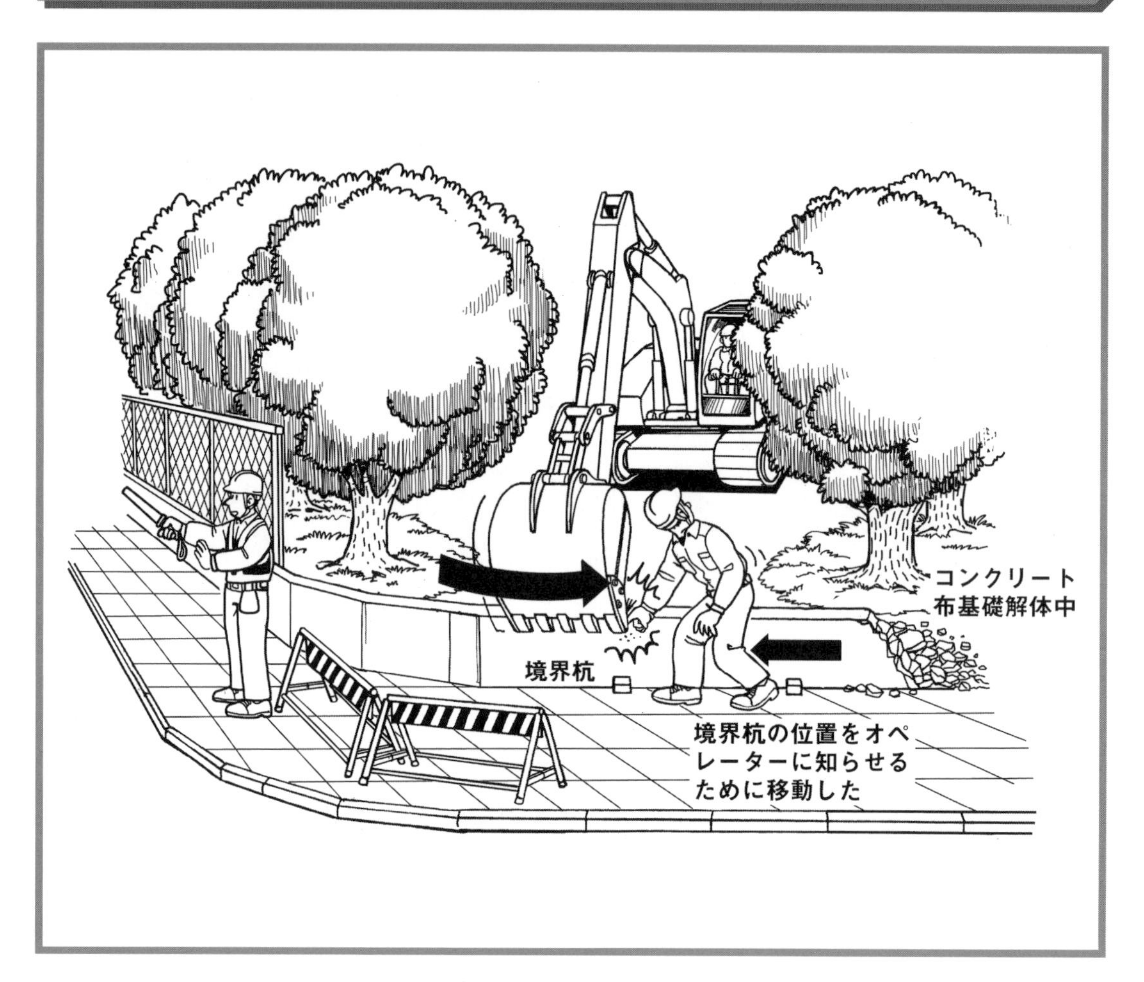

被災者の状況

職種：土工
年齢：40歳
経験年数：１年
請負次数：２次

災害の発生状況

敷地外周柵のコンクリート基礎（H＝600）をバックホウにより解体中、バケットの前方でオペレーターに境界杭の位置を知らせるために接近した作業員の右手指が、バケットとコンクリートの間に挟まれた。

同種の作業で予測されるその他の危険性

① 解体作業中、バックホウがバランスを崩して転倒する
② バックホウが後進する際、作業員に激突する
③ 破砕したコンクリートガラが飛散して作業員に激突する

クレーンに関連した災害

クレーンに関連する災害は、玉掛け作業による荷のつり落としが多く、特に単管パイプ等の長尺物、板状の資材（コンパネ、石膏ボード等）については、玉掛けの方法を事前に決定しておく必要があります。

一方で、後方の視界が悪いため、クレーンのカウンターウェイト部へ作業員が不用意に近づき挟まれる災害も発生しています。

誘導員を配置して作業を行うことが基本となりますが、作業員の接近をオペレーターに知らせるためにバックセンサーを取り付けるなどの工夫も必要です。

事例 1 クレーンのカウンターウェイトに接触し、墜落

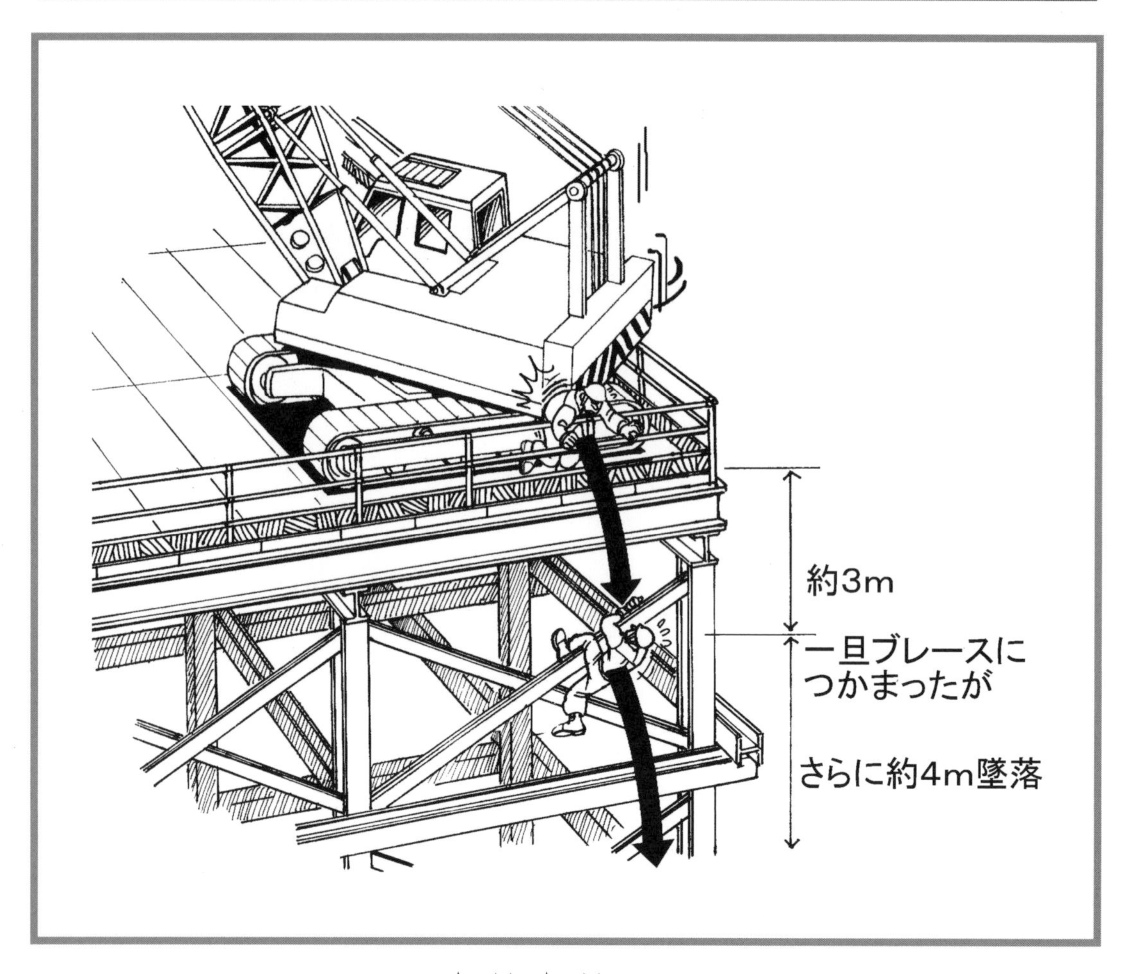

被災者の状況

職種：電工
年齢：35歳
経験年数：17年
請負次数：２次

災害の発生状況

構台に設置してあった仮設照明の移設を行うため、50ｔクローラクレーンの真横で作業を行っていたところ、回転してきたクレーンのカウンターウェイトに押し出されるように挟まれ、構台上から墜落した。

同種の作業で予測されるその他の危険性

① クレーンがバランスを崩して転落する
② カウンターウェイトが手すりに接触し、崩壊、落下する
③ 後退したクレーンに作業員が巻き込まれる

事例 2 移動式クレーンが転倒し、仮設トイレに激突

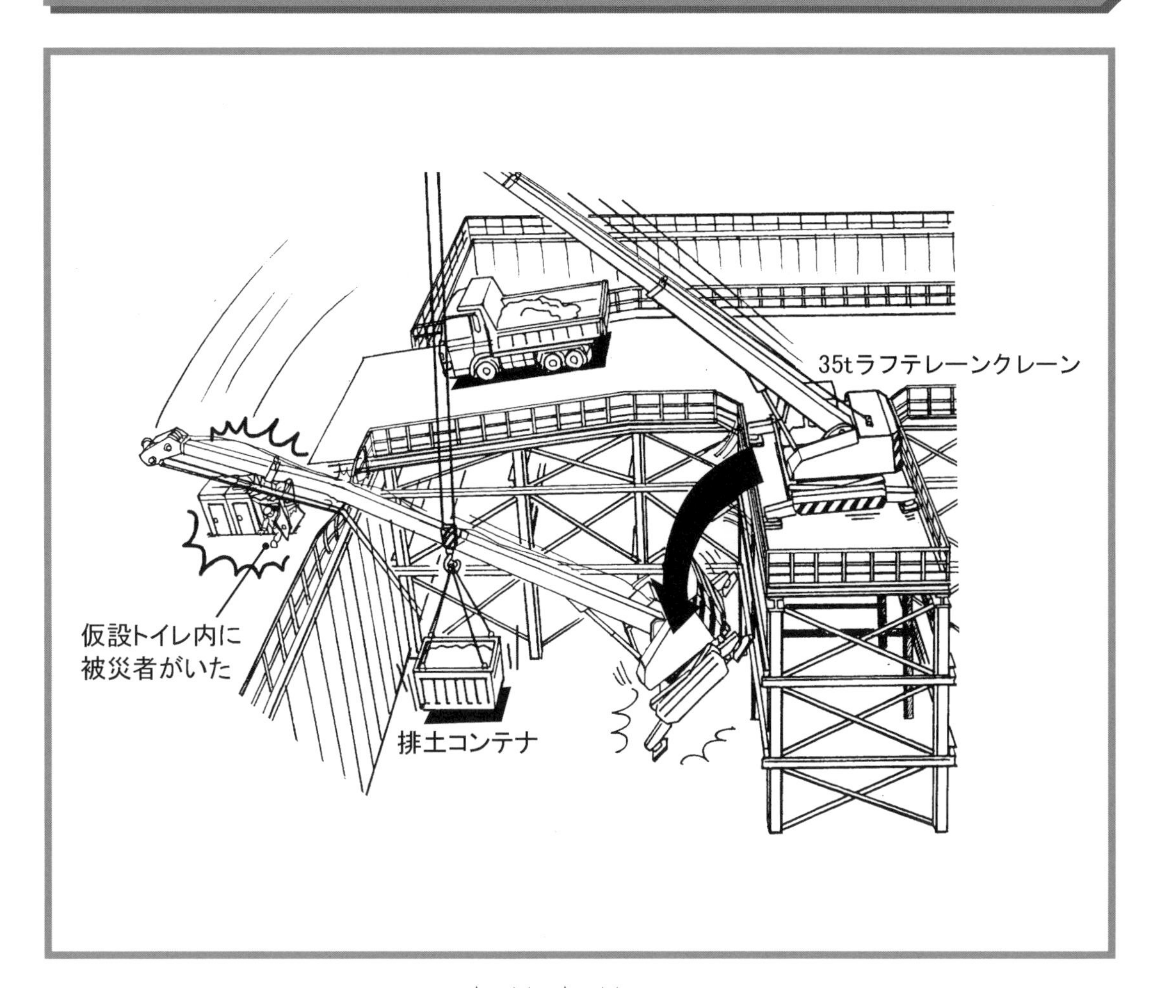

被災者の状況

職種：とび工
年齢：50歳
経験年数：25年
請負次数：１次

災害の発生状況

構台上からラフテレーンクレーン（35ｔ）で掘削土砂の入った排土コンテナをつり上げ中、クレーンが転倒し約９ｍ下の掘削床へ転落。クレーンのブームがトイレを使用中の被災者に激突した。

同種の作業で予測されるその他の危険性

① 玉掛け作業中、つり荷を落下させ、作業員に激突する
② クレーンが旋回中、作業員が機体に挟まれる
③ ダンプトラックと他の通行車両が激突する

事例 3 移動式クレーンのジブに天井クレーンが激突し、かごと共に落下

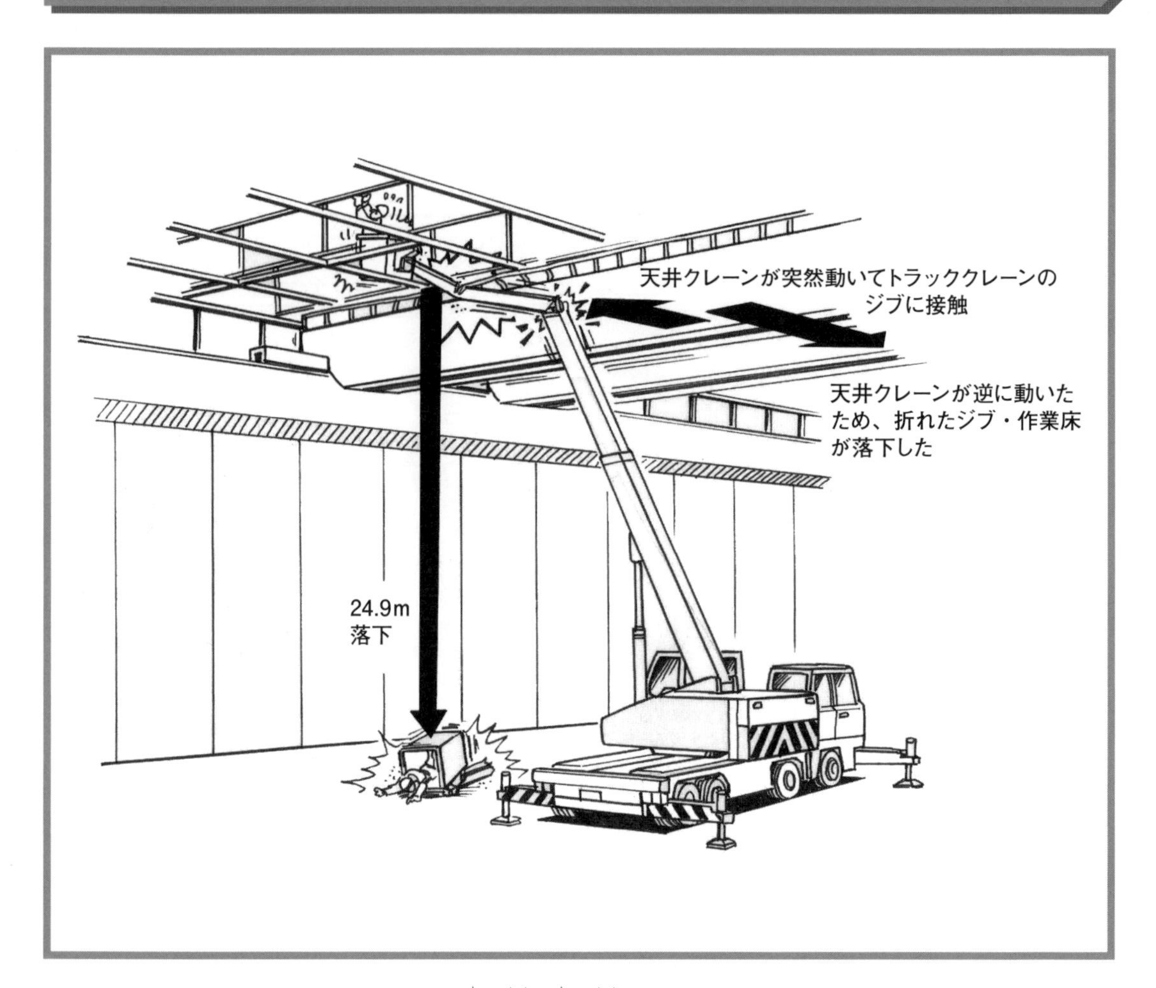

被災者の状況

職種：塗装工
年齢：61歳
経験年数：35年
請負次数：２次

災害の発生状況

工場内鉄骨塗装のため、移動式クレーンに設置した搭乗用かごに乗って作業を開始したとき、本設天井クレーンが突然動き出し、移動式クレーンのジブに激突したため、ジブが折れてかごと共に落下した。

同種の作業で予測されるその他の危険性

① 搭乗用かごからバランスを崩して墜落する
② 搭乗用かごがぶれて、作業員が鉄骨に激突する
③ 作業中に、工具・資材等を落下させ、下方の作業員に激突する

クライミング用のロックピンが抜けてタワークレーンが落下

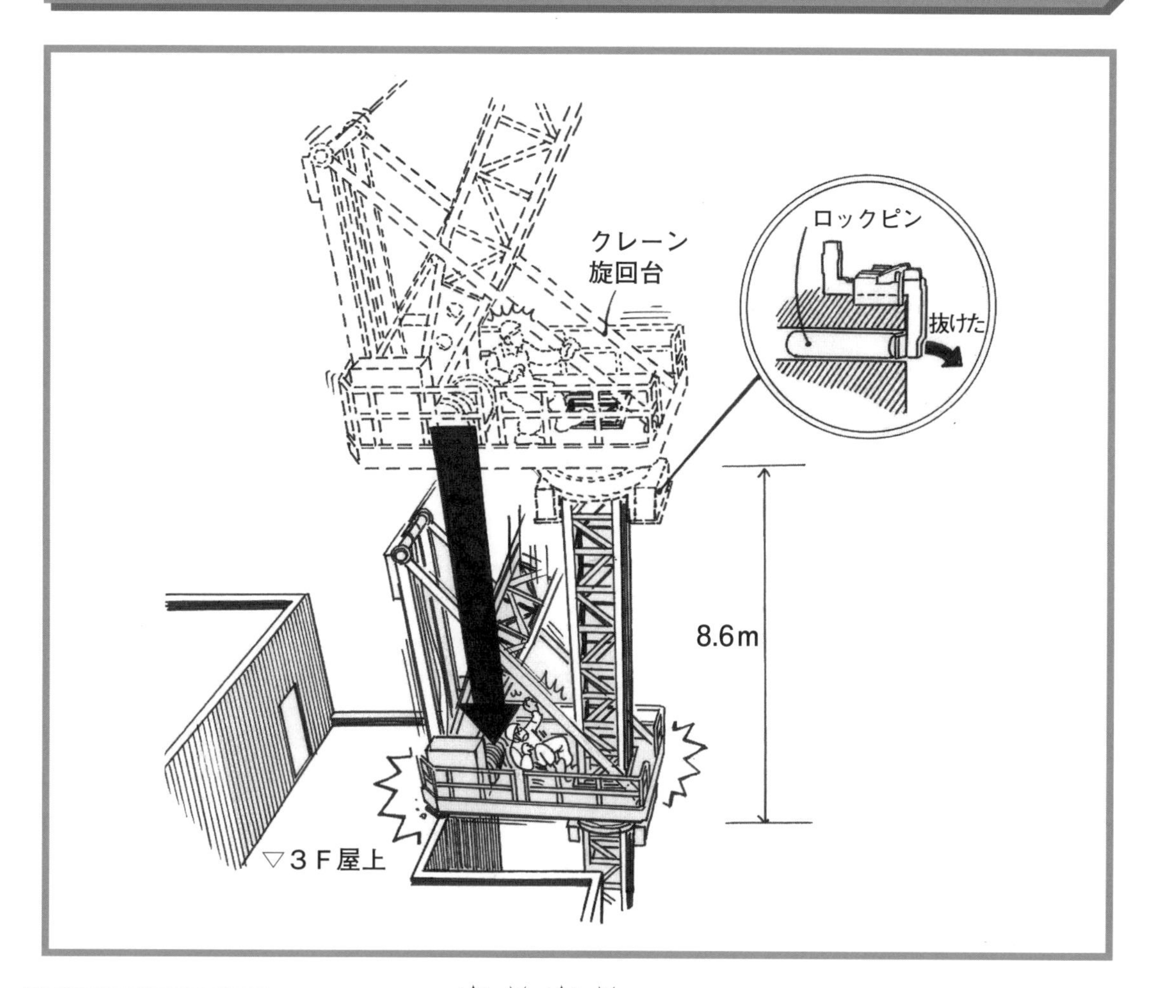

被災者の状況

職種：設備工
年齢：52歳
経験年数：25年
請負次数：３次

災害の発生状況

クライミングクレーンの旋回台を支えているロックピンが抜け、本体が8.6m落下。旋回台上で作業していた被災者は、旋回台と共に転落した。

同種の作業で予測されるその他の危険性

① 旋回台から作業員が墜落する
② 作業台に昇降中、墜落する
③ 玉掛け作業中、つり荷を落下させる

事例5 積載形トラッククレーンが横転し、ブームが激突

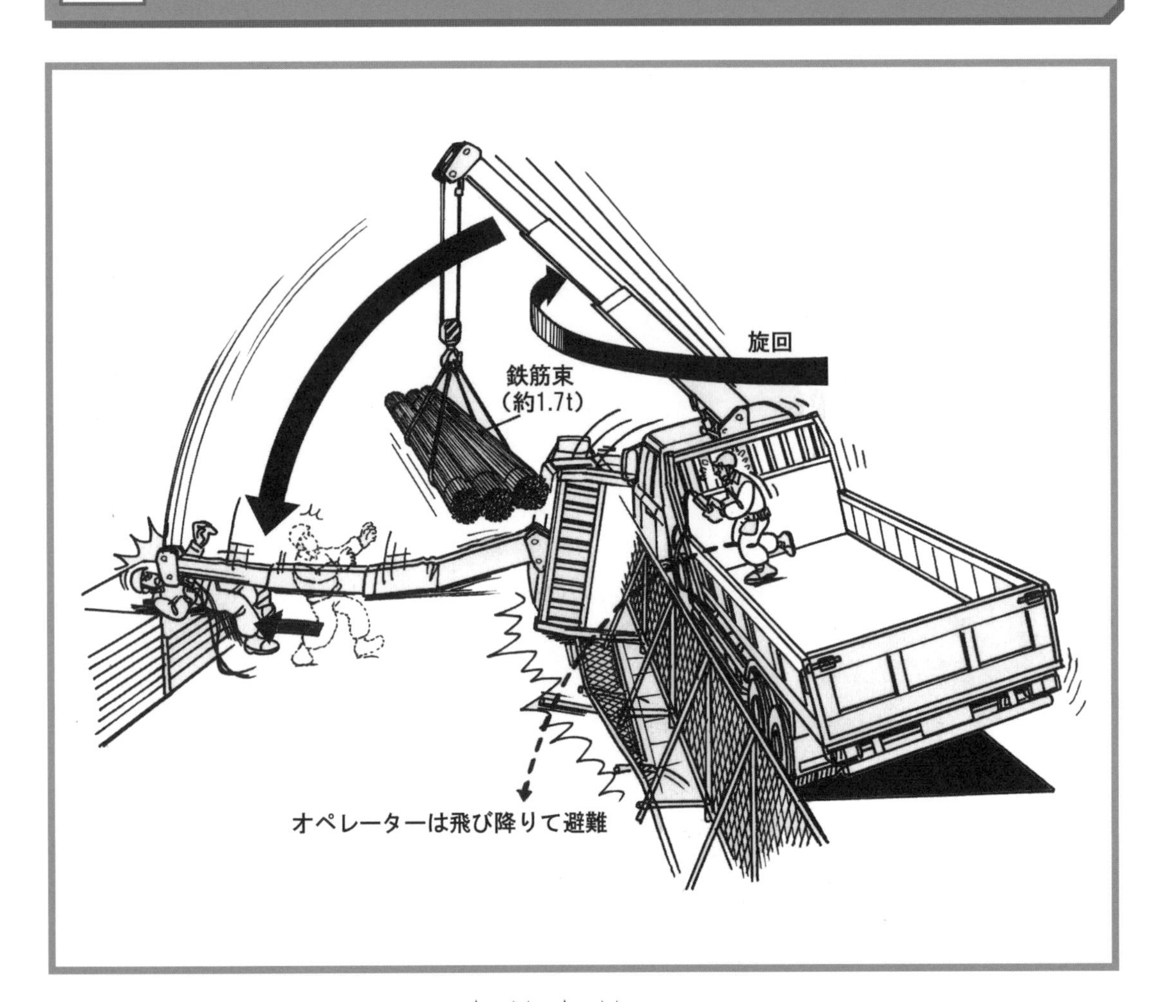

被災者の状況

職種：鉄筋工
年齢：55歳
経験年数：４年
請負次数：１次

災害の発生状況

積載形トラッククレーンを使用して鉄筋の荷下ろし作業を行っていた際、アウトリガーを全部張り出さないままブームを旋回させたため横転し、玉掛け者にブームの先端が激突した。

同種の作業で予測されるその他の危険性

① 操作者が荷台から転落する
② つり荷が落下し、作業員に激突する
③ 操作者が倒れた車両と仮囲いとの間に挟まれる
④ 車両が逸走し、作業員が挟まれる

事例 6 角パイプの束をつり上げ中、滑り落ちたパイプが激突

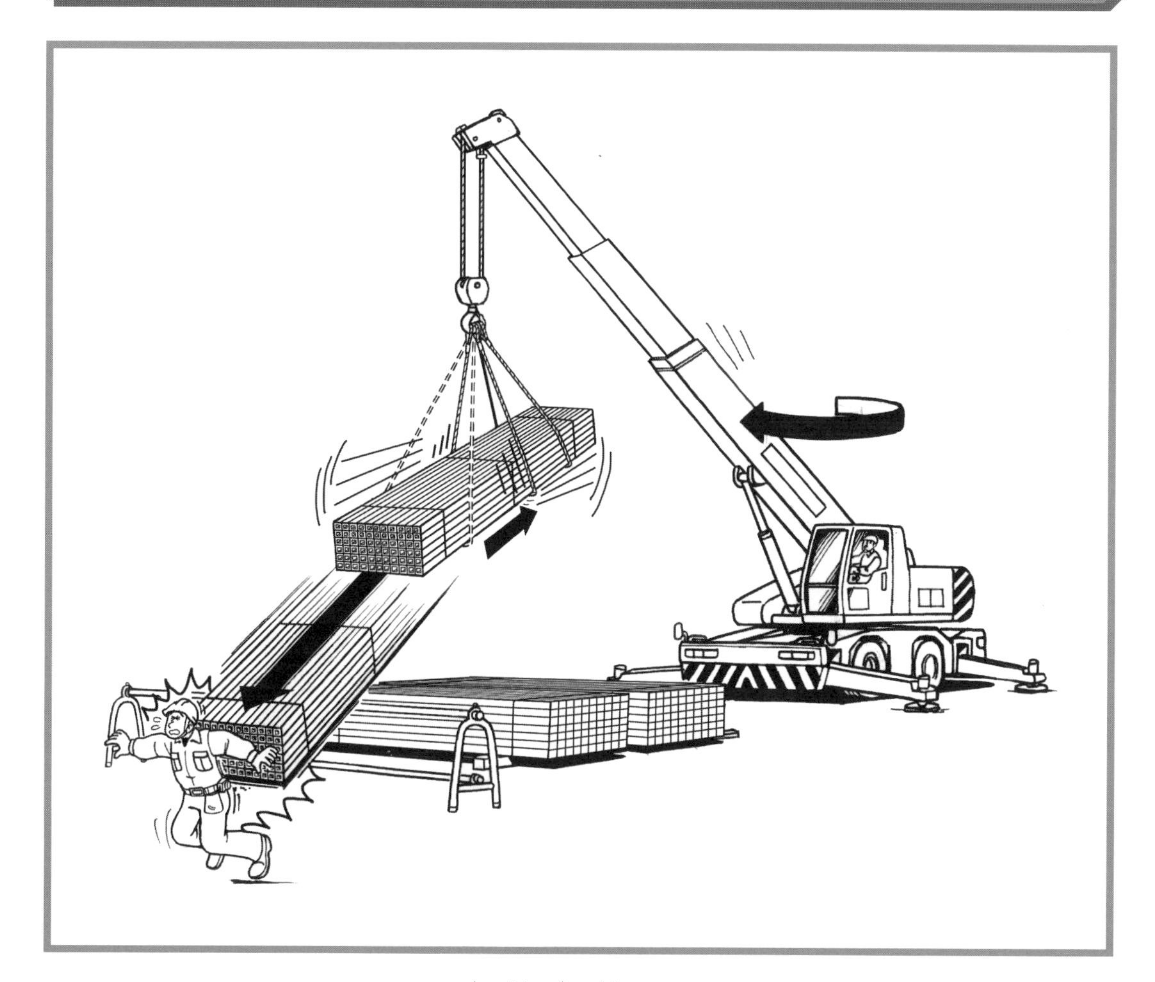

被災者の状況

職種：型枠大工
年齢：56歳
経験年数：34年
請負次数：２次

災害の発生状況

資材置場で型枠材を整理するため、移動式クレーンで４ｍの角パイプの束をつり上げたところ、玉掛けワイヤーが滑ってバランスを崩した途端に落下し、作業員に激突した。

同種の作業で予測されるその他の危険性

① 荷が振れてクレーンがバランスを失い転倒する
② 荷が振れて、つり荷が作業員に激突する
③ 荷の一部がすり抜けて落下する

事例 7 タワークレーンの旋回台を荷下ろし中、旋回台が落下

被災者の状況

職種：とび工
年齢：31歳
経験年数：6年
請負次数：2次

災害の発生状況

クローラクレーンで、10 t トラックの荷台にタワークレーンの旋回台部分をつり下ろして玉掛けワイヤーを外したところ、旋回台がバランスを崩して荷台から横転、落下。作業員がその下敷きとなった。

同種の作業で予測されるその他の危険性

① トラック荷台に昇降中、足を踏み外して転落する
② つり荷が振れて作業員に激突する
③ クレーンがバランスを崩して転倒する

事例 8 移動式クレーンが横転し、ブームが作業員に激突

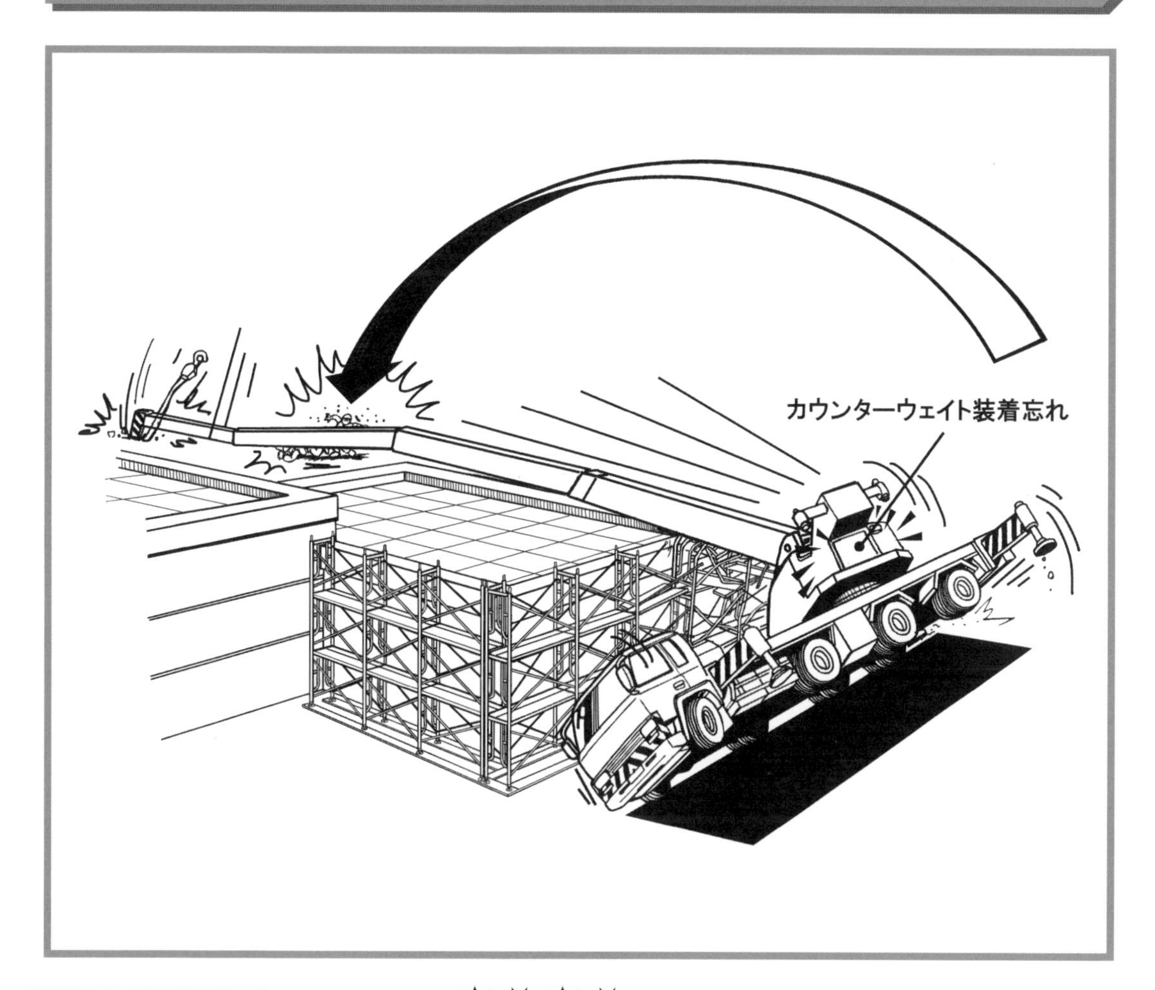

被災者の状況

職種：とび工
年齢：18歳
経験年数：２年
請負次数：３次

災害の発生状況

110ｔ移動式トラッククレーンのオペレーターが作業半径を確認するためにブームを伸ばしたところ、カウンターウェイトの取付けを忘れたクレーンが横転し、ブームが作業員に激突した。

同種の作業で予測されるその他の危険性

① 躯体外周部の開口部から墜落する
② カウンターウェイト取付け作業中、部材を落下させる
③ クレーンの旋回中に、上部旋回体にはさまれる

高所作業車に関連した災害

高所作業車は、バスケットからの墜落・転落と移動中・作業中の挟まれによる災害が数多く発生しています。移動中に段差でバスケットが跳ね上がって挟まれたり、上部構造物、配管等に気づかずに激突したり、床の段差や開口部に気づかずに横転したりといったケースが目立ちます。

また、ブーム式の高所作業車は、ブームが長いほどバスケット部の振れが大きくなるため、使用する機種の操作方法、操作感覚に慣れてから運転することが大切です。

事例 1 接触したバスケットを他の高所作業車で押し下げようとして激突

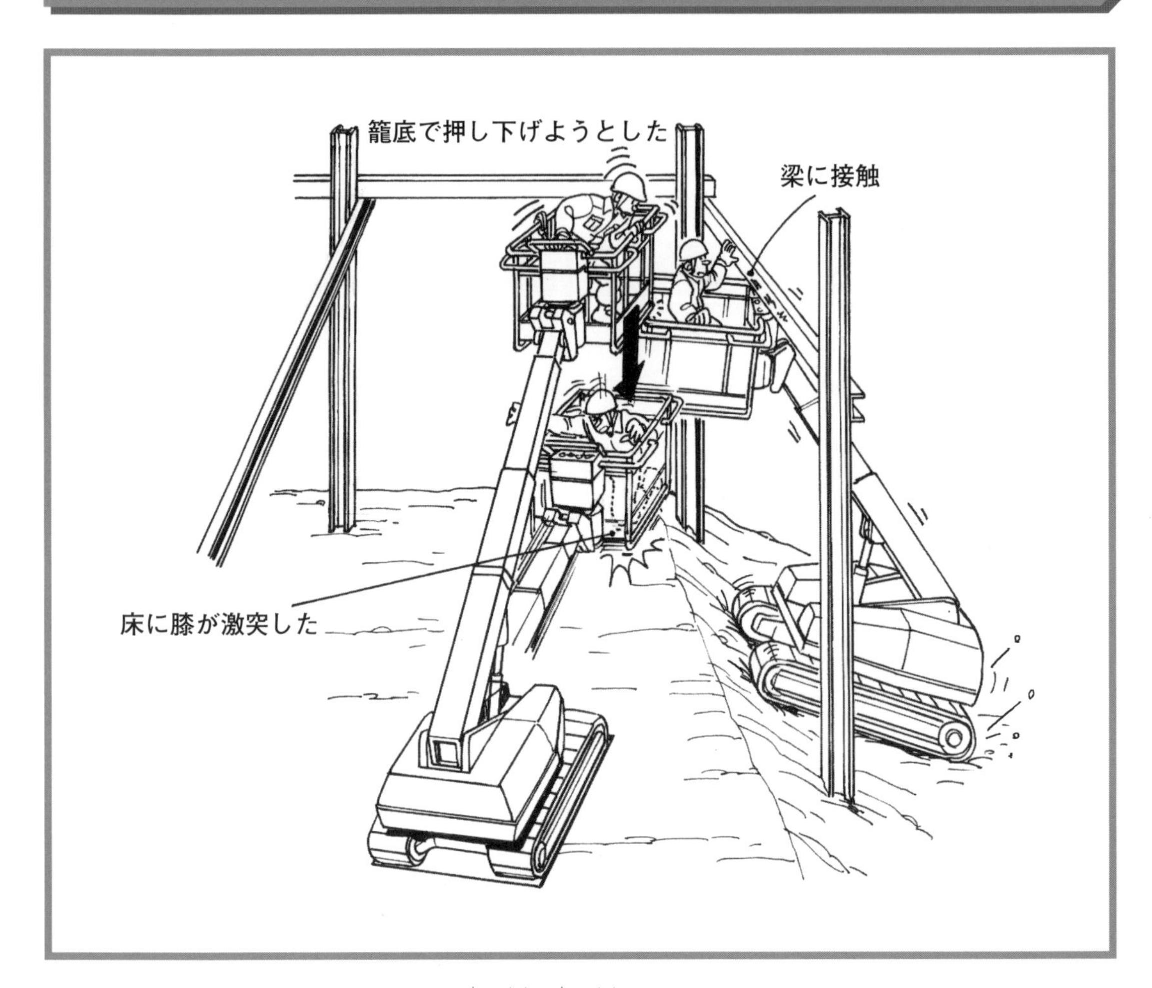

被災者の状況

職種：鍛冶工
年齢：58歳
経験年数：20年
請負次数：２次

災害の発生状況

高所作業車が梁の下を移動しようとしたところ、スリップして梁に接触して停止した。そこで、別の高所作業車のバスケットで押し下げようとしたところ、バスケットが滑り、約1.5m急降下したためバスケット底部に激突した。

同種の作業で予測されるその他の危険性

① 高所作業車が斜面を移動中、バランスを崩して転倒する
② バスケットを操作中、梁に挟まれる
③ 作業中にバランスを崩して墜落する
④ 作業中に資材や工具が落下する

事例 2 高所作業車に乗ったまま移動し、段差に気づかずに転倒

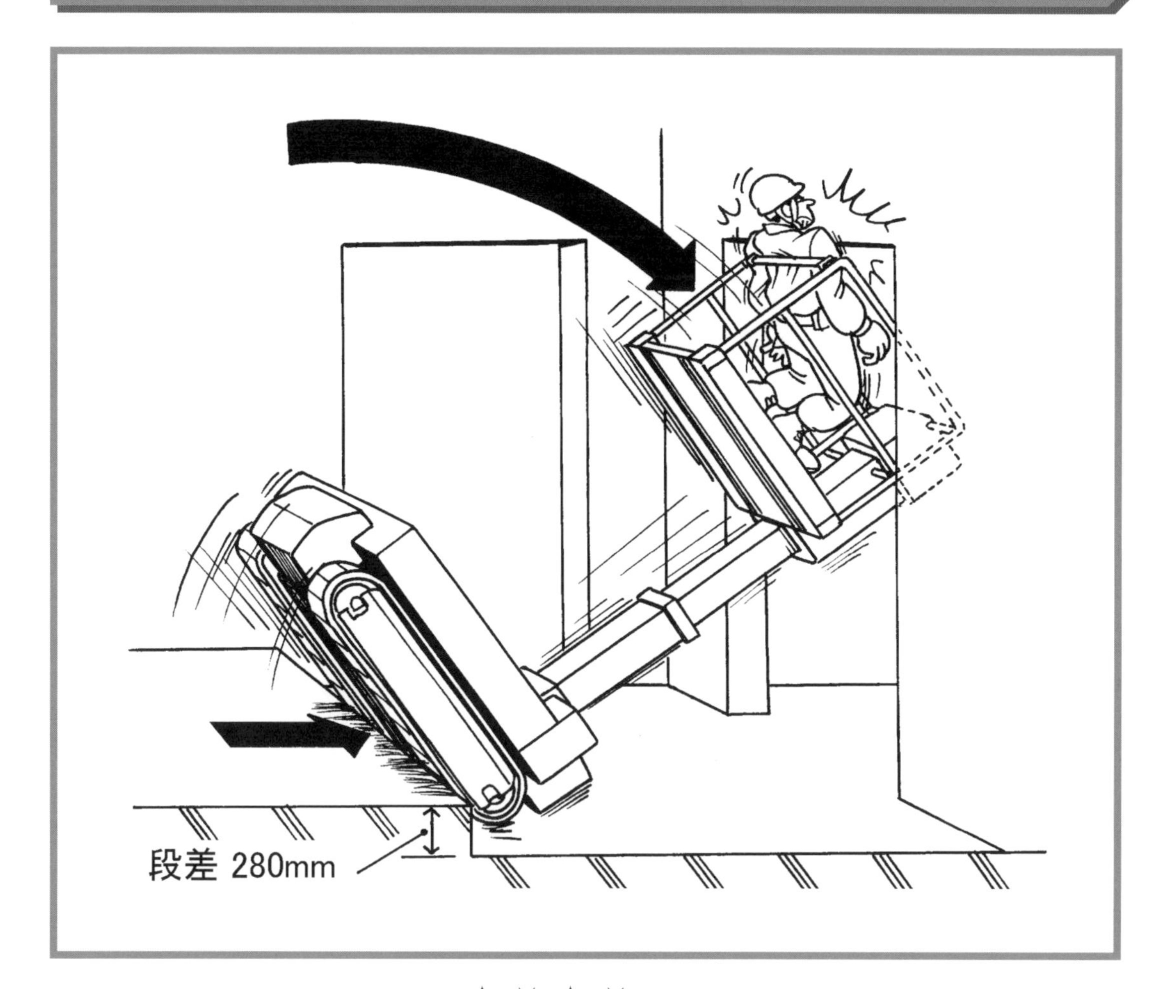

被災者の状況

職種：内装工
年齢：16歳
経験年数：０年
請負次数：２次

災害の発生状況

防火区画の間仕切ボード工事を行うため、高所作業車を使用していたところ、作業車に乗ったまま移動させた際、床段差（280mm）で作業車が転倒し、作業車の手すりと壁の間に体が挟まれた。

同種の作業で予測されるその他の危険性

① 移動中にバランスを崩してプラットフォームから墜落する
② 作業中に躯体とプラットフォームの間に挟まれる
③ 作業中に身を乗り出して墜落する
④ 作業中に工具を落下させる

事例 3

高所作業車を使用中に天井と手すりの間に挟まれた

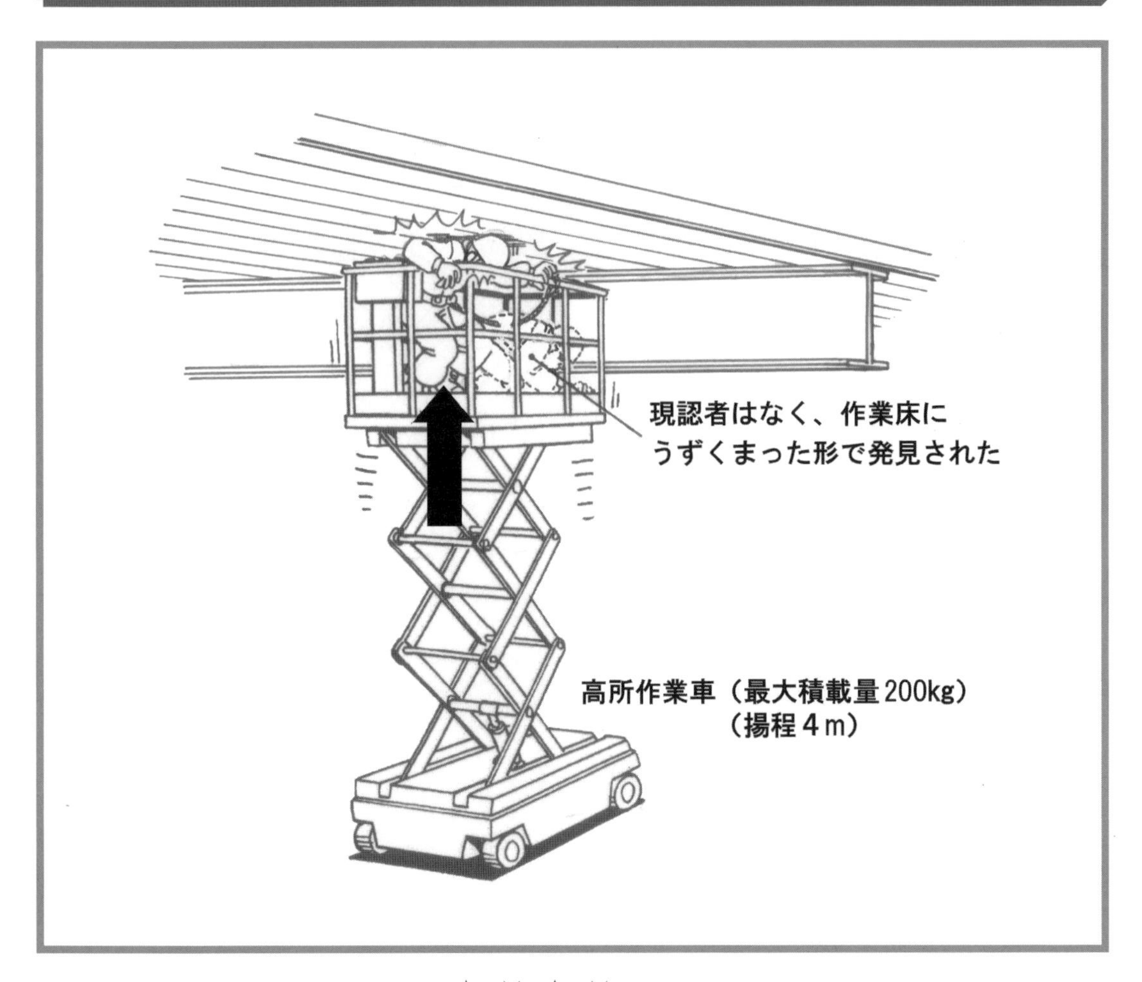

被災者の状況

職種：設備工

年齢：56歳

経験年数：20年

請負次数：３次

災害の発生状況

垂直昇降型高所作業車（揚程４m）の作業床の上で、天井のダクト用アンカーの位置出しを行っていた際、昇降操作を誤り、天井と高所作業車の手すりの間に挟まれた。

同種の作業で予測されるその他の危険性

① 高所作業車の移動中、段差等でバランスを崩して転倒する

② 高所作業車の移動中、他の作業員に激突する

③ 作業中、工具を落下させ、作業員に激突する

事例 4 玉掛けワイヤーが破断し、鉄骨梁が高所作業車に落下

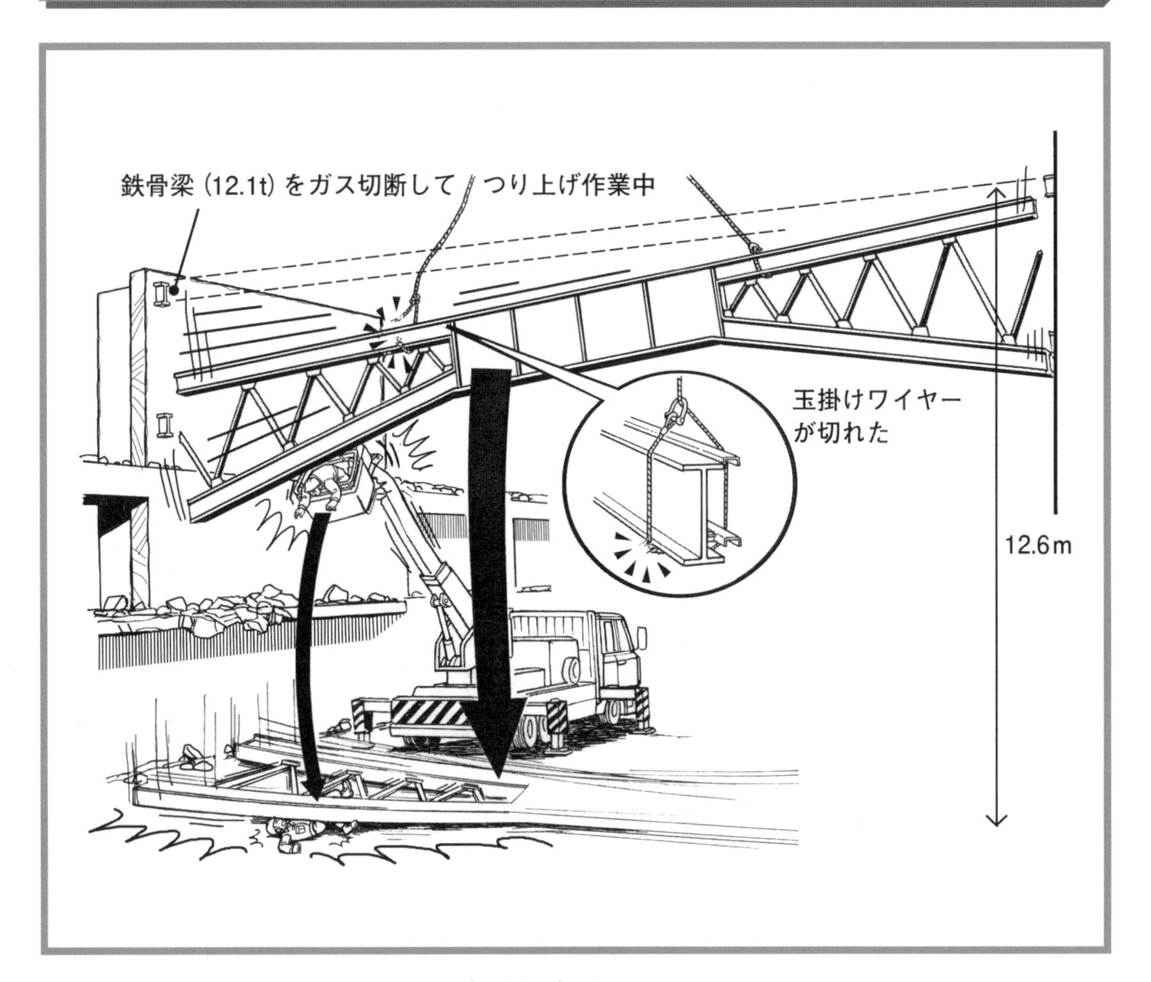

被災者の状況

職種：解体工

年齢：51歳

経験年数：１年

請負次数：３次

災害の発生状況

鉄骨解体のため、鉄骨梁を移動式クレーンで、つり上げたところ、玉掛けワイヤーが鉄骨のフランジ角部で破断し、鉄骨梁が傾きながら高所作業車の上に落下。その衝撃で作業員が高所作業車から墜落し、鉄骨梁の下敷きとなった。

同種の作業で予測されるその他の危険性

① 高所作業車の操作を誤り、鉄骨に挟まれる

② つり荷の重心が不安定となり、移動式クレーンが転倒する

③ つり荷の鉄骨が振れて、作業員に激突する

事例 5 段差で開口上部の壁と高所作業車の手すりの間に挟まれた

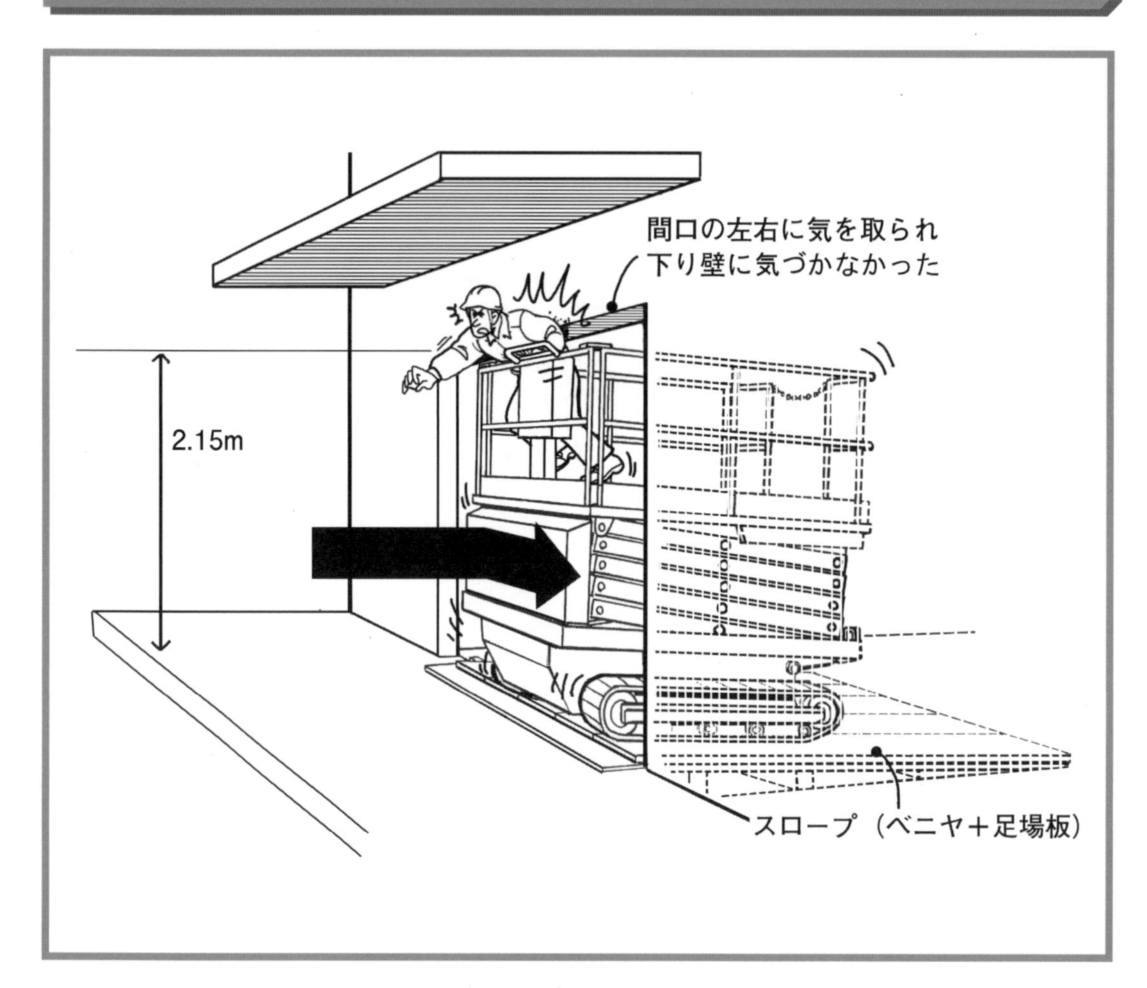

被災者の状況

職種：左官工
年齢：54歳
経験年数：35年
請負次数：２次

災害の発生状況

高所作業車を移動する際、壁の開口部を後ろ向きに運転して通過しようとしたところ、車体が跳ね上がり、開口部上部の壁と高所作業車の手すりの間に上体を挟まれた。

同種の作業で予測されるその他の危険性

① 高所作業車が段差を乗り越える際に転倒する
② 高所作業車の作業床から身を乗り出し、墜落する
③ スロープの足場板が破損し、高所作業車が転倒する

事例 6 鉄骨梁と高所作業車の手すりの間に胸を挟まれた

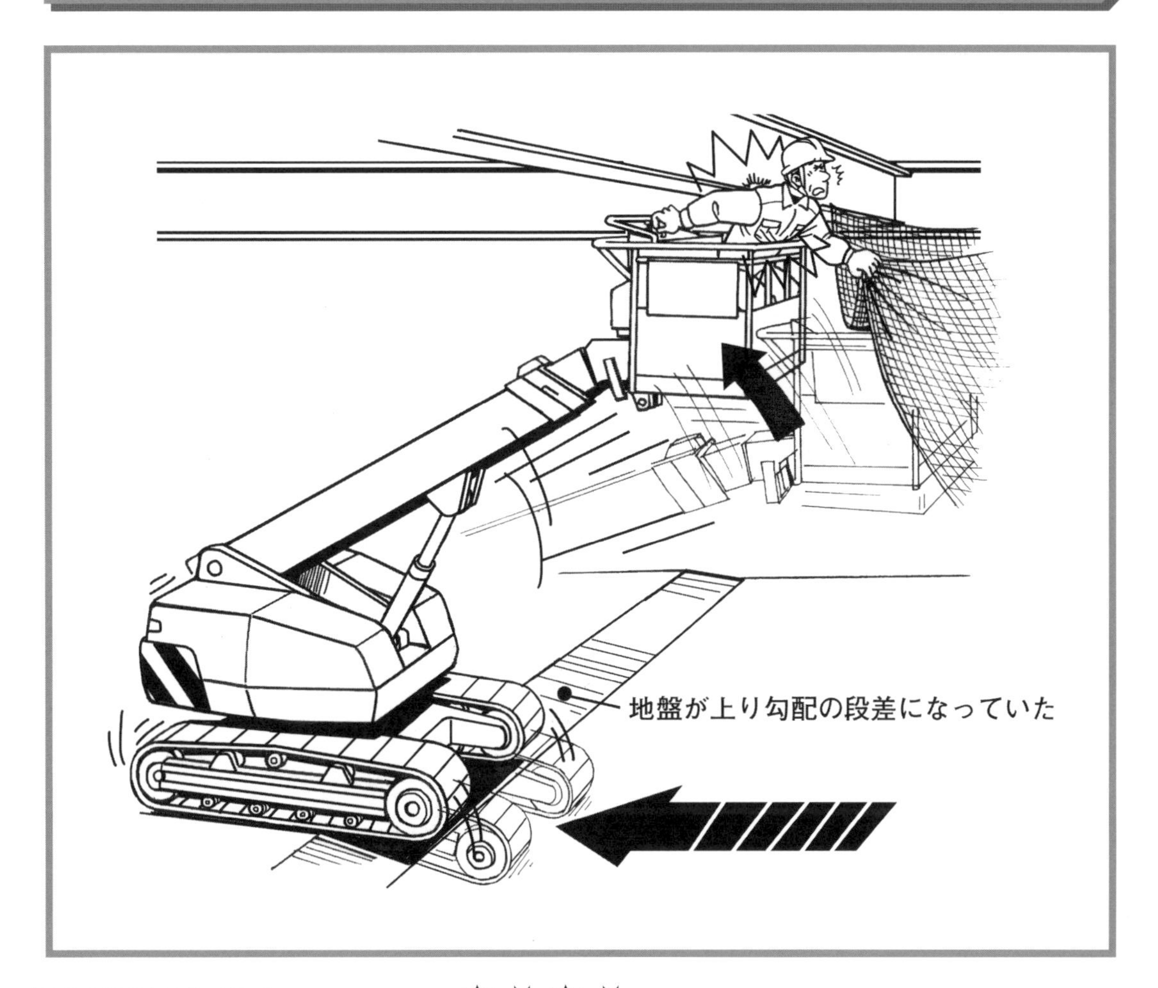

被災者の状況

職種：とび工
年齢：48歳
経験年数：22年
請負次数：４次

災害の発生状況

クローラー式の高所作業車で鉄骨の水平ネット張り作業中、床の段差で車体前方が下がった反動でバスケットが上昇し、鉄骨梁と作業車の手すりの間に胸部を挟まれた。

同種の作業で予測されるその他の危険性

① 高所作業車のバスケットから墜落する
② 高所作業車が移動中に転倒する
③ 高所作業車のバスケットから資材が落下し、激突する

くい打機に関連した災害

くい打機等の基礎工事用機械に関連する災害は、機械の転倒、作業員の巻き込まれ、オーガー等のアタッチメントの脱着の際の飛来・落下等が多いため、下記の管理に留意が必要です。

① 作業場所の地形や地盤の状況を調査し、敷鉄板の敷設など機械の転倒防止対策の実施

② 作業に応じて指揮者、誘導員、補助作業員を選任した上での作業

③ 機械の組立て、解体、アタッチメントと脱着作業には作業指揮者による直接作業の指揮

1 削孔作業中、ケーシングとジャッキの間に頭を挟まれた

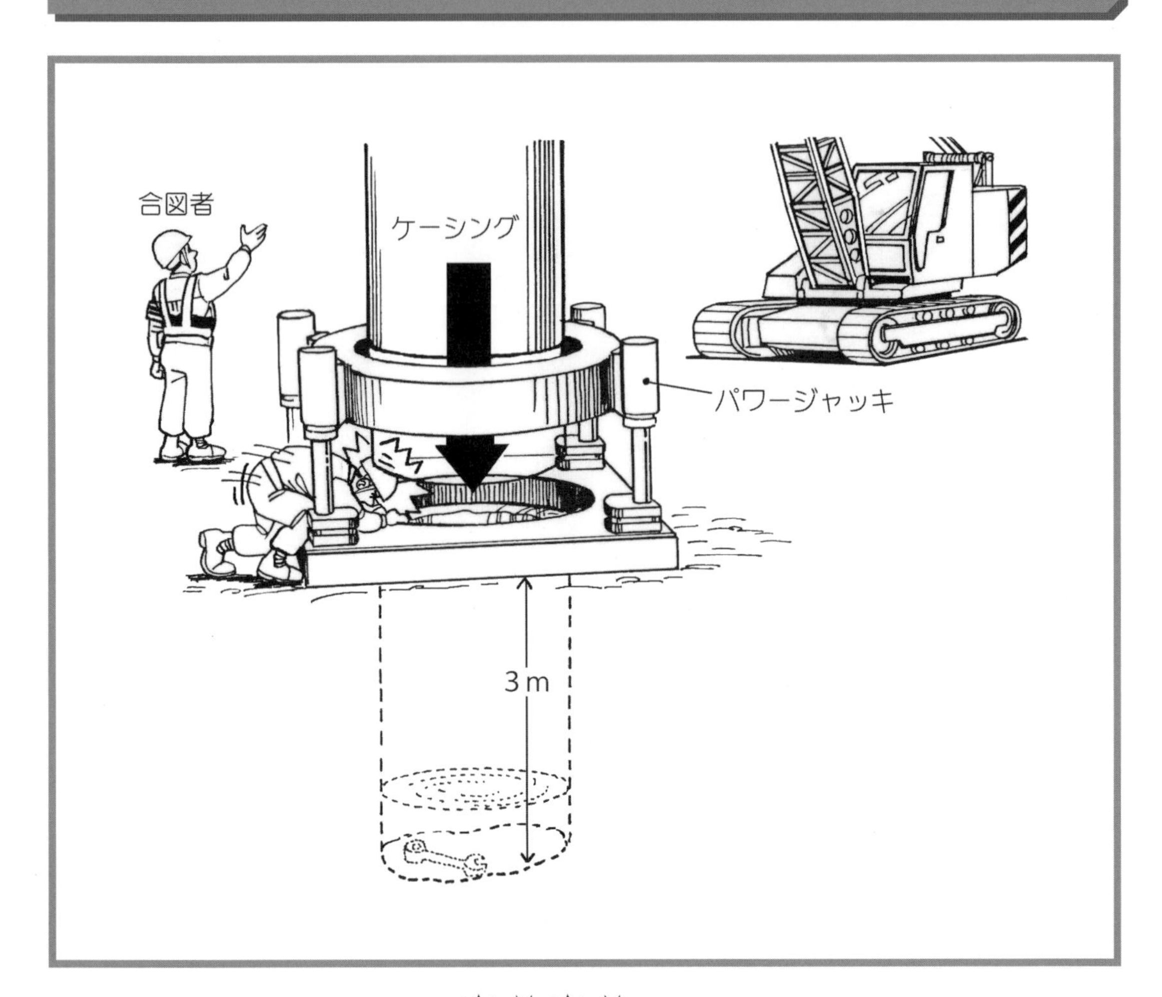

被災者の状況

職種：くい打工
年齢：25歳
経験年数：1年
請負次数：2次

災害の発生状況

アースドリル杭の削孔作業中、油圧操作盤の担当作業員が誤って工具を杭穴に落としてしまい、慌てて杭穴を覗き込んだところ、降りてきたケーシングに頭部を挟まれた。

同種の作業で予測されるその他の危険性

① 削孔中、杭穴の開口部から墜落する
② ケーシングの下降作業・引き抜き作業中に手を挟まれる
③ ケーシングの引き抜き作業中、ワイヤーが破断して荷を落とす
④ ケーシングをつり上げる作業中、クレーンが倒壊する

事例 2 くい打機の機体とキャタピラ上部に作業員が挟まれた

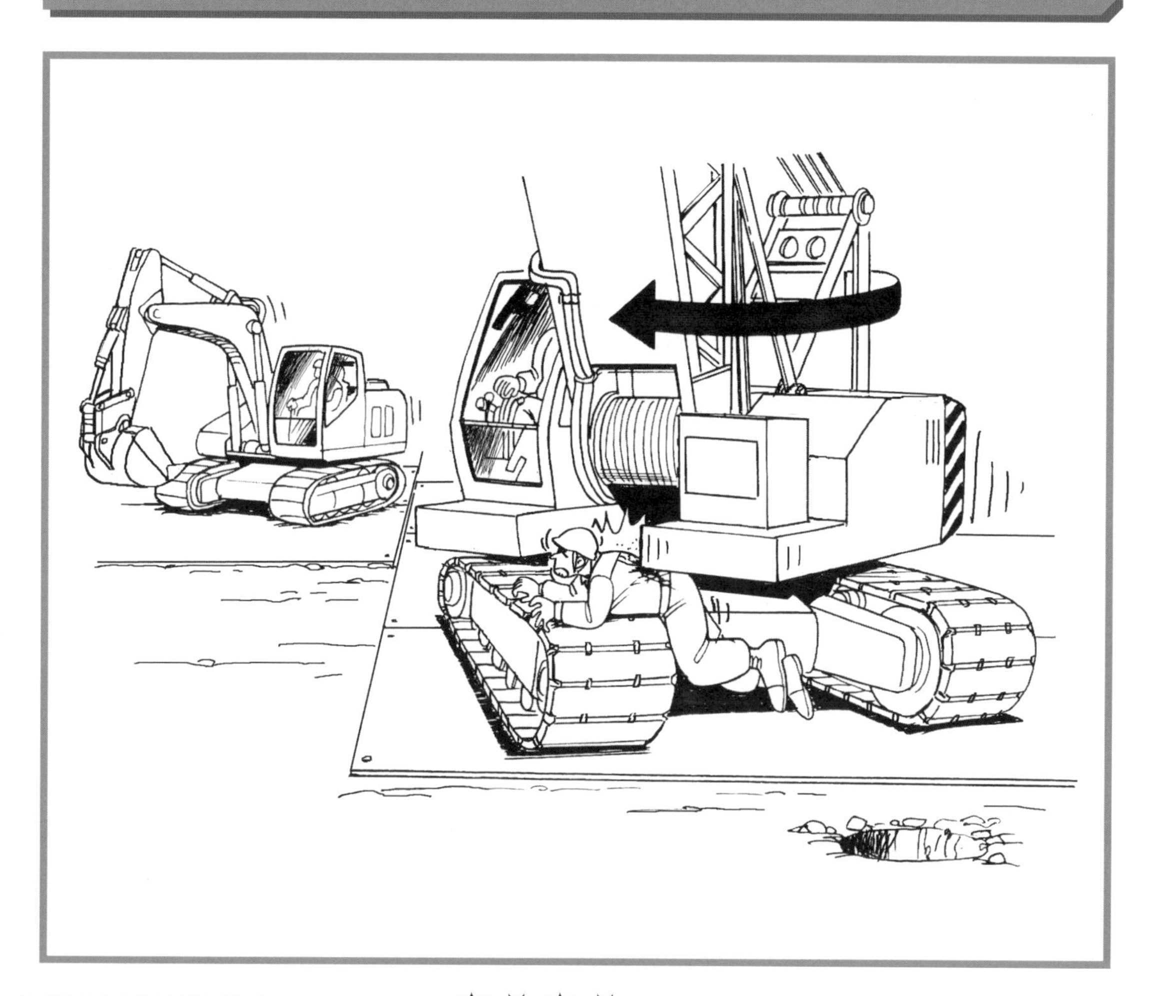

被災者の状況

職種：土工
年齢：49歳
経験年数：5年
請負次数：3次

災害の発生状況

くい打機のバケット内の土砂を排出するためバケットを引き上げ、右旋回したところ、工具を取りに行こうとした作業員が機体とキャタピラ上部に挟まれた。

同種の作業で予測されるその他の危険性

① くい打機がバランスを崩して転倒する
② 作業員が杭穴から墜落する
③ くい打機が旋回・移動中、他の重機と激突する

事例 **3**

くい打機の養生作業中、オーガロッドに巻き込まれた

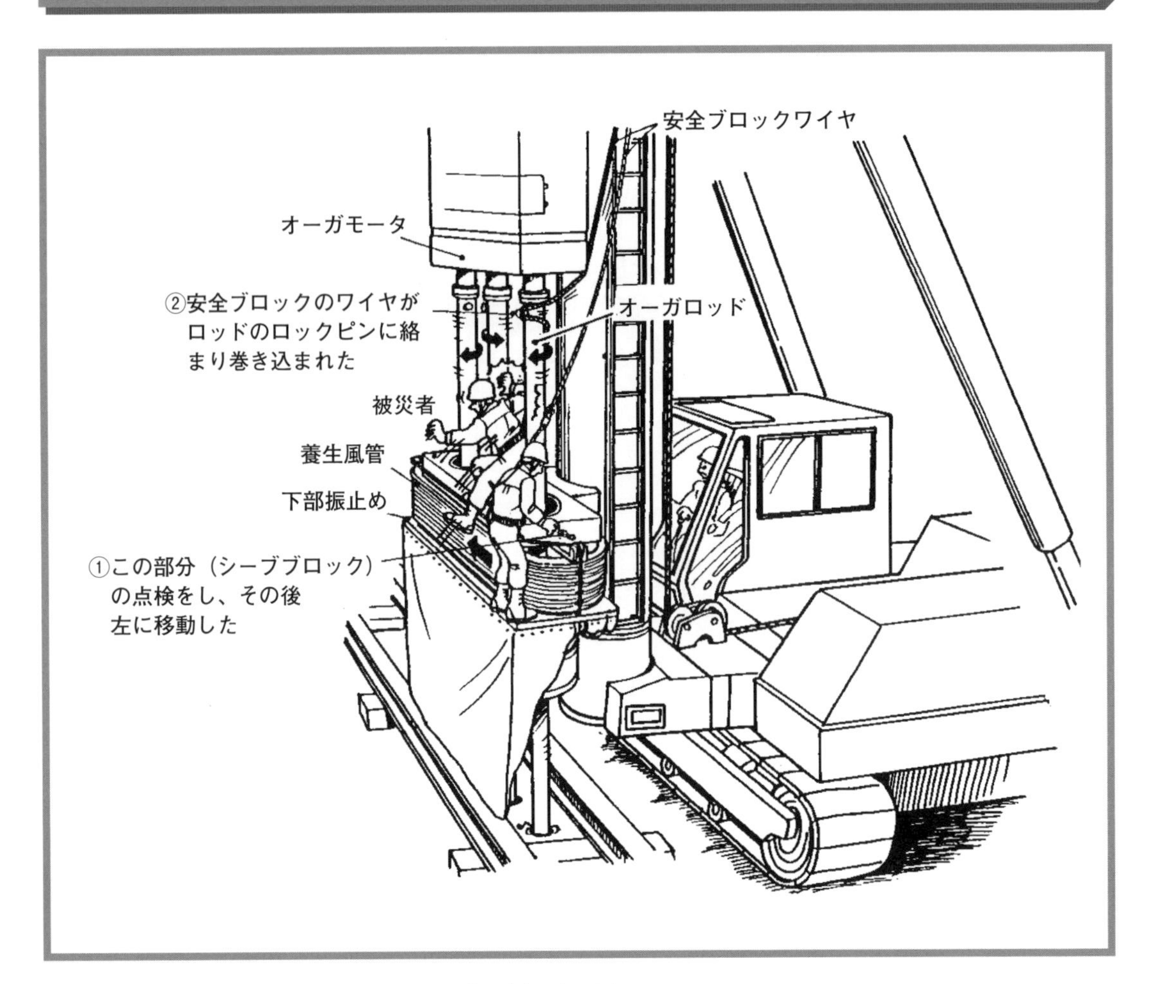

被災者の状況

職種：くい打工
年齢：50歳
経験年数：10年
請負次数：２次

災害の発生状況

ソイルセメント柱列壁削孔作業中、養生用風管の取付けワイヤロープが１ヵ所外れたため直そうとしたところ、安全帯フックを掛けていた安全ブロックのロープが３軸のロッドに巻きつき、巻き込まれた。

同種の作業で予測されるその他の危険性

① くい打機への昇降中、墜落する
② くい打機が移動する際、作業員に激突する
③ くい打機のホース、ワイヤー等がロッドに絡み、落下する
④ くい打機が転倒する

事例 4 アースドリル掘削孔に誤って転落し、バケットと激突した

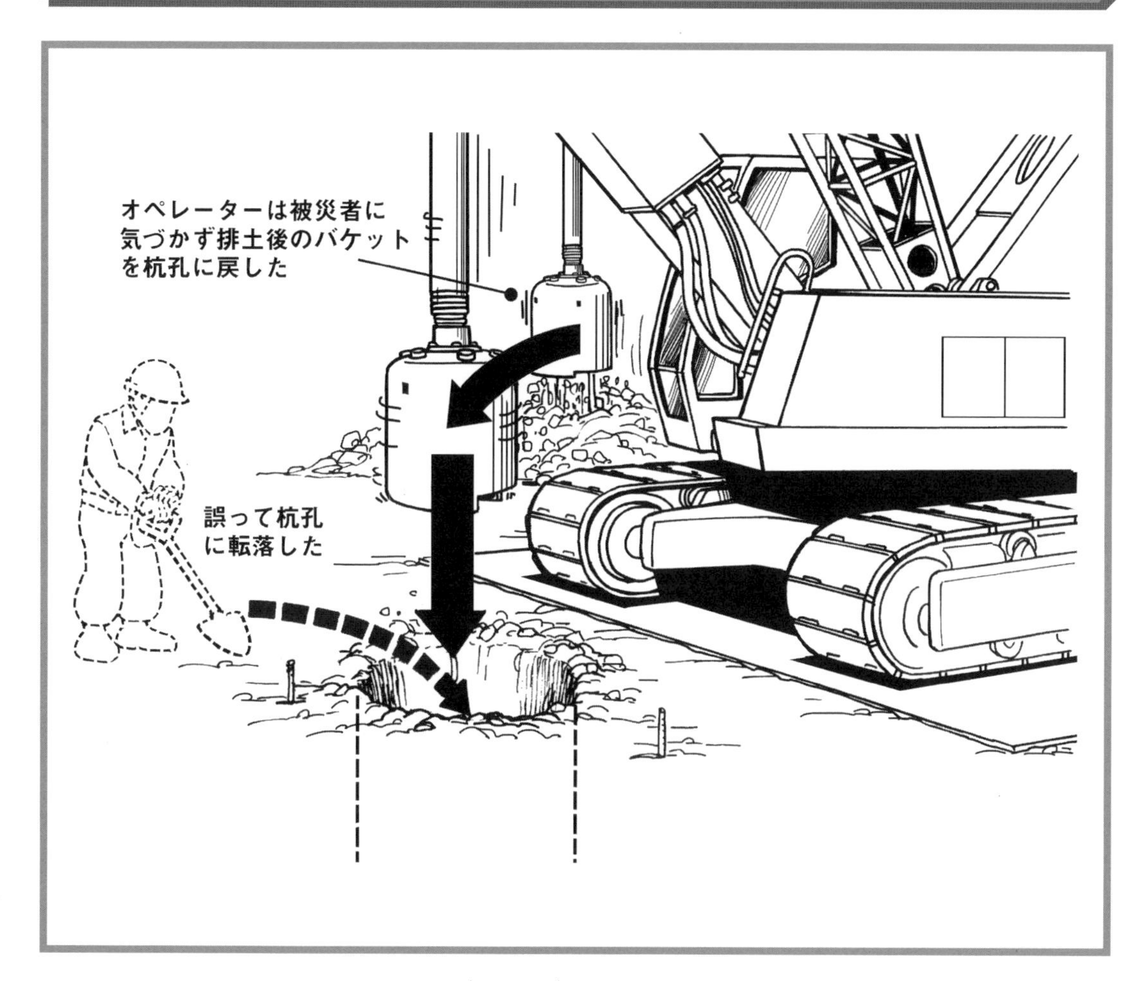

被災者の状況

職種：土工
年齢：47歳
経験年数：５年
請負次数：３次

災害の発生状況

アースドリル杭の先行掘削作業の手元をしていた作業員が誤って杭穴に転落し、それに気づかなかったオペレーターが掘削用のバケットを杭穴に戻したため作業員に激突した。

同種の作業で予測されるその他の危険性

① くい打機がバランスを崩し、転倒する
② くい打機が旋回する際、作業員と激突する
③ アースドリルの掘削土が落下して激突する

その他の建設機械に関連した災害

現場には、車両系建設機械だけでなく、さまざまな加工機械や運搬用機材が持ち込まれます。

これらの機械による災害の発生要因は、基本的な操作方法を知らなかったり、機械類の能力を超えて無理な作業を行ってしまうことが考えられます。

見よう見まねで使用してしまうことを防ぐため、取り扱う作業員に対して、操作に習熟した者による指導・訓練が大切です。

事例 1 ポンプ車のホッパーを洗浄中、回転していたプロペラに巻き込まれた

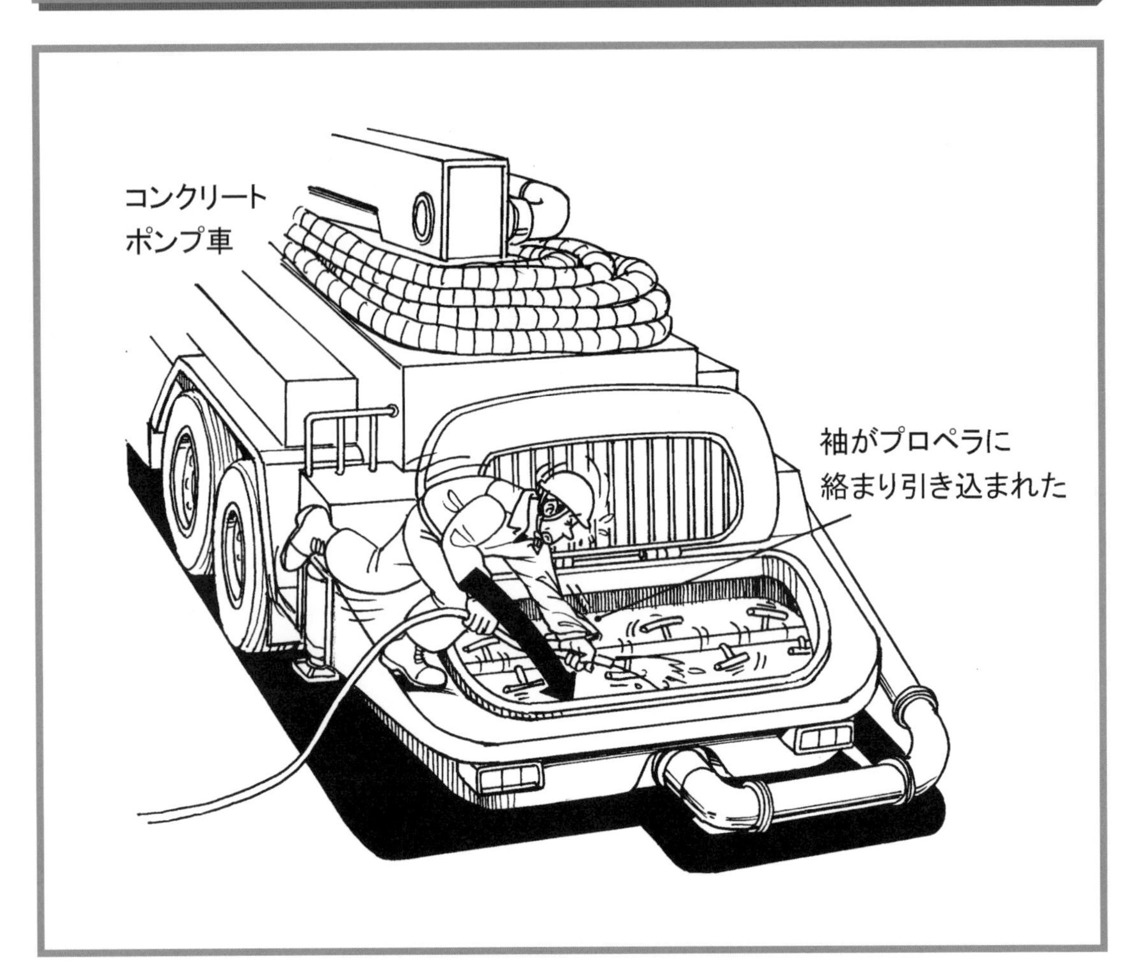

被災者の状況

職種：土工
年齢：57歳
経験年数：20年
請負次数：２次

災害の発生状況

コンクリート打設作業完了後、ポンプ車のホッパースクリーンを上げたままホッパー内部の清掃作業を行っていたところ、作業服の袖がホッパー内のプロペラに絡まり巻き込まれた。

同種の作業で予測されるその他の危険性

① 車体から足を踏み外し、転落する
② ホッパースクリーンが倒れ、挟まれる
③ 洗浄水が目に入る

事例 2 圧送管内に残った生コンを排出中、圧送管が突然振れて激突

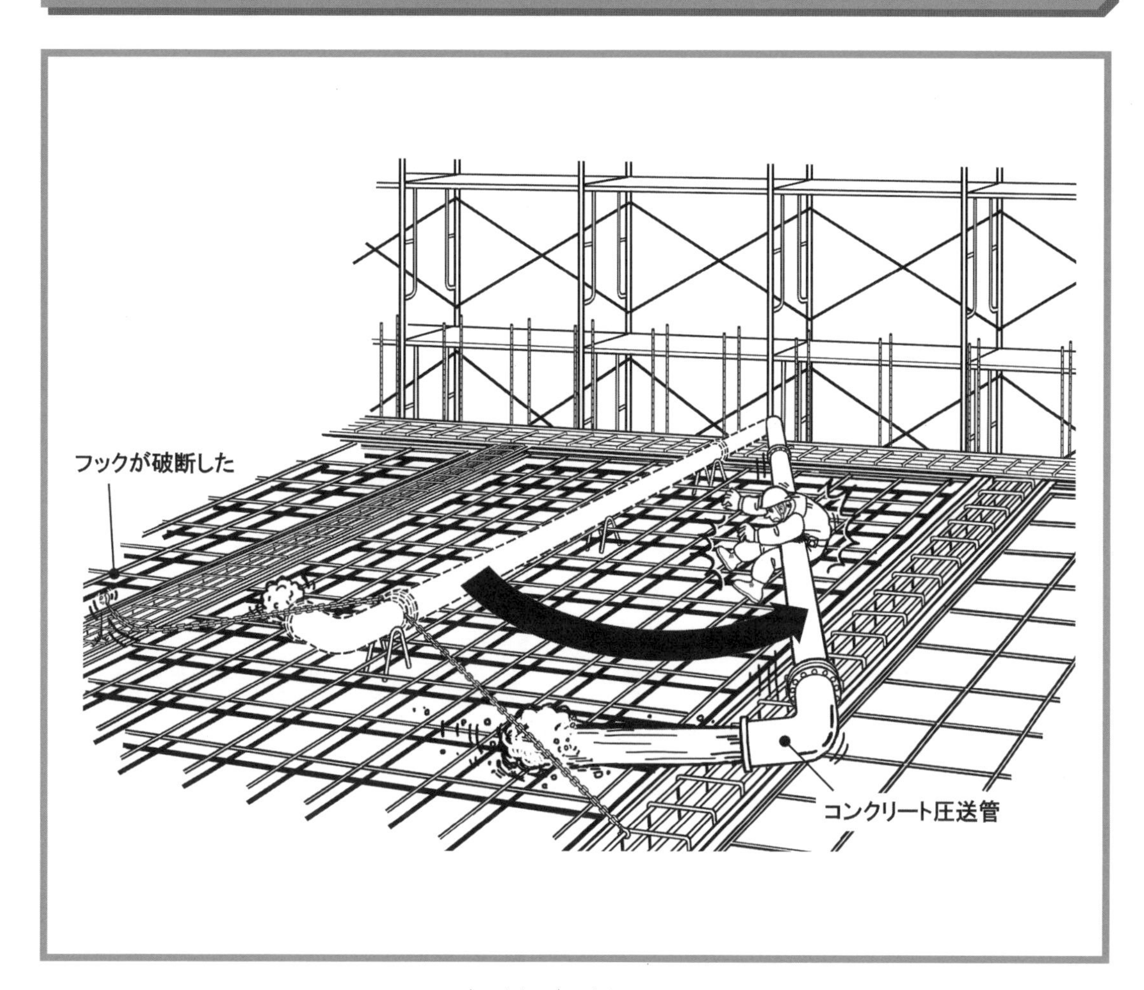

被災者の状況

職種：土工
年齢：51歳
経験年数：31年
請負次数：１次

災害の発生状況

圧送管内に残った生コンを排出するため圧縮空気を送ったところ、圧送管を固定していたチェーンが破損したため、圧送管が吹き出した生コンの反動で大きく振れて激突した。

同種の作業で予測されるその他の危険性

① コンクリート打設中、スラブ周囲の開口部から墜落する
② スラブ上を移動中、鉄筋に足をとられ転倒する
③ コンクリートポンプ車のホッパー内部を清掃中、攪拌機に巻き込まれる

事例 3 立入禁止内を横断中、バックしてきた生コン車に激突

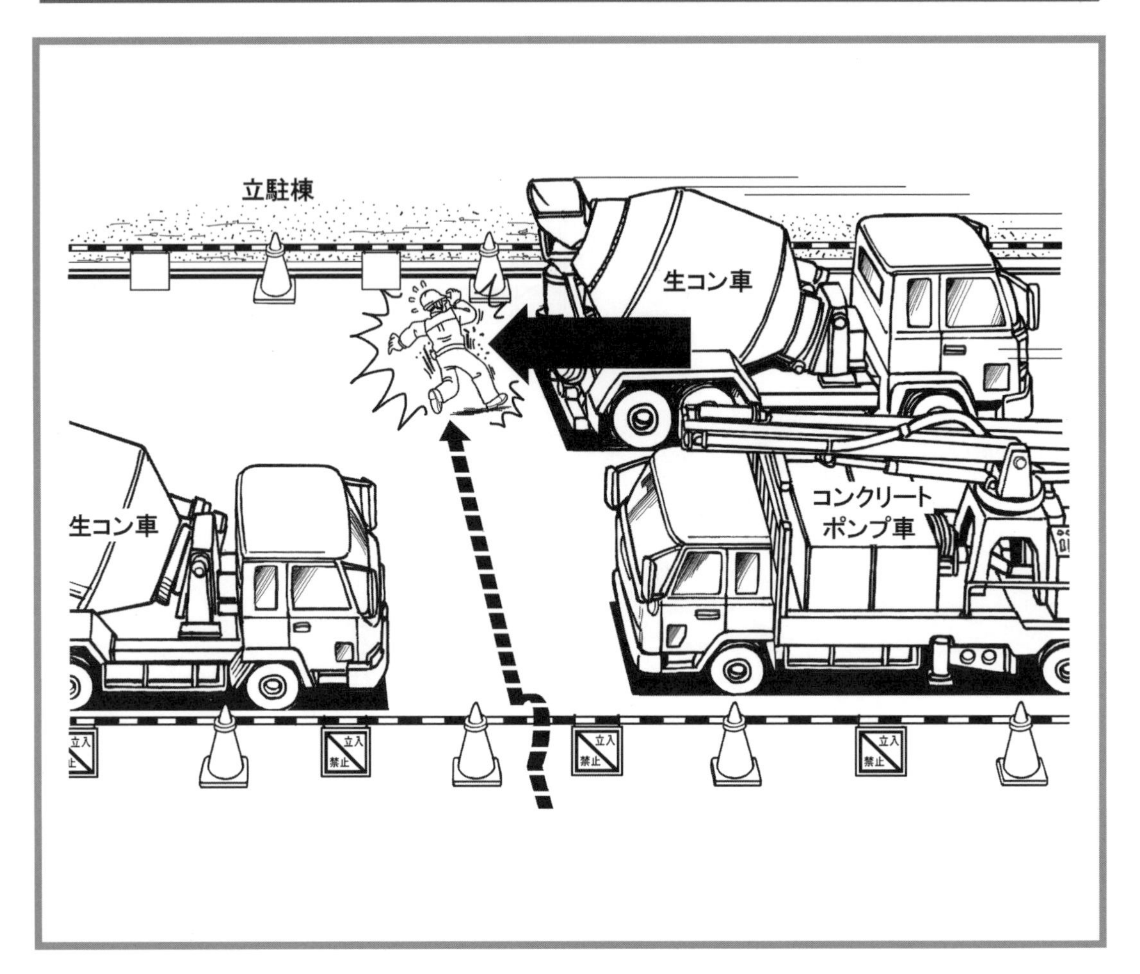

被災者の状況

職種：鍛冶工
年齢：62歳
経験年数：20年
請負次数：1次

災害の発生状況

持場を離れた作業員が、立入禁止措置が行われていたコンクリート打設エリアに立ち入り、バックしてきた生コン車と激突した。

同種の作業で予測されるその他の危険性

① 生コン車と他の工事用車両が激突する
② コンクリートポンプ車のブームが倒壊する
③ コンクリートポンプ車の配管から生コンが噴出する

事例 4 ボーリングマシンのスピンドルの台座金具に左指が挟まれた

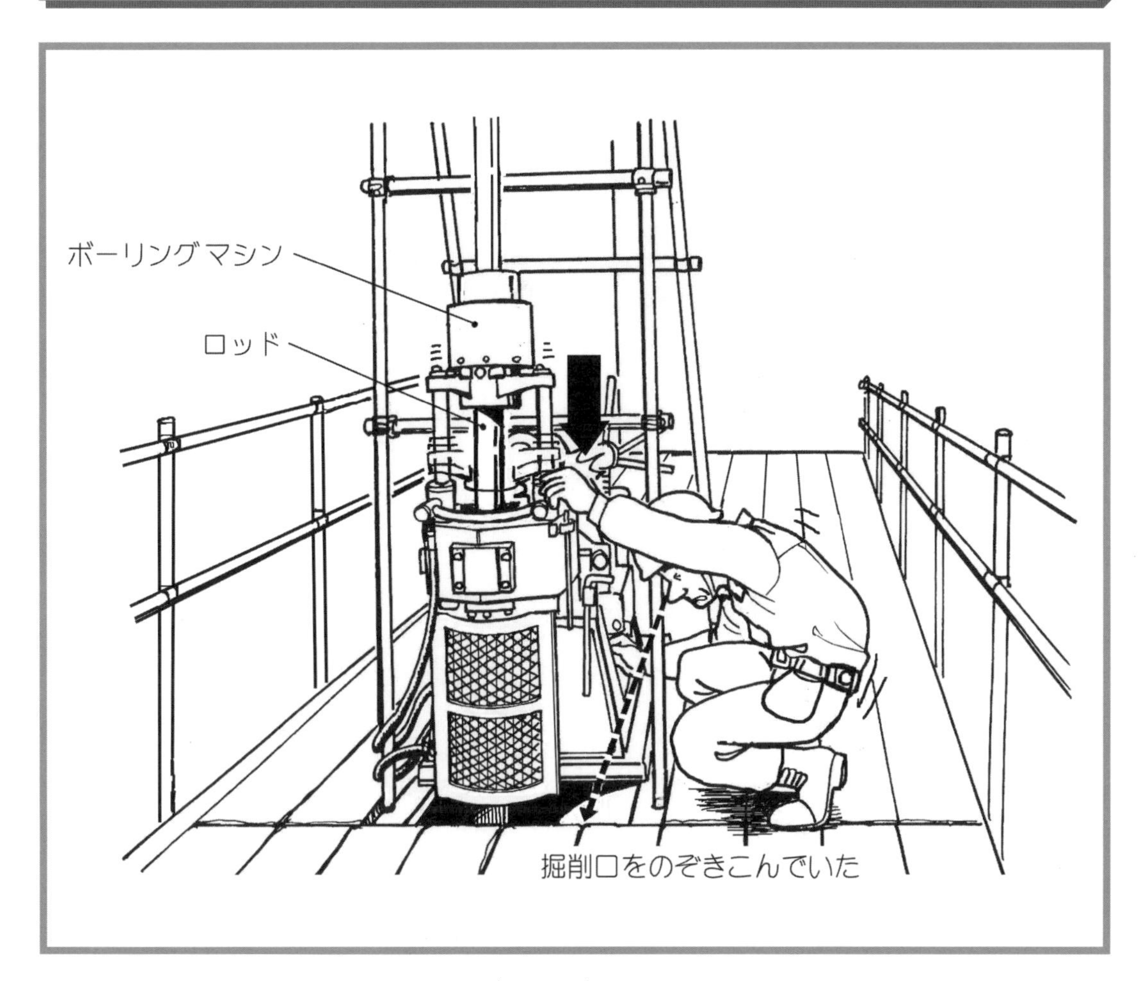

被災者の状況

職種：ボーリング工
年齢：57歳
経験年数：５年
請負次数：２次

災害の発生状況

ボーリングマシンによる削孔作業中、一旦ロッドを上昇させ、再降下させる際にスピンドル（回転軸）の台座に左手を触れたまま作業していたため、台座金具に左指が挟まれた。

同種の作業で予測されるその他の危険性

① 作業中、バランスを崩して手すりの間から墜落する
② 作業服や手袋がロッドに絡み、巻き込まれる
③ ロッドを継ぎ足す作業中、手を挟まれる

事例 5 削孔機を操作中、シリンダーとフレームの間に指が挟まれた

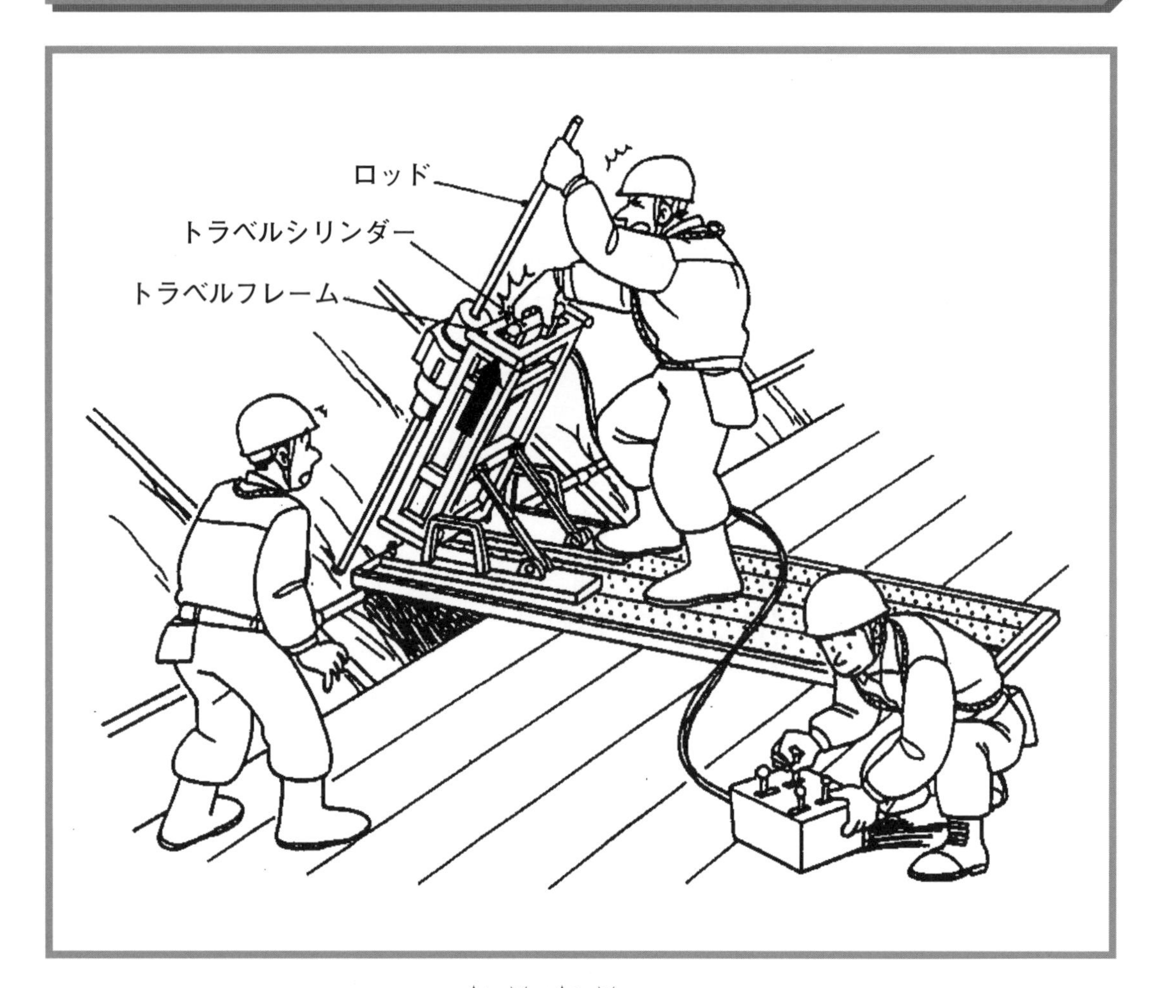

被災者の状況

職種：土工
年齢：39歳
経験年数：0.5年
請負次数：２次

災害の発生状況

斜面にアンカーを打設するための削孔作業を行っていたところ、ロッドの引抜き作業の際、本体のフレームに右手を掛けていたため、上昇してきたシリンダーに右手中指が挟まれた。

同種の作業で予測されるその他の危険性

① 足場と法面のすき間から転落する
② 回転しているロッドに作業服が巻き込まれる
③ 作業中、段差につまずき転倒する

事例 6 削孔用ロッドを接続中、ロッドに体が巻き込まれた

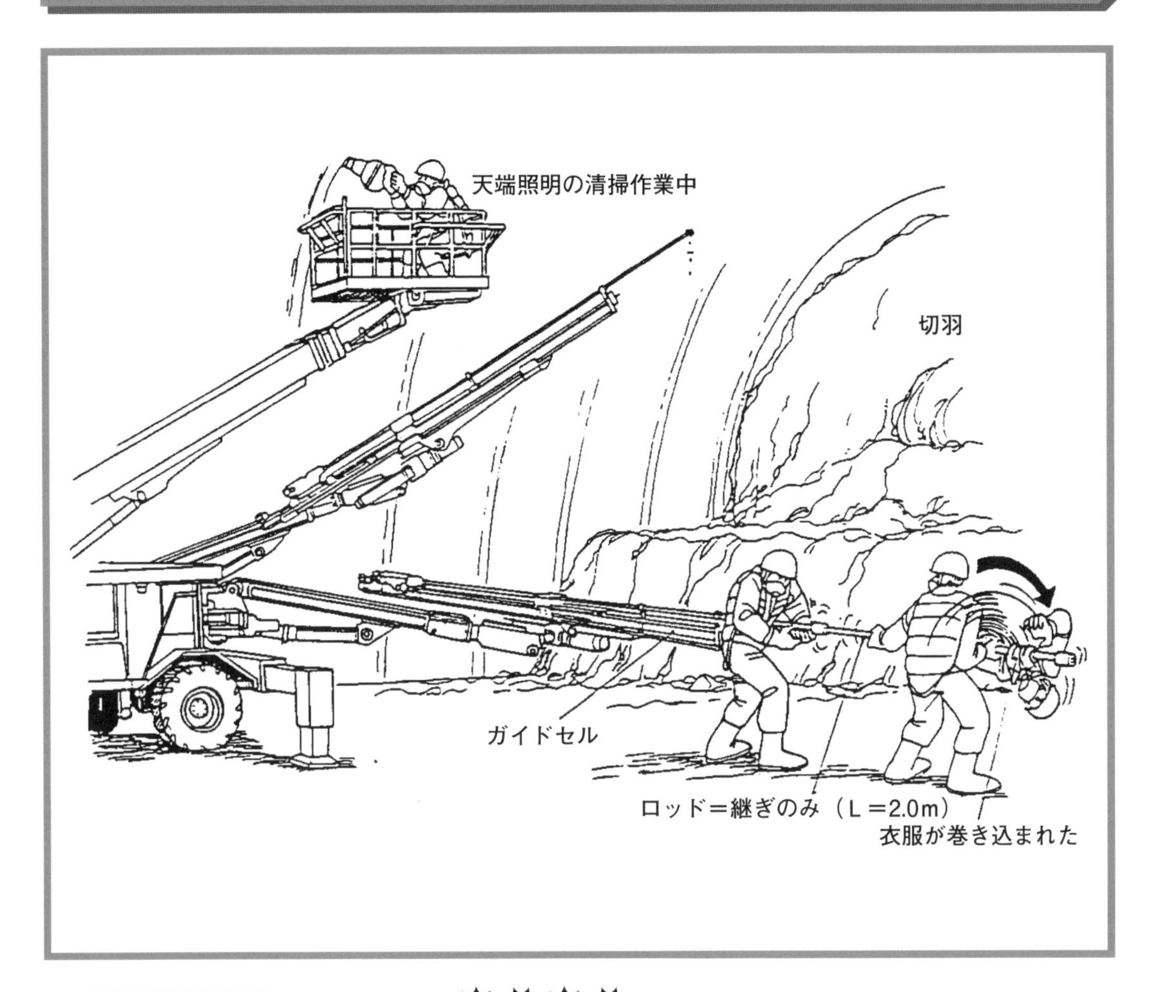

被災者の状況

職種：トンネル工
年齢：49歳
経験年数：27年
請負次数：2次

災害の発生状況

油圧ジャンボのロッドを接続する作業を行うため、ロッドを回転させたまま運転席を離れ、作業員にロッド継手部を押さえさせて接続しようとしたところ、ロッドに衣服が絡み、体が巻き込まれて腹部を圧迫した。

同種の作業で予測されるその他の危険性

① 機械の油圧が抜け、ブームが落下する
② 掘削切羽から土砂が落下し、激突する
③ バスケット上で作業中、身を乗り出して墜落する

事例 7 アスファルト残材を片づけ中、タイヤローラーに轢かれた

被災者の状況

職種：土工
年齢：25歳
経験年数：10ヵ月
請負次数：３次

災害の発生状況

アスファルト舗装工事中、転圧作業と並行して残材の片づけを行っていたところ、バックしてきたタイヤローラー（10ｔ）に轢かれた。

同種の作業で予測されるその他の危険性

① 運転席への昇降中、足を踏み外して転落する
② 停止中のタイヤローラーが逸走し、作業員に激突する
③ ローラーの付着物除去中に手が巻き込まれる

事例 8 逸走したブルドーザーを止めようとして履帯に巻き込まれた

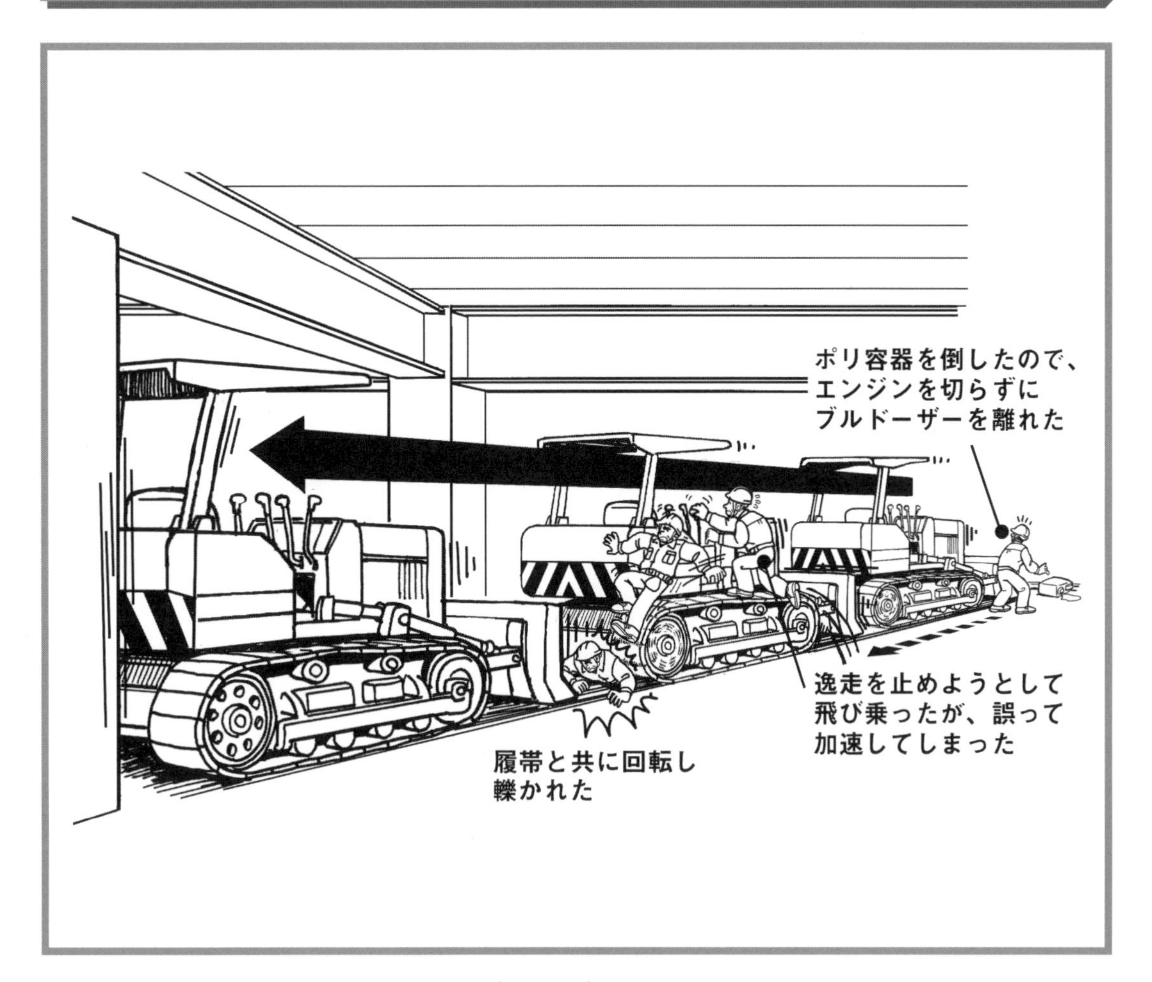

被災者の状況

職種：オペレーター
年齢：52歳
経験年数：12年
請負次数：２次

災害の発生状況

ブルドーザーで路盤の敷き均し作業中、ギアを後進に入れたままエンジンを切らずに降りた途端、動き出したブルドーザーを止めようとして飛び乗った際にバランスを崩して転倒し、覆帯に巻き込まれた。

同種の作業で予測されるその他の危険性

① 敷き均し作業中にブルドーザーに巻き込まれる
② 運転席への昇降中、足を踏み外して転落する
③ ブルドーザー搬送時にトレーラーから転落する

事例 9 振動ローラーを移動中、バックしてきたブルドーザーに激突

被災者の状況

職種：土工

年齢：58歳

経験年数：３年

請負次数：２次

災害の発生状況

ハンドガイド式ローラーを移動していたところ、バックしてきたブルドーザーに激突された。

同種の作業で予測されるその他の危険性

① ブルドーザーによる押土作業中、法肩から転落する

② 振動ローラーの後進操作中、ローラーに巻き込まれる

③ ブルドーザーの運転席から転落する

事例 10 斜路でフォークリフトが逸走し、作業員に激突

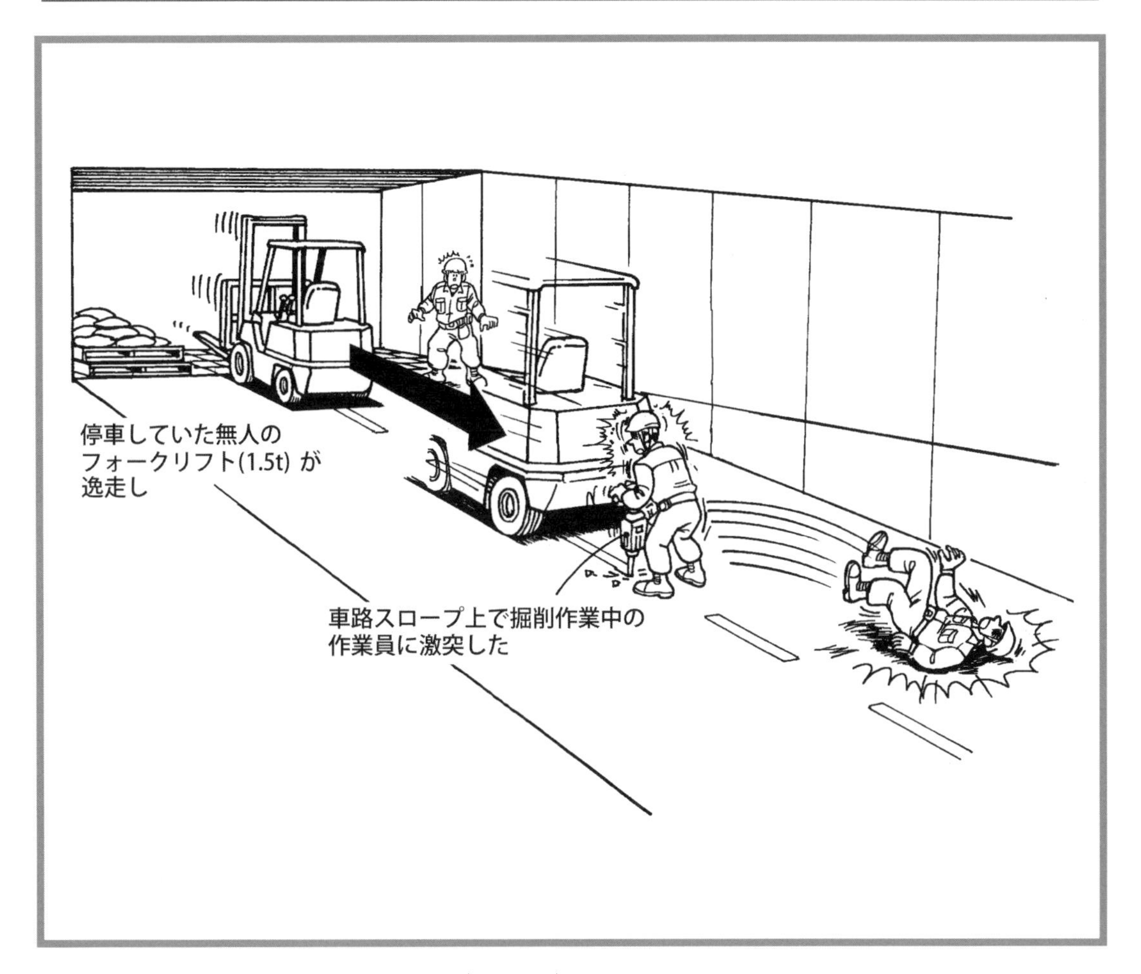

被災者の状況

職種：土工

年齢：34歳

経験年数：４年

請負次数：３次

災害の発生状況

地下駐車場のスロープ上で、ハンマードリルを用いて削孔作業を行っていた作業員に、スロープ出入口付近に停めてあった無人のフォークリフト（1.5ｔ）が突然後退して激突した。

同種の作業で予測されるその他の危険性

① フォークリフトを運転中にバランスを崩して横転する

② 積み下ろし作業中、フォークに挟まれる

③ 荷の運搬・積み下ろし中、積み荷がバランスを崩して落下する

事例 11 建物解体中、防水押えコンクリートが落下して激突

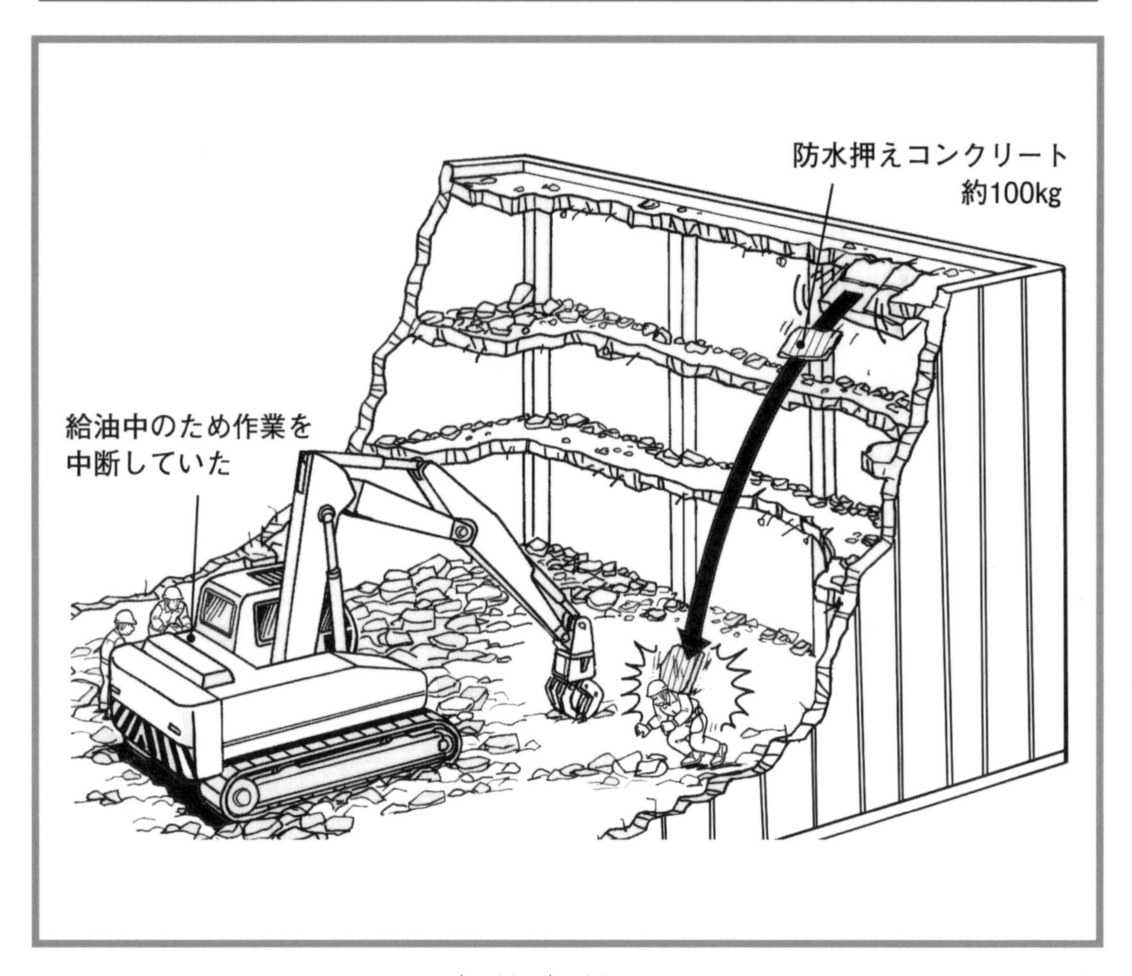

被災者の状況

職種：解体工
年齢：42歳
経験年数：3年
請負次数：2次

災害の発生状況

解体用機械の給油中にコンクリートの選別作業を行っていた作業員に、屋上から防水押えコンクリート（約100kg）が落下し、激突した。

同種の作業で予測されるその他の危険性

① 躯体コンクリートが外側へ倒壊する
② 解体用機械がバランスを崩し、転倒する
③ 解体用機械に接近し、機械に巻き込まれる

事例 12 掘削箇所に立ち入り、クラムシェルのバケットが激突

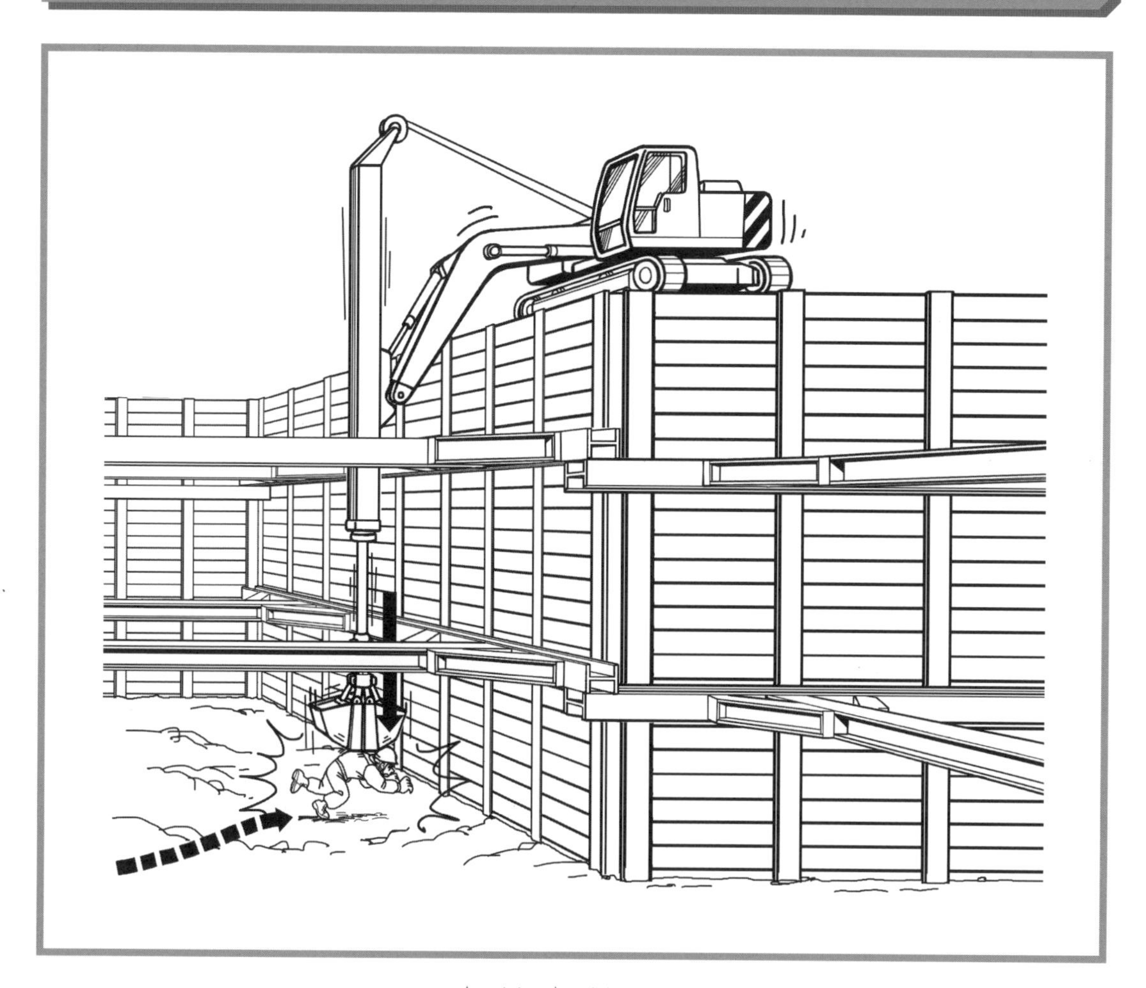

被災者の状況

職種：土工
年齢：59歳
経験年数：15年
請負次数：２次

災害の発生状況

地山の掘削作業をアーム式のクラムシェルにより行っていたところ、クラムシェル降下場所に立ち入った作業員にバケットが激突した。

同種の作業で予測されるその他の危険性

① 掘削機械が掘削底部に転落する
② 土止め支保工が崩壊する
③ 土止め支保工の上部から墜落する

事例 13 構台上で合図者がクラムシェルと手すりの間に挟まれた

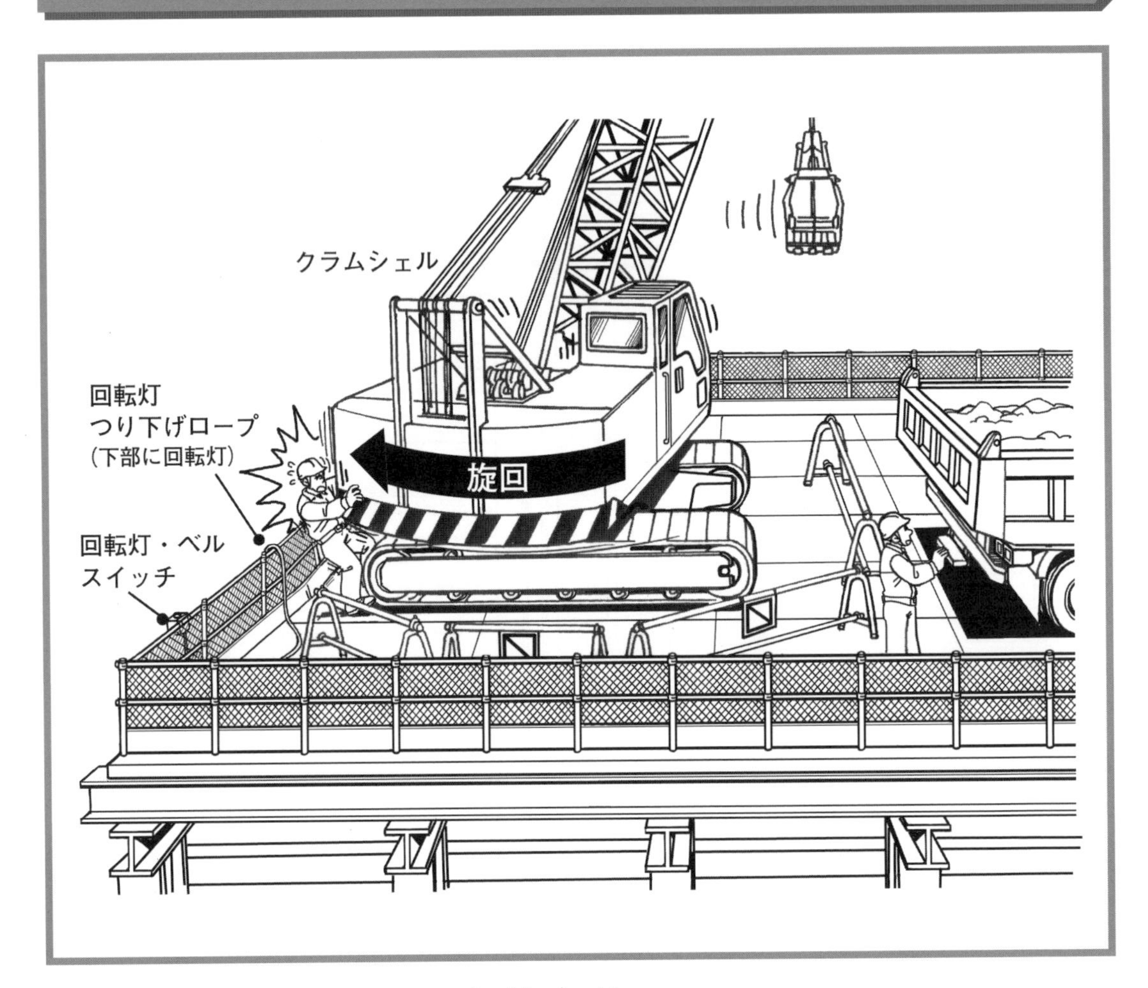

被災者の状況

職種：土工

年齢：69歳

経験年数：45年

請負次数：２次

災害の発生状況

構台上で、クラムシェルの合図を行っていた作業員が立入禁止柵の中に立ち入り、クラムシェルのカウンターウエイトと手すりの間に挟まれた。

同種の作業で予測されるその他の危険性

① 誘導者が手すりから身を乗り出し、墜落する

② バックしてきたダンプトラックに巻き込まれる

③ 掘削底部で作業中、上から降りてきたバケットが激突する

事例 14 リフトを調整中、下降したカウンターウェイトに挟まれた

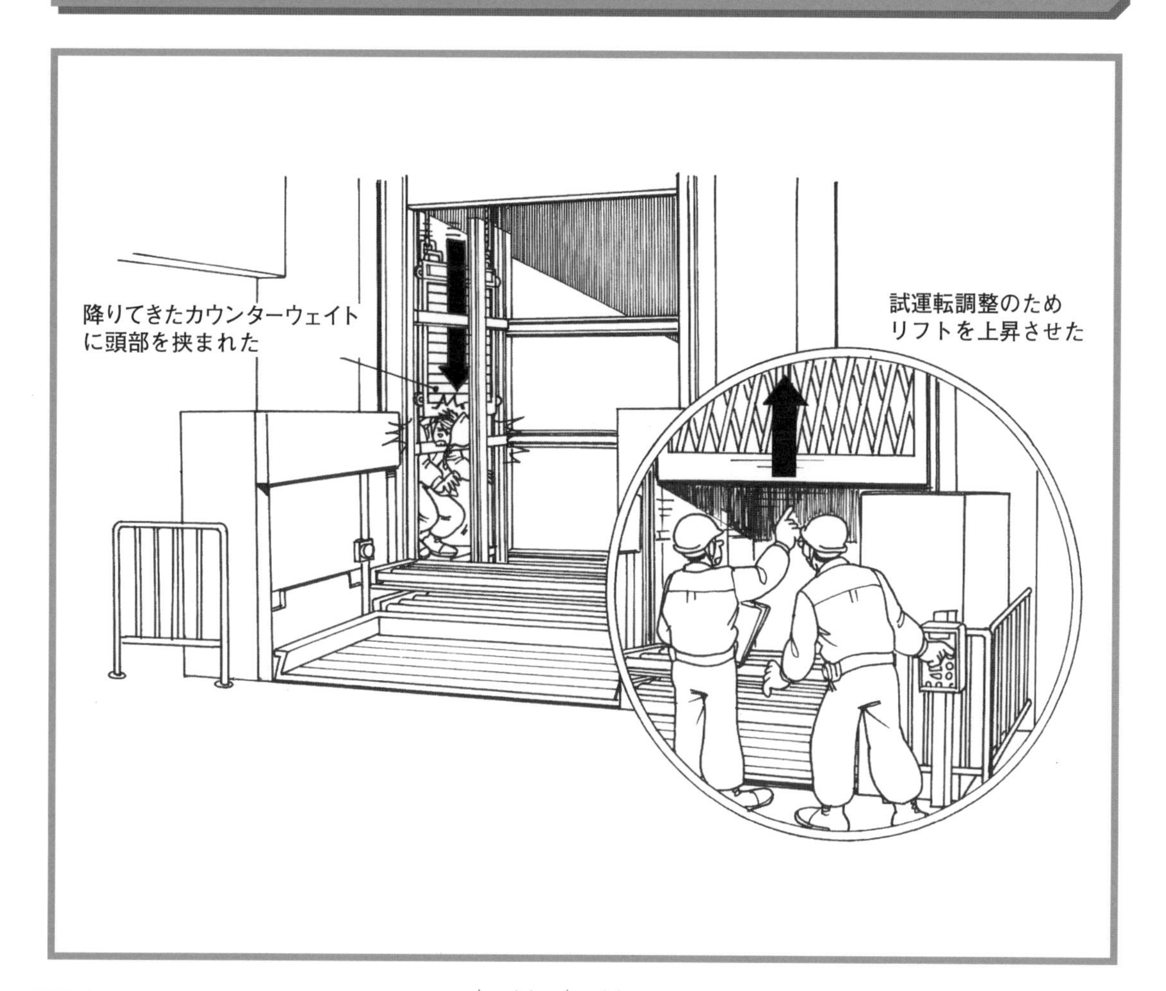

被災者の状況

職種：電工
年齢：33歳
経験年数：13年
請負次数：３次

災害の発生状況

垂直搬送リフトの運転調整を行うため、作業員がスイッチを押してリフトを上昇させたところ、別の電工が下降してきたカウンターウェイトとリフト架台の間に頭を挟まれた。

同種の作業で予測されるその他の危険性

① 搬送リフトのシャフトの開口部から墜落する
② 昇降路下部で作業中、エレベーターのかごが激突する
③ 作業中、資材・工具が落下し、作業員に激突する

事例 15 仮設エレベーターのカウンターウェイトに頭部が挟まれた

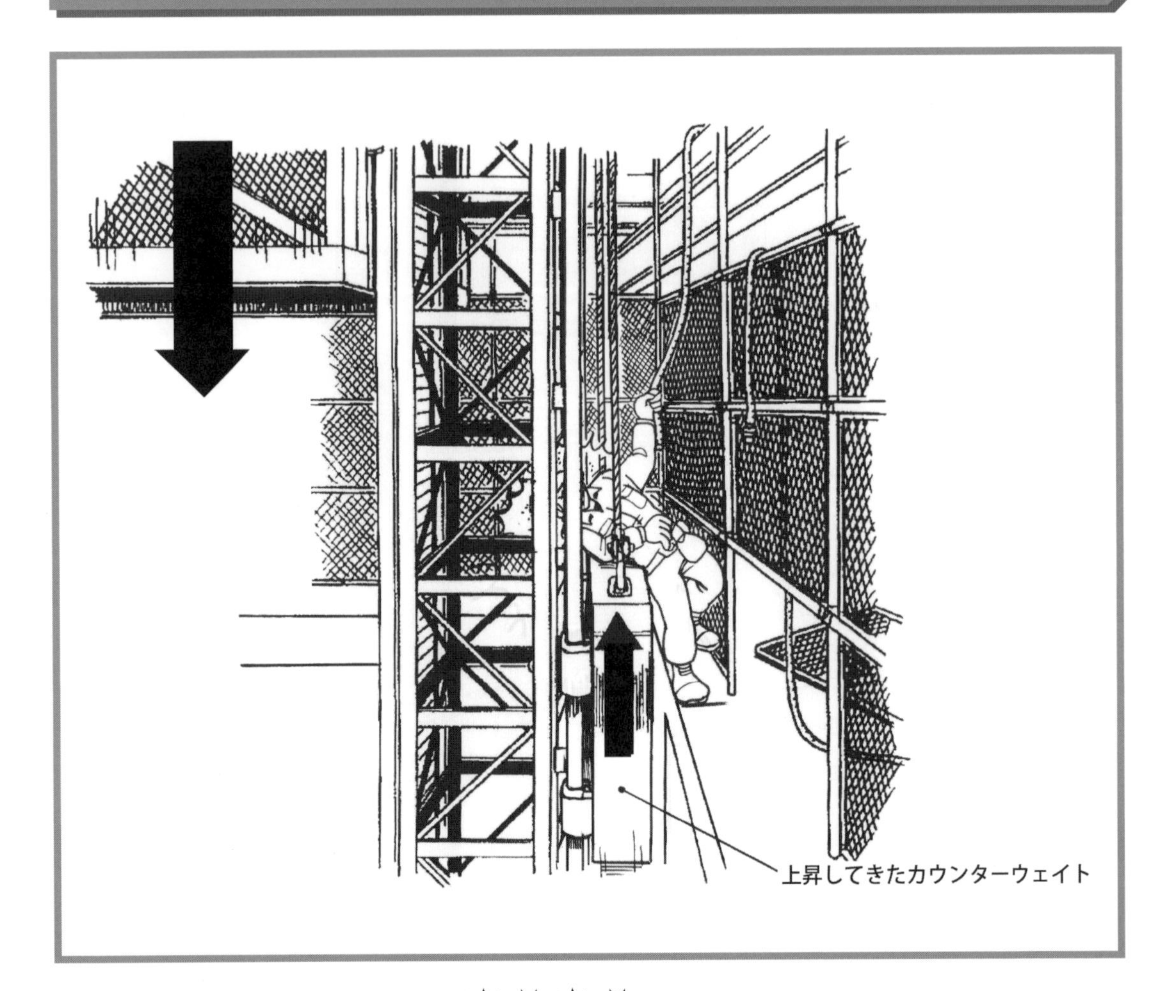

被災者の状況

職種：溶接工
年齢：52歳
経験年数：19年
請負次数：３次

災害の発生状況

溶接作業の準備のため、ガスホースを設置しようとして開口部養生枠を外して仮設エレベーターシャフト内に立ち入った作業員が、上昇してきたカウンターウェイトに頭部を挟まれた。

同種の作業で予測されるその他の危険性

① エレベーターシャフト開口部から墜落する
② 開口部の養生枠を落下させる
③ 資材や工具を落下させ、作業員に激突する

事例16 鉄骨梁とフォークリフトのポストに挟まれた

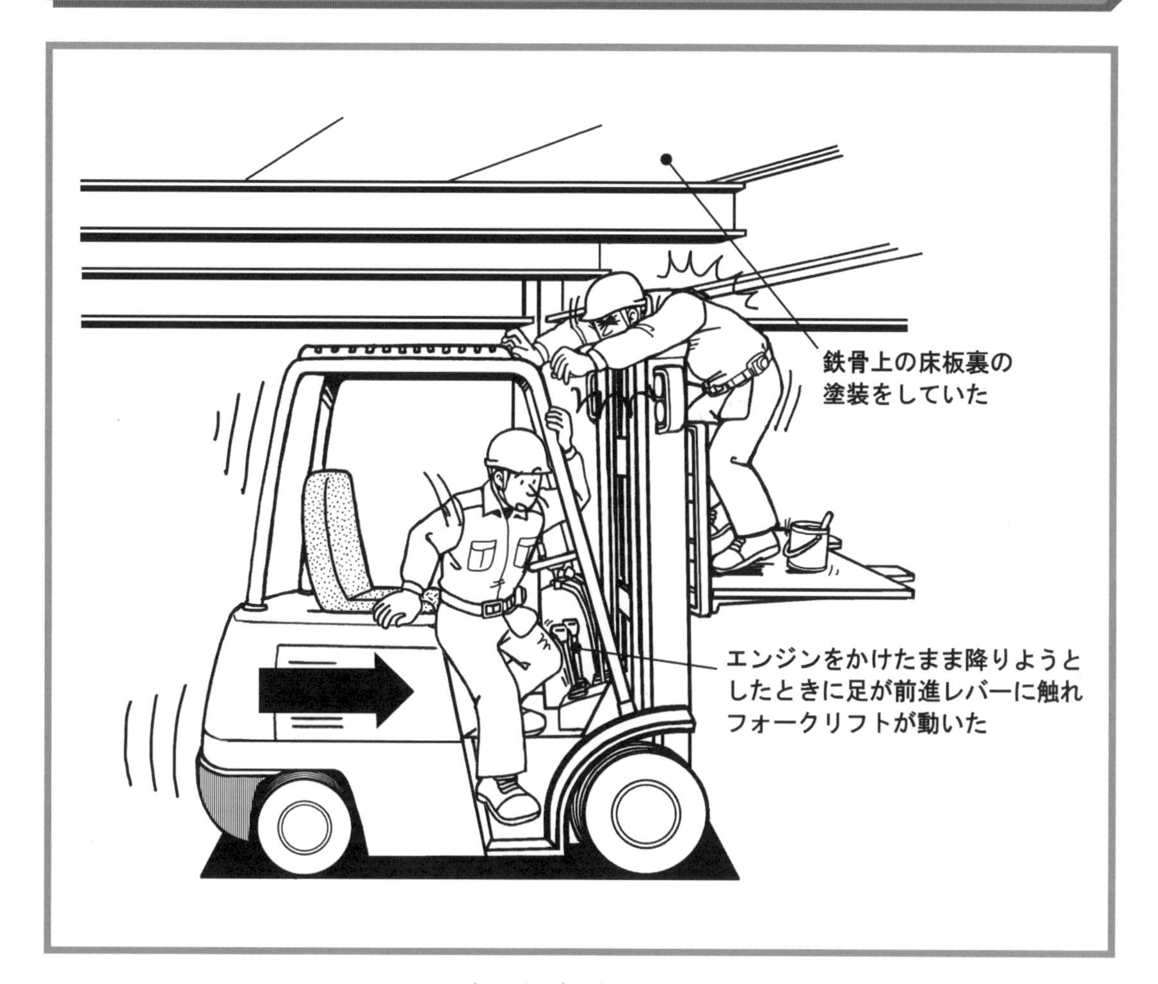

被災者の状況

職種：塗装工
年齢：24歳
経験年数：4ヵ月
請負次数：5次

災害の発生状況

フォークリフトのフォーク上に置いた合板に乗り、鉄骨の部分塗装をしていたところ、同僚が運転席から降りようとした際に誤って体がレバーに触れたため車体が前進し、鉄骨梁との間に首を挟まれた。

同種の作業で予測されるその他の危険性

① フォークリフトの走行中に作業員と激突する
② 荷を運搬中、荷がバランスを崩して落下する
③ フォークリフトが凹凸や段差でバランスを崩し、転倒する

事例17 プレス機をハンドリフトで持ち上げたが転倒し挟まれた

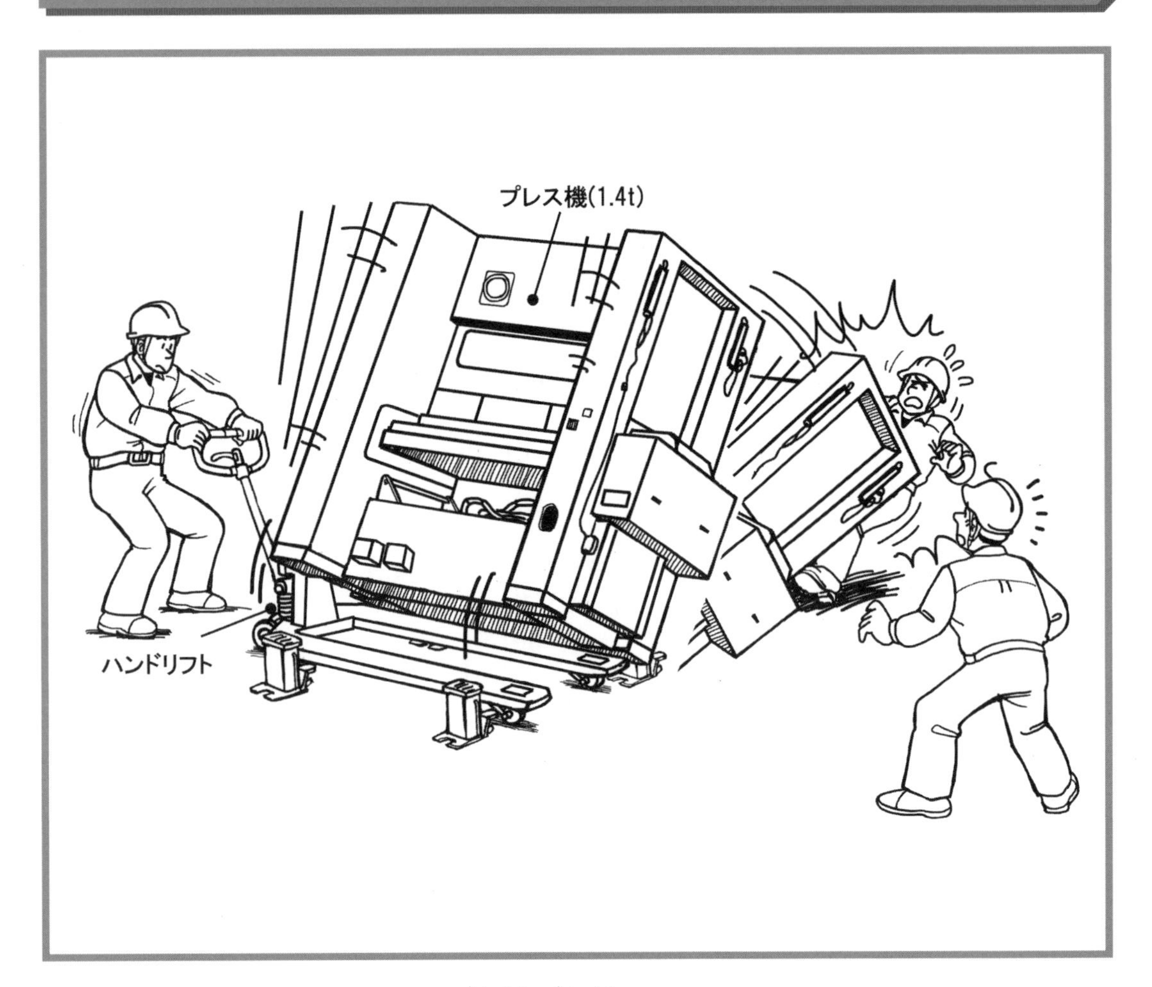

被災者の状況

職種：土工

年齢：40歳

経験年数：19年

請負次数：２次

災害の発生状況

プレス機（1.6×0.8×H1.8m、重さ約1.4ｔ）を移設するため、ハンドリフトで持ち上げたところ、バランスが崩れプレス機が転倒し、作業員がプレス機と床の間に挟まれた。

同種の作業で予測されるその他の危険性

① プレス機を撤去または移設中に手指を挟まれる

② ハンドリフトを移動中、バランスを崩して転倒する

③ ハンドリフトを移動中、つまずいて転倒する

事例 18 鉄筋加工機を使用してフープを加工中、指が挟まれた

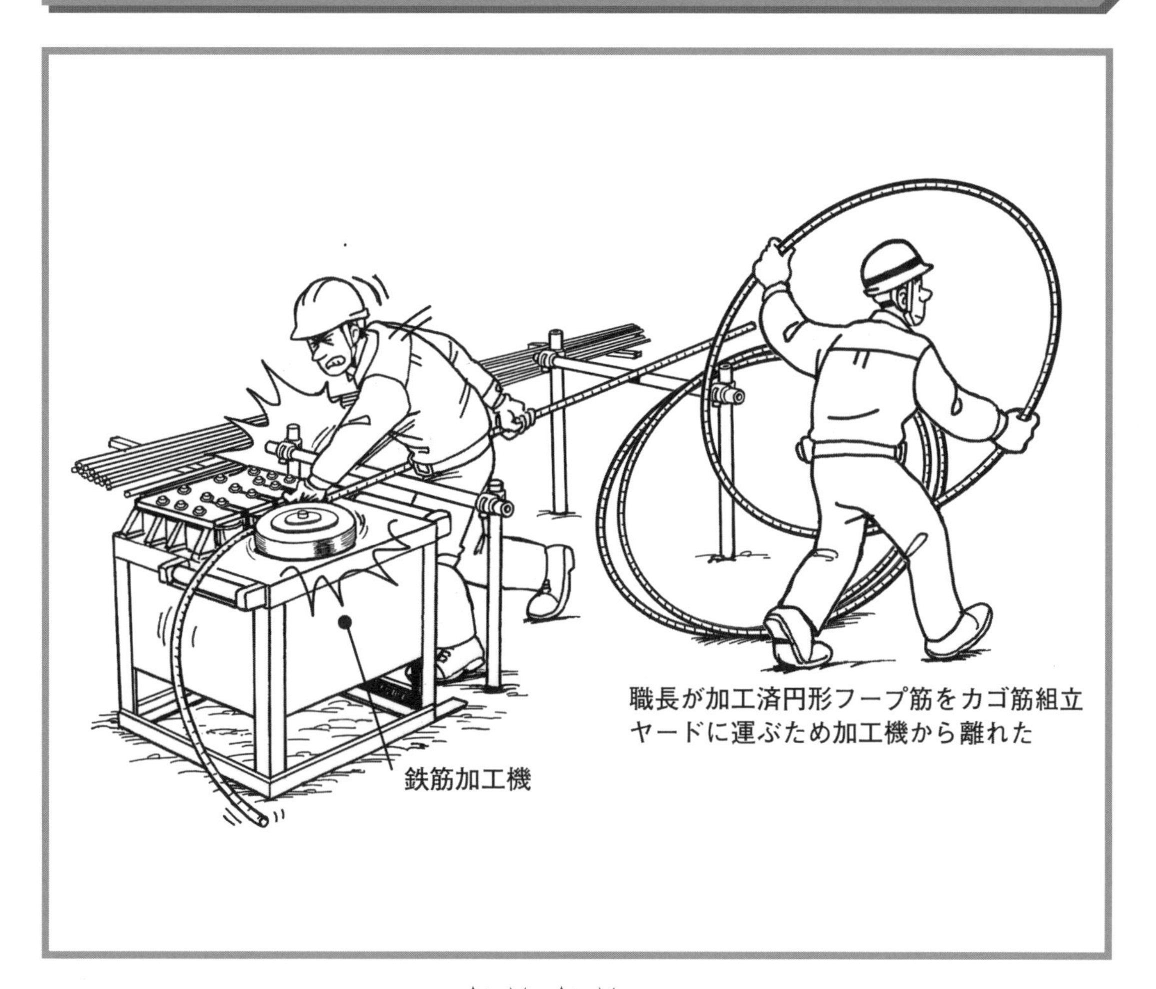

被災者の状況

職種：鉄筋工
年齢：19歳
経験年数：２年
請負次数：４次

災害の発生状況

場所打ち杭の鉄筋篭（φ1.8m）のフープを加工中、補助作業を行っていた作業員が、勝手に加工機を操作し、ローラー部分に鉄筋を差し込もうとしたところ、駆動ローラーに左手指を挟まれた。

同種の作業で予測されるその他の危険性

① 加工作業中、漏洩電流に感電する
② 曲げ加工作業中、ローラーから鉄筋が外れて激突する
③ 鉄筋篭を玉掛け作業中、荷が振れて激突する

事例
19 油圧ジャンボの移動中、敷鉄板が持ち上がり足を挟まれた

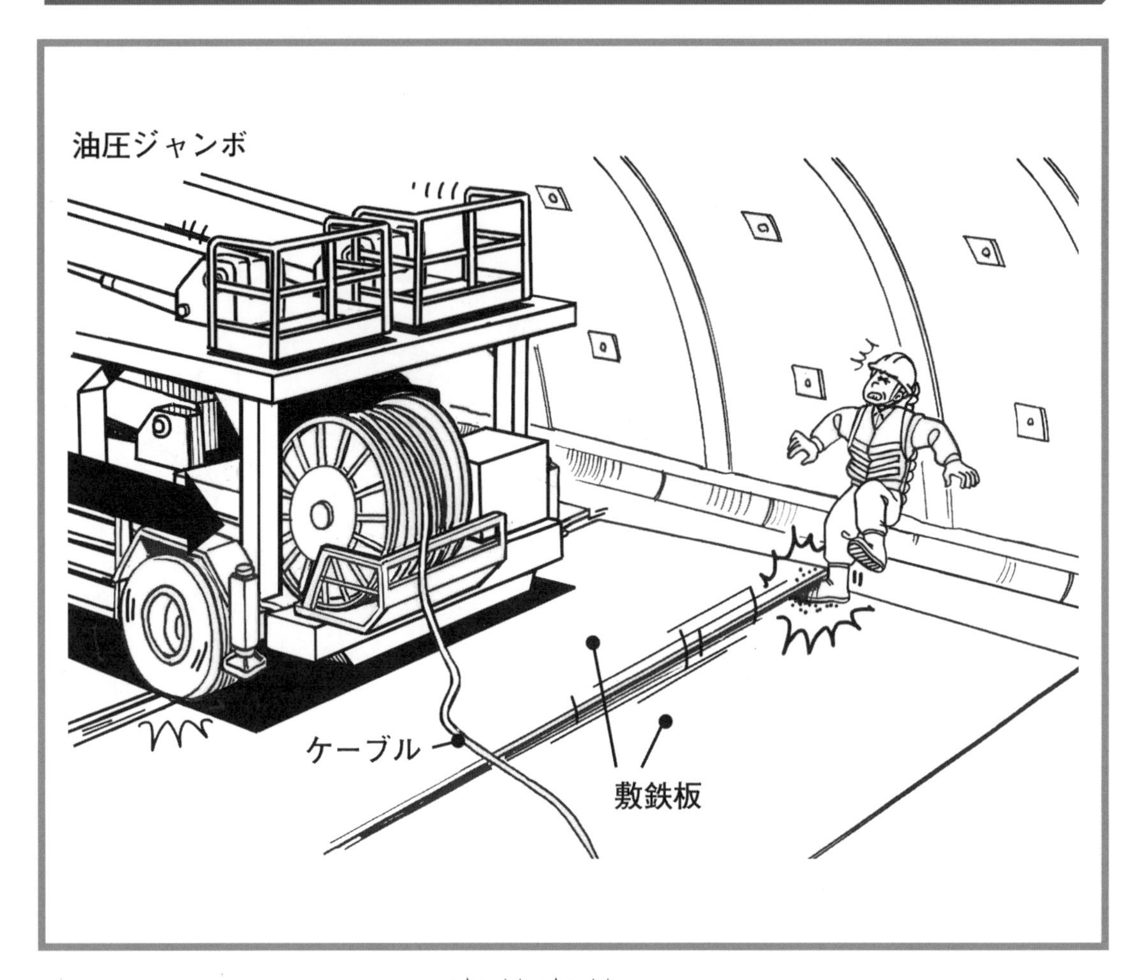

被災者の状況

職種：トンネル工
年齢：32歳
経験年数：４年
請負次数：２次

災害の発生状況

上半ロックボルト打設作業を終了し、油圧ジャンボを移動する際、坑内の壁側に退避していた作業員が、車体の重さで持ち上がった敷鉄板に右足を挟まれた。

同種の作業で予測されるその他の危険性

① 移動中の油圧ジャンボに作業員が激突される
② 敷鉄板の段差につまずき、転倒する
③ 油圧ジャンボの機材、工具等が落下し、激突する

事例 20 不整地運搬車が斜面でスリップ、作業員が投げ飛ばされ車体に激突

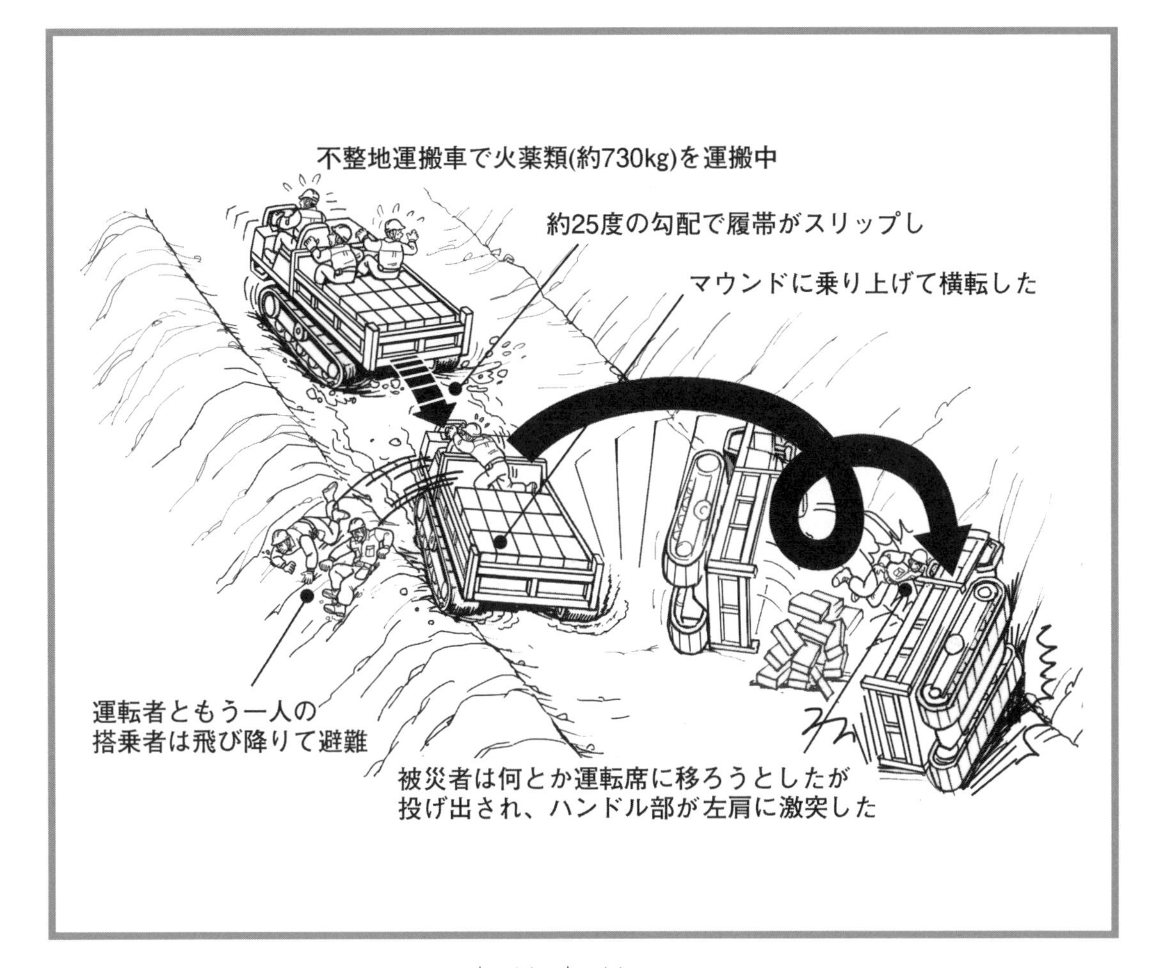

被災者の状況

職種：発破工

年齢：44歳

経験年数：25年

請負次数：３次

災害の発生状況

不整地運搬車（2.5ｔ）に火薬を積んで走行していたところ、斜面の勾配がきつく（約25度）、履帯がスリップして車体が後方にねじれるように横転し、作業員３人が投げ出された。

同種の作業で予測されるその他の危険性

① 不整地運搬車が法肩から転落する

② 荷を積む際、作業員が荷台から転落する

③ 不整地運搬車が走行中、作業員と激突する

機械・クレーン等の災害防止の主なポイント

① 建設現場におけるつり荷の落下は、単管パイプ等の長尺物、板状の資材（コンパネ、石膏ボード等）をつる際に多く発生しています。

特に、鋼管パイプを束ねてつり上げるときは、荷のすり抜け、玉掛けワイヤーのすべり等が起きてつり荷のバランスを崩しやすく、次の点に留意が必要です。

1）玉掛けは、2本4点あだ巻きつりとし、荷を確実に締め上げる。

2）つり荷を複数箇所固縛する。

2本4点あだ巻きつり

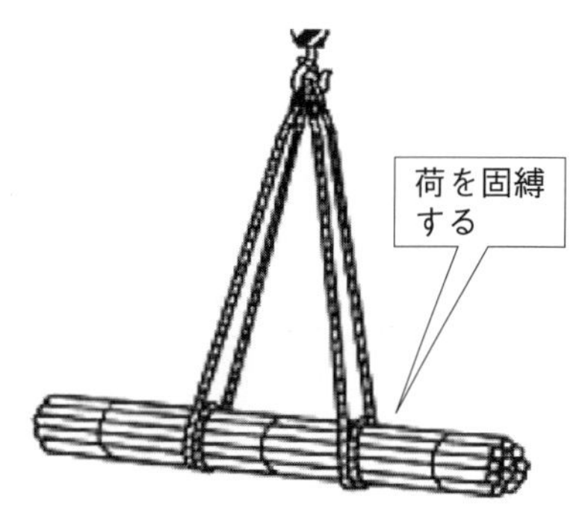

② 玉掛けワイヤーロープを使用する際は、作業開始前に、素線切れ等の点検を行うことはもちろんですが、ワイヤーロープが作業中に破断するような危険性についても十分検討を行う必要があります。

特に、鋼材の角などにワイヤーロープを直接当てる玉掛け方法は、ワイヤーの強度が35％程度低下するおそれがあり、当て物を使用するなど、ワイヤーの折れ曲がりを緩和する措置を行わなければなりません。また、フック等大きな曲がり部分のワイヤーの強度低下にも留意する必要があります。

鋭利な角にあてた場合の強度低下率（%）

角度 α	120	90	60	45
強度低下率（%）	30	35	40	47

大きな曲り部分（⇒表示）の強度低下

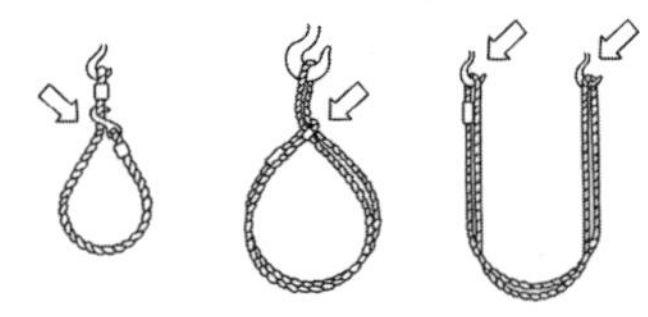

③ 車両系建設機械に関連する災害の原因と考えられるのは、以下のとおりです。

1）運転操作の未熟、誤操作

2）周辺の作業員との事前の連絡・調整不足

3）あいまいな合図や誘導

特に、建設機械のオペレーターが視線を配る範囲には予想以上に死角が多いことについて、作業員全員が実感（体感）できるような教育・訓練を行うことも効果的です。

重機の死角

3. 飛来・落下災害

建設現場ではさまざまな場所で飛来・落下災害が起きており、平成28年には、15件の死亡災害が発生しています。特に、建物、設備、仮設構造物の解体・撤去作業の陰には思わぬ飛来・落下災害に結びつく危険性が隠れているので、作業場所に応じて事前に作業計画を立案することが大切です。

また、特に移動式クレーンは現場における飛来・落下災害に関連していることが多く、平成28年における移動式クレーン等に関連した死亡災害のうち、約41％がつり荷の落下による災害でした。建築現場においては、さまざまな資材の荷上げ、荷下ろし作業が行われますが、その中でも仕上げ工事に使用されるボード類や長尺な資材等を落下させる事例が目立っています。

また、トラックを使用して荷を運搬する際に、荷の積み込みや荷下ろし作業中、荷崩れを起こしたり、つり荷がバランスを崩して落下して作業員に激突する災害も目立っています。建設現場では、荷の積み下ろし作業に慣れない作業員による災害の発生も多いため、下記の項目について事前に十分教育訓練を行うことが必要です。

① 作業員に荷役作業及びクレーン作業の基本的な知識を身につけさせること
② 玉掛け作業は有資格者に行わせること
③ 仮設材や残材など、積み込む際に不安定になりがちな積み荷に対する具体的な作業方法を指示すること

建設現場における作業ではさまざまな資機材等が不安定な状態のまま放置されがちですので、常に部材の安定を確保するための方法を考えながら作業を進めるよう、作業員に対する指導を継続することが大切となります。

鉄骨による
飛来・落下災害

鉄骨組立て作業中の飛来・落下災害は、玉掛け作業中の荷のつり落としがほとんどで、玉掛け作業中にクランプが外れたり、玉掛けワイヤーが切断したりして部材を落下させています。鉄骨部材の落下による災害を防ぐためには、下記の合図者の役割が重要です。

① 玉掛け者からの合図を受けて作業員をつり荷の下から退避させる。

② 常につり荷から目を離さず、周辺の状況を確認しながら、つり荷を誘導する。

事例 1 鉄骨建て方中、つり上げたH鋼が落下

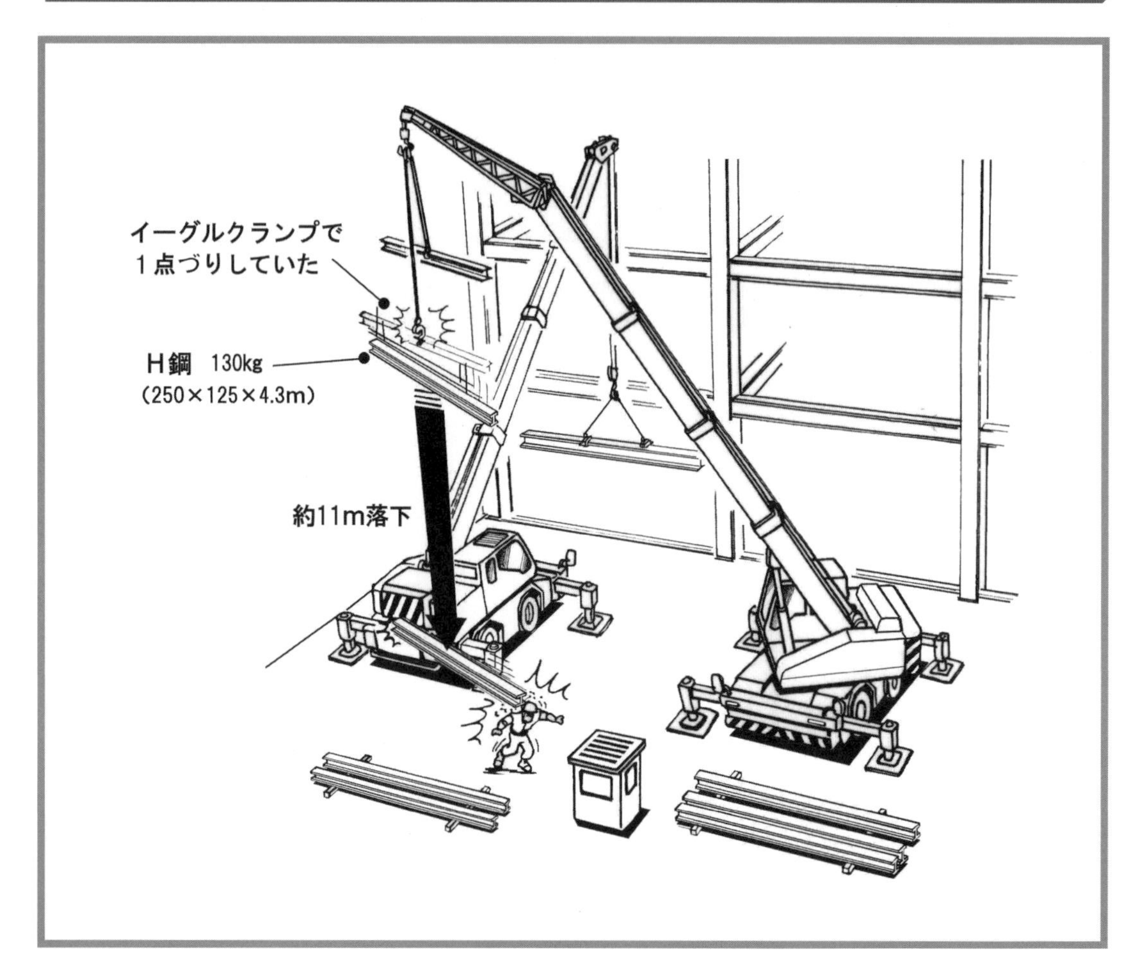

被災者の状況

職種：とび工
年齢：43歳
経験年数：20年
請負次数：２次

災害の発生状況

クレーンで小梁２本を２段でクランプを用いて１点づりしたところ、クランプから鋼材が外れて落下し、隣りのクレーンの後部に接触して跳ねた後、作業員の後頭部に激突した。

同種の作業で予測されるその他の危険性

① 移動式クレーン同士が接触して倒壊する
② 旋回中のクレーンに作業員が挟まれる
③ 荷上げ作業中、鋼材が転倒し作業員が挟まれる
④ 玉掛けワイヤーが破断し、鋼材が落下する

事例 2 鉄骨建て方中、H鋼がクランプから外れて落下

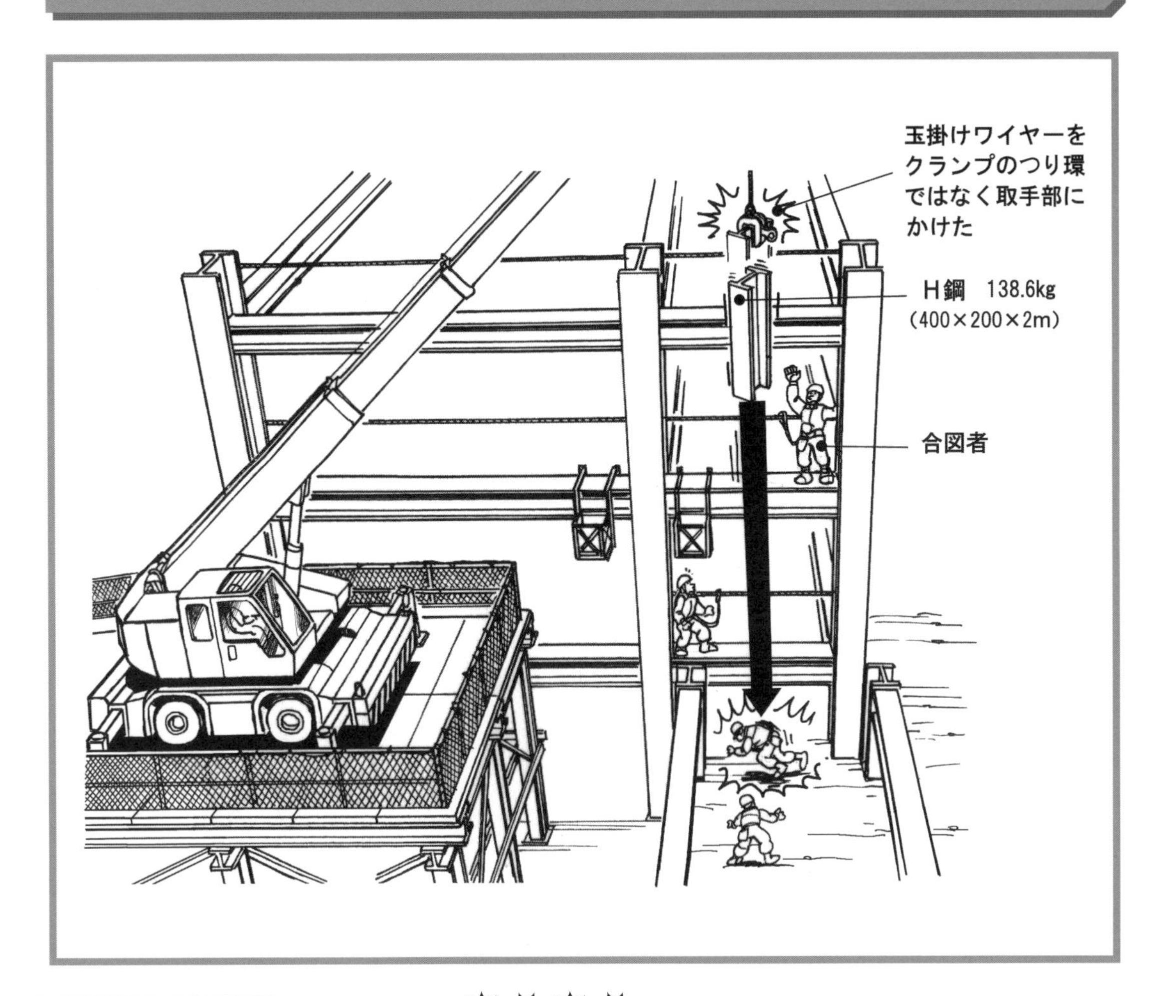

被災者の状況

職種：土工
年齢：59歳
経験年数：４年
請負次数：２次

災害の発生状況

移動式クレーンで玉掛けワイヤーにクランプを取付け、鉄骨建方作業を行っていたところ、クランプからH鋼が外れて落下し、下を通りかかった作業員に激突した。

同種の作業で予測されるその他の危険性

① 鉄骨組立て中、作業員が梁から墜落する
② クレーンがバランスを崩して倒壊する
③ つり荷がぶれて作業員に激突する

事例 3 外部足場と躯体間を落下してきた胴縁に激突

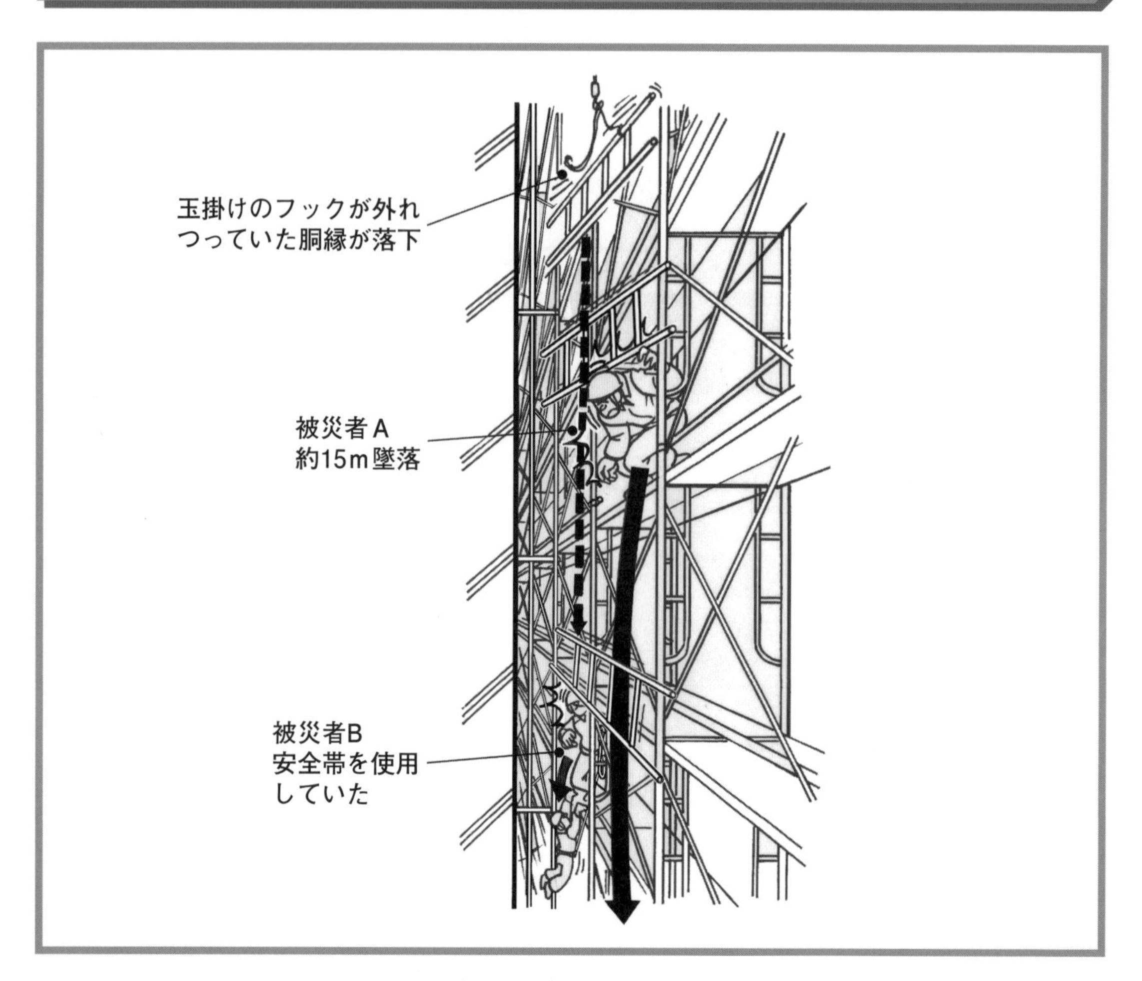

被災者の状況

職種：とび工

年齢：52歳

経験：３ヵ月

請負次数：２次

災害の発生状況

クレーンで鋼製の胴縁（7100mm ×1970mm）をつり上げ、外部足場と躯体の間を通して荷下ろし中、突然玉掛けワイヤーがフックから外れて胴縁が落下。足場上で作業をしていた２人の作業員に激突し、１人が墜落した。

同種の作業で予測されるその他の危険性

① 躯体と足場の隙間から墜落する

② 胴縁の取付け中にバランスを崩して墜落する

③ 工具や資材を落下させ、作業員に激突する

事例 4 H鋼を積込み中、クランプが外れて落下し激突

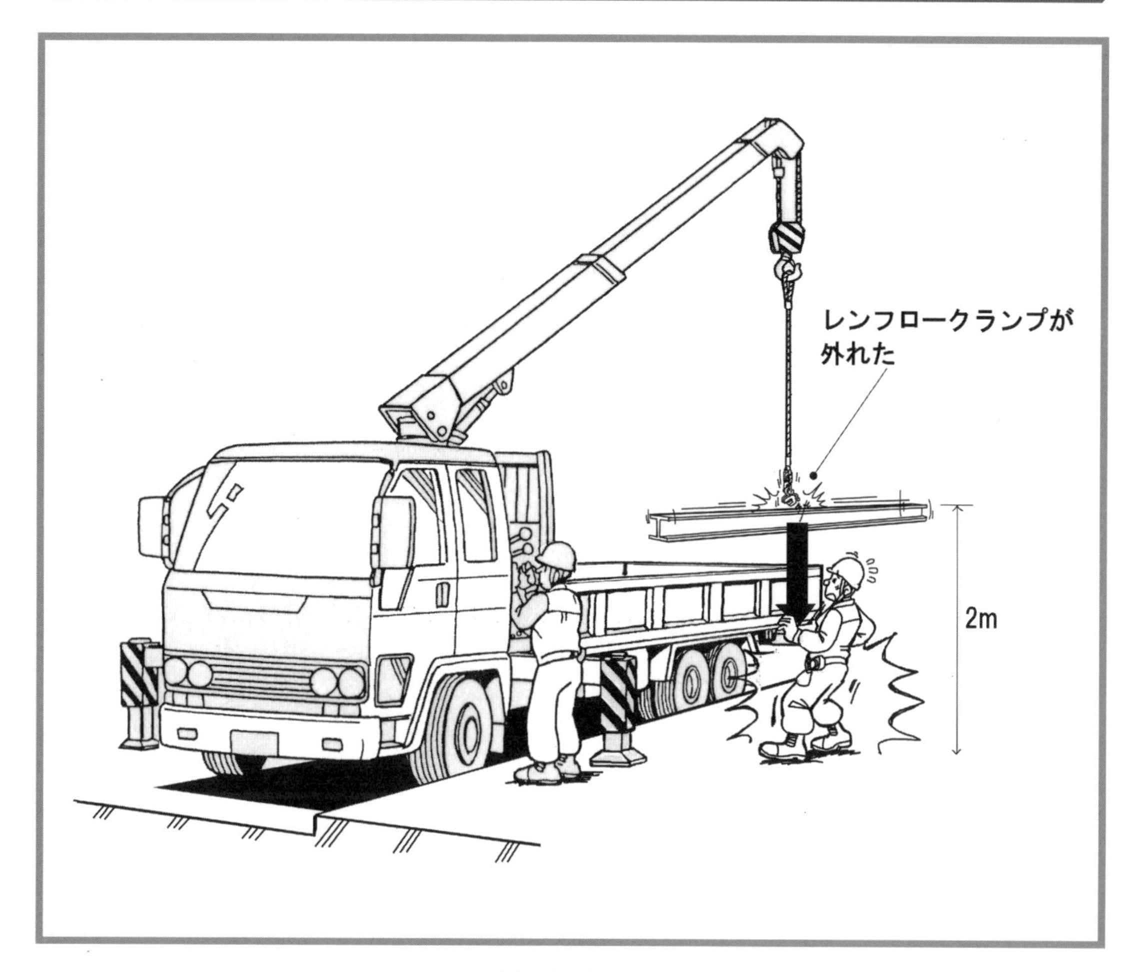

被災者の状況

職種：とび工
年齢：35歳
経験年数：13年
請負次数：１次

災害の発生状況

H型鋼（350×350×4m、重さ600kg）を積込むため、積載形トラッククレーンでつり上げたところ、振れた衝撃でクランプが外れてH型鋼が落下し、作業員に激突した。

同種の作業で予測されるその他の危険性

① 積載形トラッククレーンが転倒し、操作者が挟まれる
② 玉掛け作業中、つり荷が振れて作業員に激突する
③ 玉掛け作業中、トラックの荷台から転落する

事例 5 下地鉄骨組立て中、鉄骨の枠が落下し激突

被災者の状況

職種：土工
年齢：49歳
経験年数：13年
請負次数：３次

災害の発生状況

前日、仮固定した外壁下地鉄骨のボルトを抜いて位置調整を行っていたところ、枠全体が回転するように落下し、下を通りかかった作業員に激突した。

同種の作業で予測されるその他の危険性

① 高所作業車のバスケットから墜落する
② 高所作業車のバスケットと鉄骨の間に挟まれる
③ 高所作業車が転倒する
④ 作業中に資材や工具を落下させ、作業員に激突する

ボード、パネル等による飛来・落下災害

板状の資材（コンパネ、石膏ボード等）を玉掛けする際に、過去に数多くの飛来・落下災害が発生しています。

コンパネやボード類を束ねて玉掛けするときは、荷のすり抜けや、ベルトスリングのすべり等が起きてつり荷のバランスを崩しやすいため、つる前に資材をベルトで固縛したり、ストレッチフィルム（荷づくりに使われる樹脂製のフィルム）で資材端部を被覆して固定するなどの対策を検討することが大切です。

事例1 シャックルのピンが外れてつり荷が落下し激突

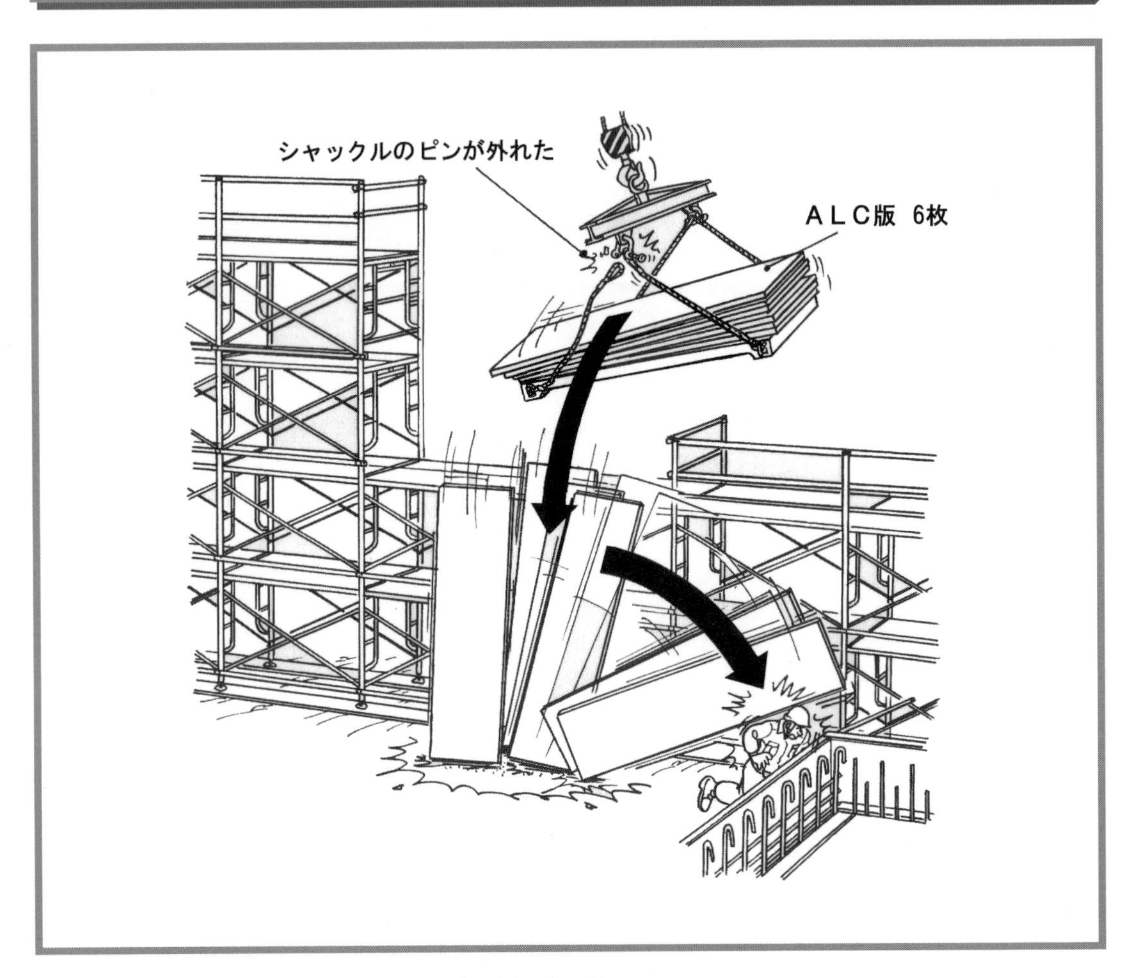

被災者の状況

職種：土工
年齢：60歳
経験年数：８年
請負次数：１次

災害の発生状況

移動式クレーンでＡＬＣ板を２階床につり上げる作業を行っていたところ、つりワイヤーのシャックルのピンが外れてＡＬＣ板が落下し、作業員に激突した。

同種の作業で予測されるその他の危険性

① つり荷がぶれて作業員に激突する
② つり荷が足場に激突し、つり荷が落下する
③ 玉掛けワイヤーが破断し、つり荷が落下する
④ つり荷のバランスが崩れ、クレーンが転倒する

事例 2 つり荷のケイカルボードが落下し激突

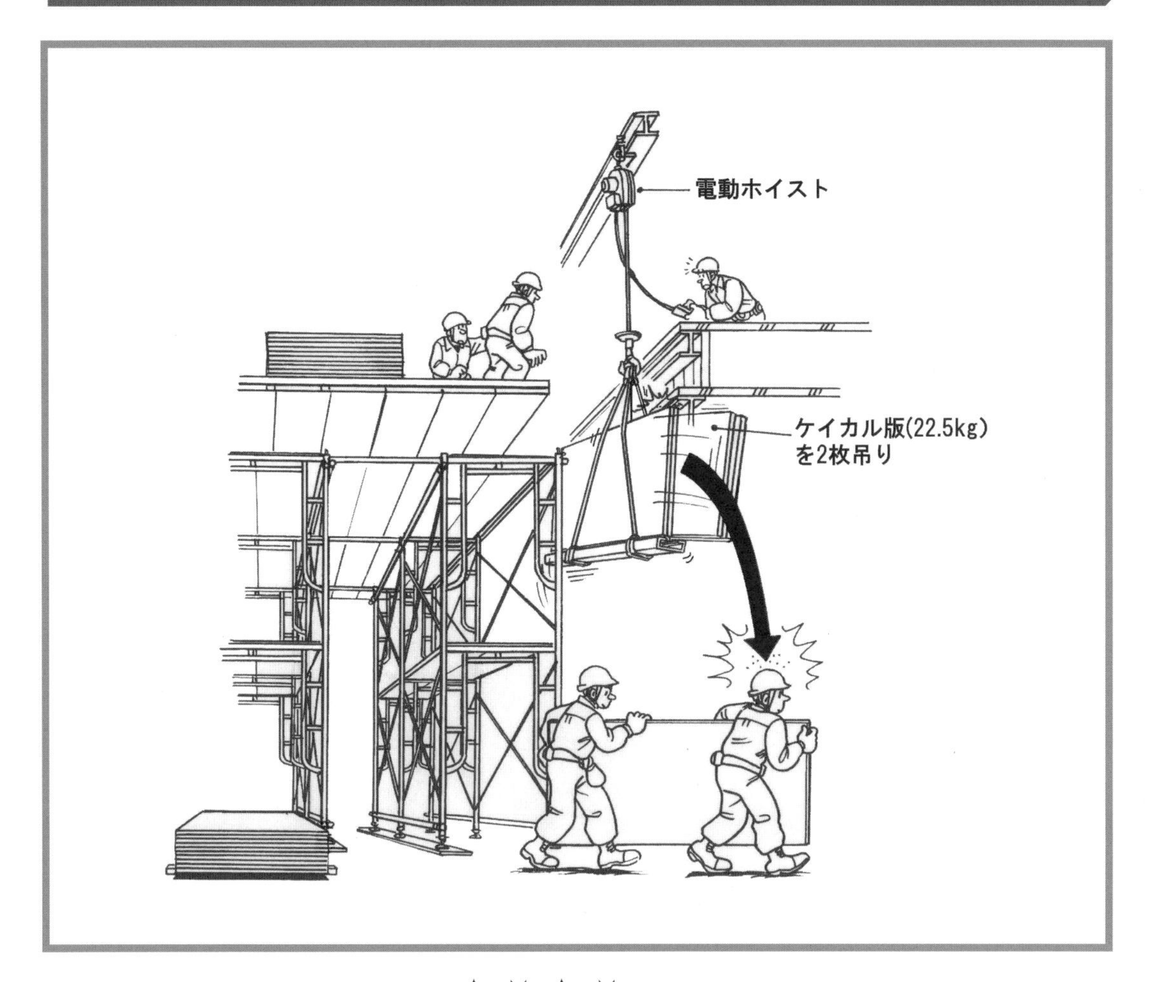

被災者の状況

職種：内装工
年齢：24歳
経験年数：４年
請負次数：３次

災害の発生状況

内装に使用するケイカルボード（水酸化カルシウムと砂を原料として板状に成型した耐火断熱材）の荷上げ作業中、ホイストを巻き上げた際につり荷が梁に接触して落下し、真下に入った作業員に激突した。

同種の作業で予測されるその他の危険性

① 躯体の床と足場との開口部から墜落する
② つり荷が梁に激突し、電動ホイストが落下する
③ 電動ホイストの操作を誤り、作業員が挟まれる

事例

3 大型パネルを組立て中、パネルが突然落下し激突

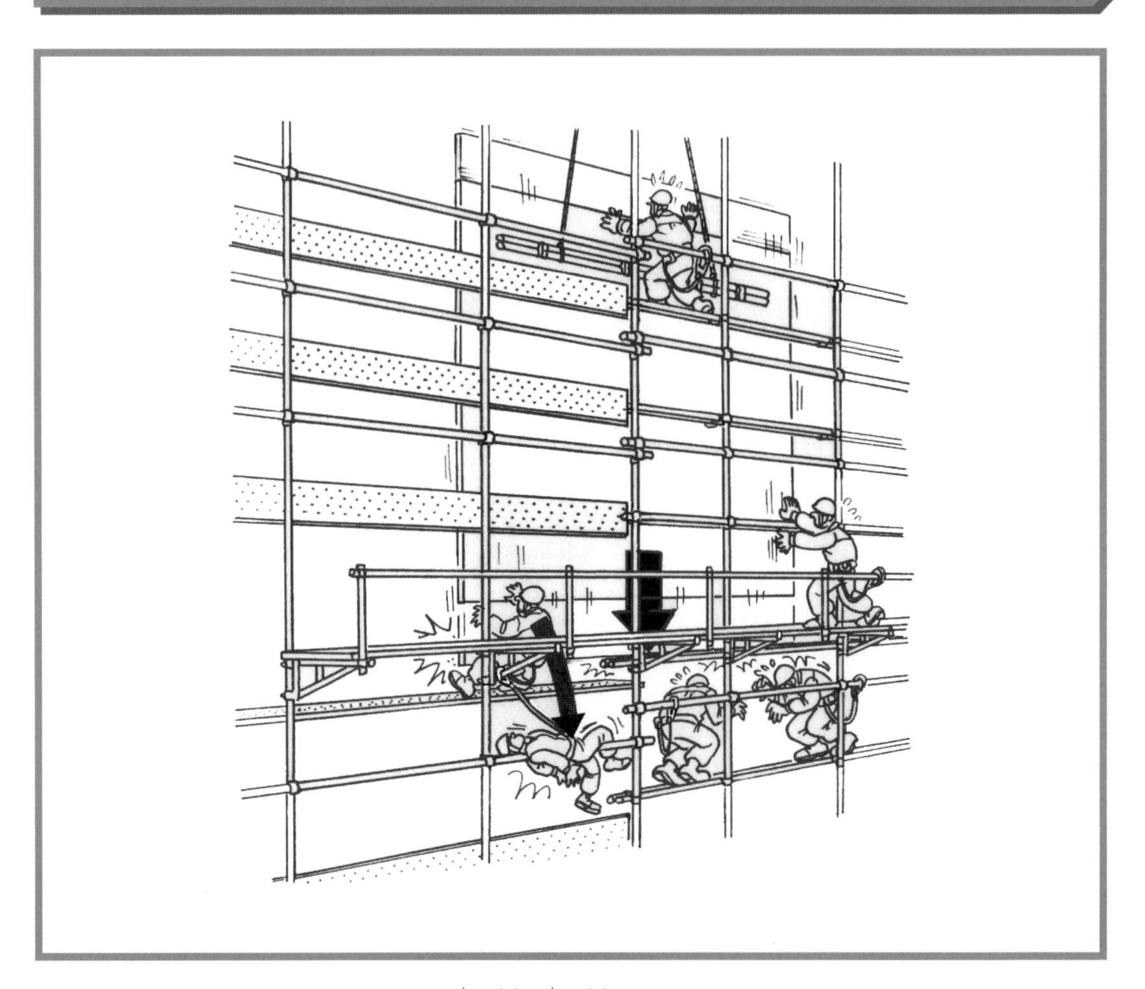

被災者の状況

職種：型枠工

年齢：64歳

経験年数：49年

請負次数：３次

災害の発生状況

外壁用大型パネルを2階から3階にスライドする作業を行っていたところ、玉掛け用つり金具に使用していたフォームタイがパネル材から抜けたためパネルが突然落下し、下方にいた作業員に激突した。

同種の作業で予測されるその他の危険性

① ブラケット足場端部や手すりの間から墜落する

② 玉掛け作業中、パネルが振れて激突する

③ パネルを固定する作業中、手指を挟まれる

事例 4 成形セメント板が滑り落ちて落下し激突

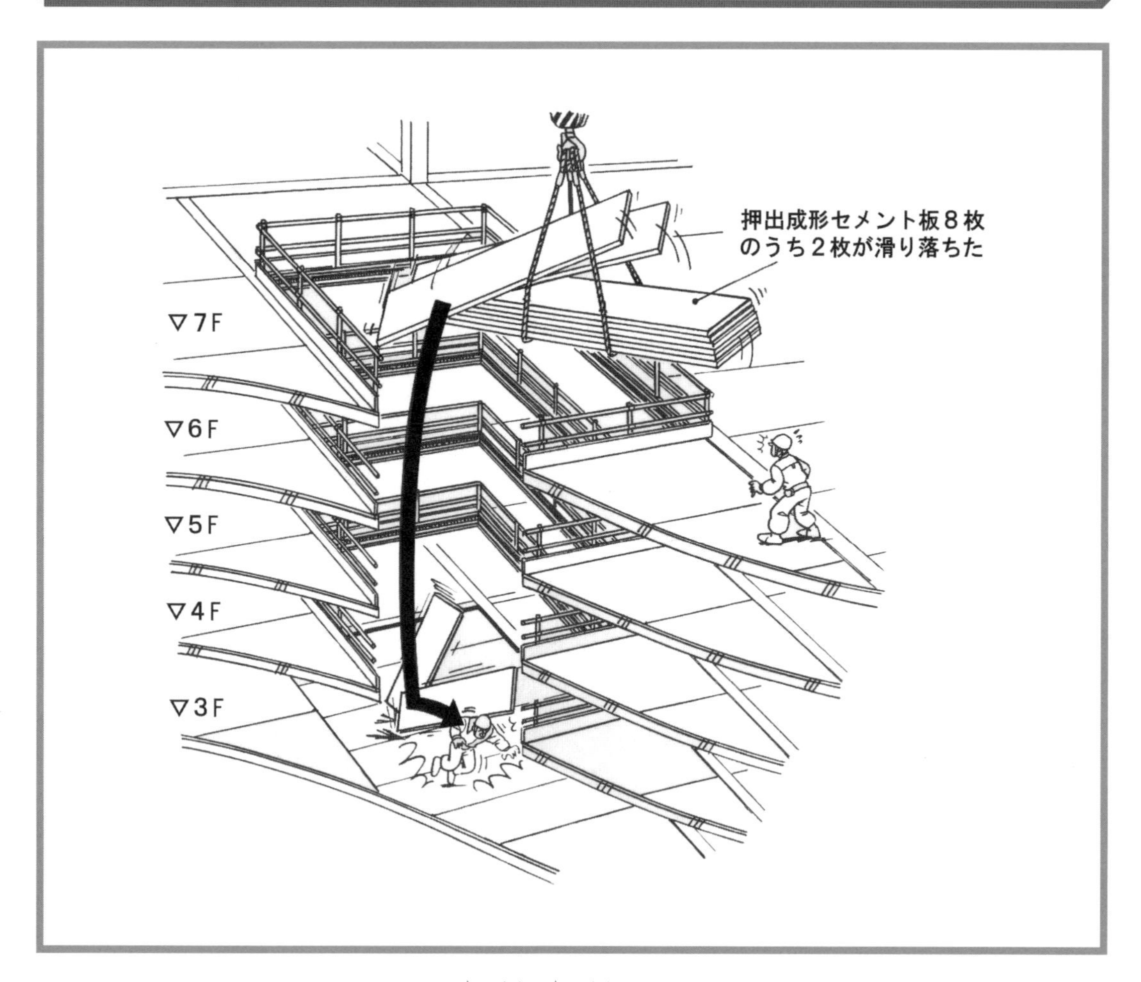

被災者の状況

職種：鍛冶工
年齢：59歳
経験年数：30年
請負次数：１次

災害の発生状況

移動式クレーンで押出成形セメント板を資材取込み用開口部を利用して荷下ろし中、つり荷のセメント板２枚が床端部に接触して滑り落ち、下で待機していた作業員に激突した。

同種の作業で予測されるその他の危険性

① 玉掛け者が荷上げ用開口部から墜落する
② 玉掛け作業中、つり荷が開口部端部に激突して落下する
③ 他の作業員がつり荷の下に立ち入り、落下した板に激突する

積み荷による
飛来・落下災害

重量のある貨物を荷台の一部に集中させたり、偏心させた場合、積み荷が不安定となるため積み付けにあたっては重量配分に注意が必要です。積み荷全体を総合した重心の位置は、トラック荷台の前後・左右ともに中心位置になるべく近いことが望ましいため、特に、重量の重い機械製品やバランスを取りにくい機材等を複数積み合わせる場合は、荷台中心に積み荷の総合重心が近づくように積み付ける必要があります。

事例

1 トラックの荷台に積み込んだ鋼材が落下し激突

被災者の状況

職種：土工

年齢：62歳

経験年数：3年

請負次数：2次

災害の発生状況

解体材の積み込み作業中、トラックの荷台から一部はみ出ていた鋼材を解体用機械のオペレーターが掴み機先端で押し込んだところ、押されたH鋼が反対側に落下し、作業員に激突した。

同種の作業で予測されるその他の危険性

① 作業員が旋回中の解体用機械に巻き込まれる

② 移動中のトラックに激突される

③ 解体用機械がバランスを崩して転倒する

④ 解体用機械が掴んでいた解体材が落下し、作業員に激突する

事例 2 荷台上でH鋼を荷下ろし中、荷崩れを起こしてH鋼が落下

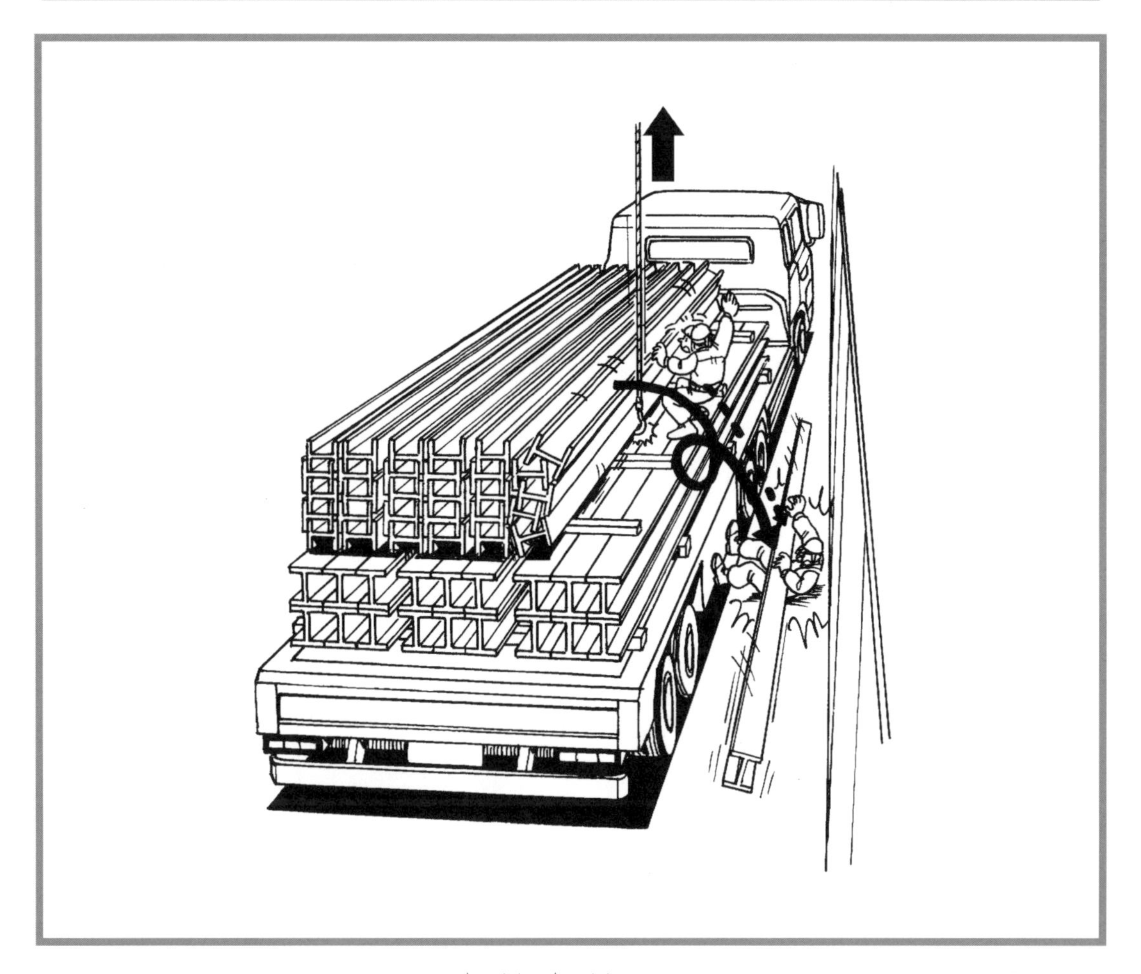

被災者の状況

職種：土工
年齢：59歳
経験年数：31年
請負次数：２次

災害の発生状況

トレーラーの荷台上で、Ｈ鋼下部に玉掛金具を掛けて、クレーンオペレーターに合図を送りながら動かそうとしたところ、Ｈ鋼が荷崩れし、Ｈ鋼とともに地面に転落してＨ鋼の下敷きになった。

同種の作業で予測されるその他の危険性

① 荷台に昇降中、バランスを崩して転落する
② 玉掛けワイヤーが跳ねて作業員に激突する
③ つり上げたH鋼が荷振れを起こし、作業員に激突する

荷下ろし作業中、積み荷のゴンドラ機材が落下し激突

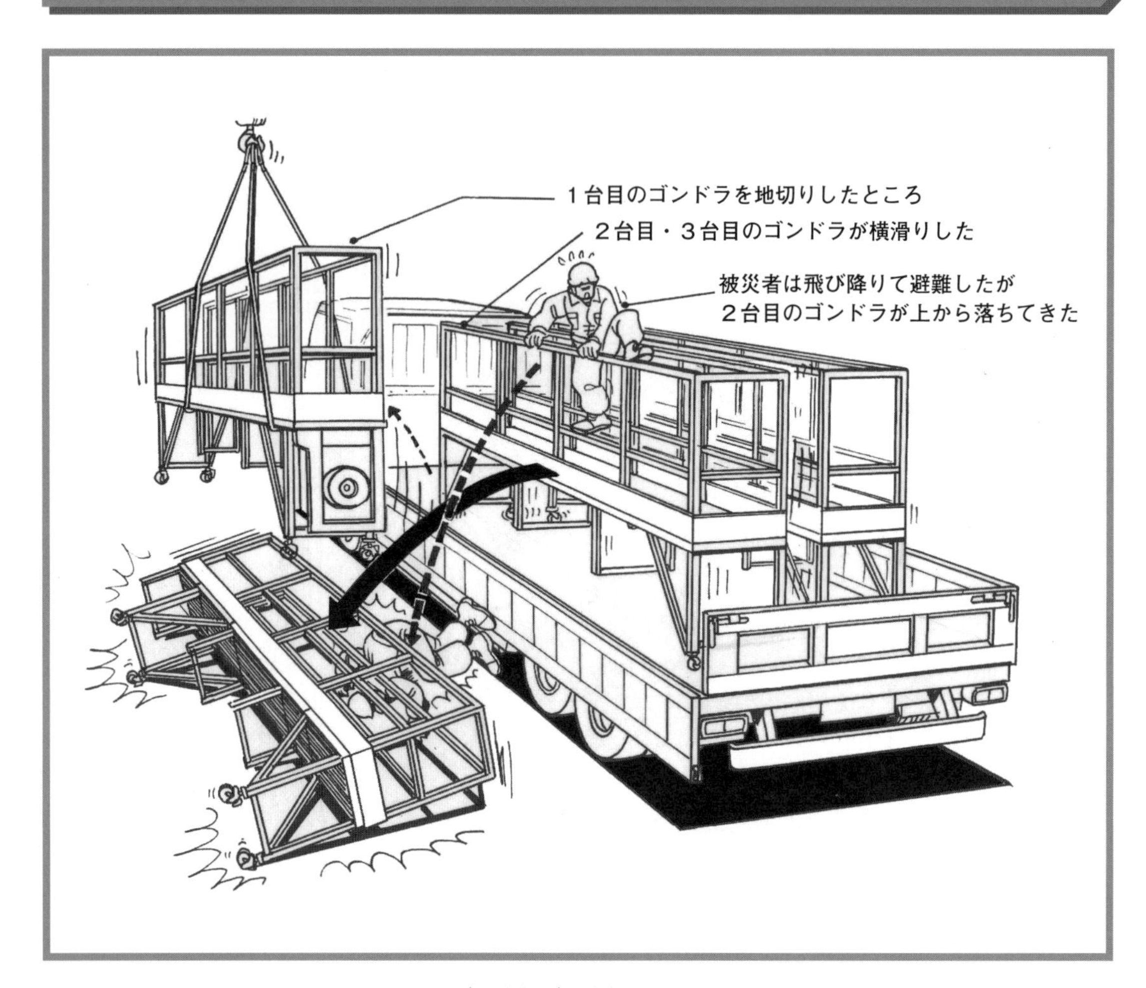

被災者の状況

職種：設備工
年齢：34歳
経験年数：６年
請負次数：２次

災害の発生状況

工事用ゴンドラの荷下ろし作業中、ゴンドラに玉掛けワイヤーを掛けて地切りした際、荷台上の２台目と３台目のゴンドラが横滑りし、慌てて地上に飛び降りた作業員に２台目のゴンドラが落下して激突した。

同種の作業で予測されるその他の危険性

① つっていたゴンドラが荷振れして激突する
② 玉掛けワイヤーが破断し、つり荷が落下する
③ 積み荷のゴンドラからバランスを崩して転落する

事例 4 型枠材を積み込み中、荷崩れした資材が落下し激突

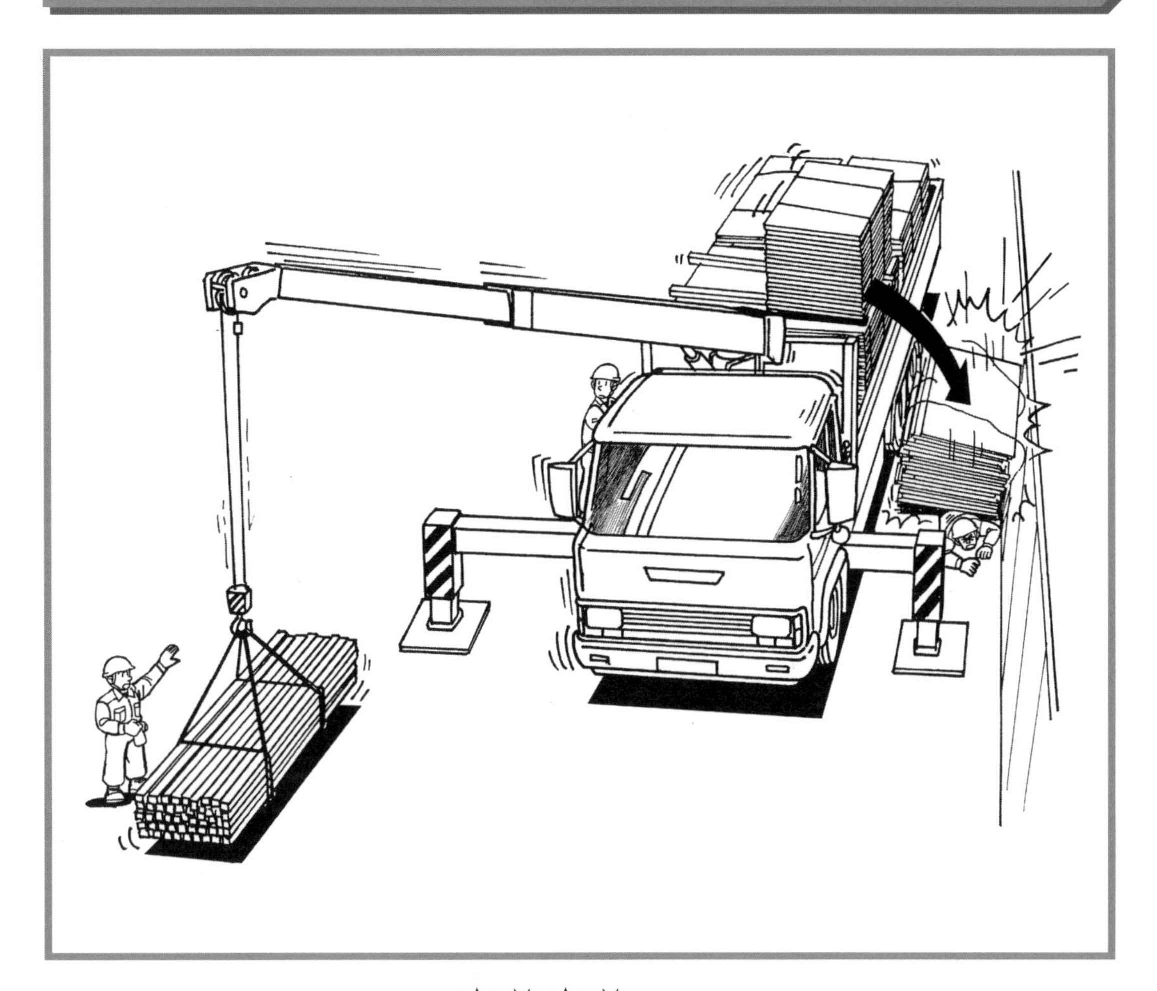

被災者の状況

職種：土工
年齢：57歳
経験年数：24年
請負次数：1次

災害の発生状況

解体した型枠材をトラック荷台に積み込み中、4束を先に積み込み、その上にバタ角を敷いて桟木を積み込もうとしたところ、振動で上段のベニヤ70枚が滑り落ち、下敷きとなった。

同種の作業で予測されるその他の危険性

① 積載形トラッククレーンがバランスを崩して転倒する
② 玉掛け作業中、ベニヤが滑り落ちて落下する
③ 作業員がトラックの荷台からバランスを崩して転落する

その他の資機材による飛来・落下災害

産廃運搬用コンテナや劣化が進んだフレコンバックから資材が落下して災害に結びついた災害が発生しています。

安易な玉掛け作業が原因と考えられますが、資機材の形状に適した玉掛け用具の選定が災害防止のポイントとなります。

事例 1　フォークリフトで鋼製煙突を運搬中、煙突が落下し激突

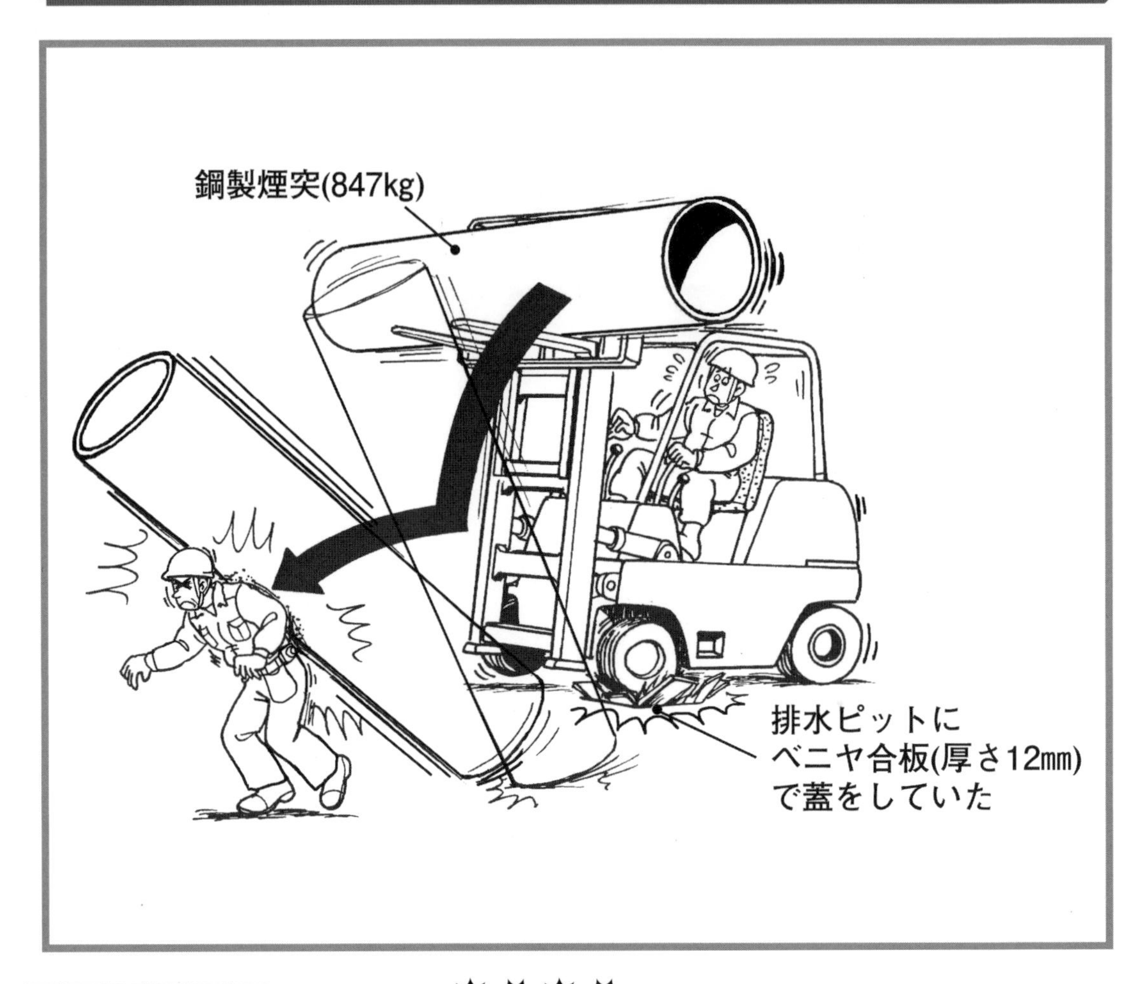

被災者の状況

職種：土工
年齢：45歳
経験年数：1年
請負次数：2次

災害の発生状況

鋼製煙突（φ854×2.85m・847kg）を取付けるため、フォークリフトで運搬しようとしたところ、前輪のタイヤが排水ピットの養生蓋を踏み抜いた衝撃で煙突が落下し、誘導していた作業員に激突した。

同種の作業で予測されるその他の危険性

① フォークリフトがバランスを崩して転倒する
② フォークリフトが走行中に作業員に激突する
③ 荷を積み込む際、マストやフォークに挟まれる

事例 2 取り外した水平ネットが落下し、顔面に激突

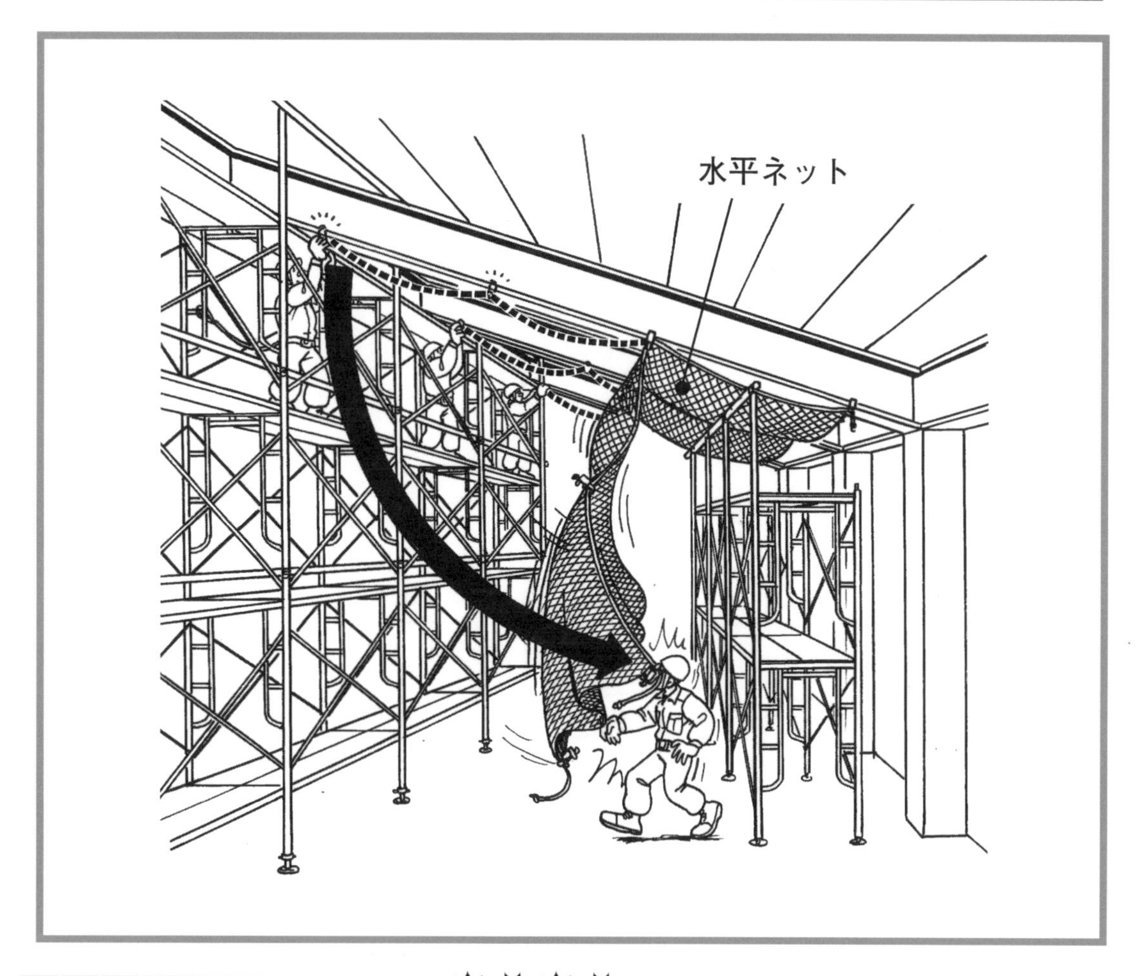

被災者の状況

職種：鉄筋工
年齢：39歳
経験年数：23年
請負次数：１次

災害の発生状況

鉄骨に取り付けた水平ネットを取り外していたところ、外れて勢いのついたネットのロープが通りかかった作業員の顔面に激突し、目の角膜に裂傷を負った。

同種の作業で予測されるその他の危険性

① ネットの取り外し作業中、足場から墜落する
② ネット固定用クランプが外れて落下し、激突する
③ 内部足場がバランスを崩して倒壊する
④ 足場の端部から墜落する

事例3 ダムウェーター*撤去中、カウンターウェイトが落下し激突

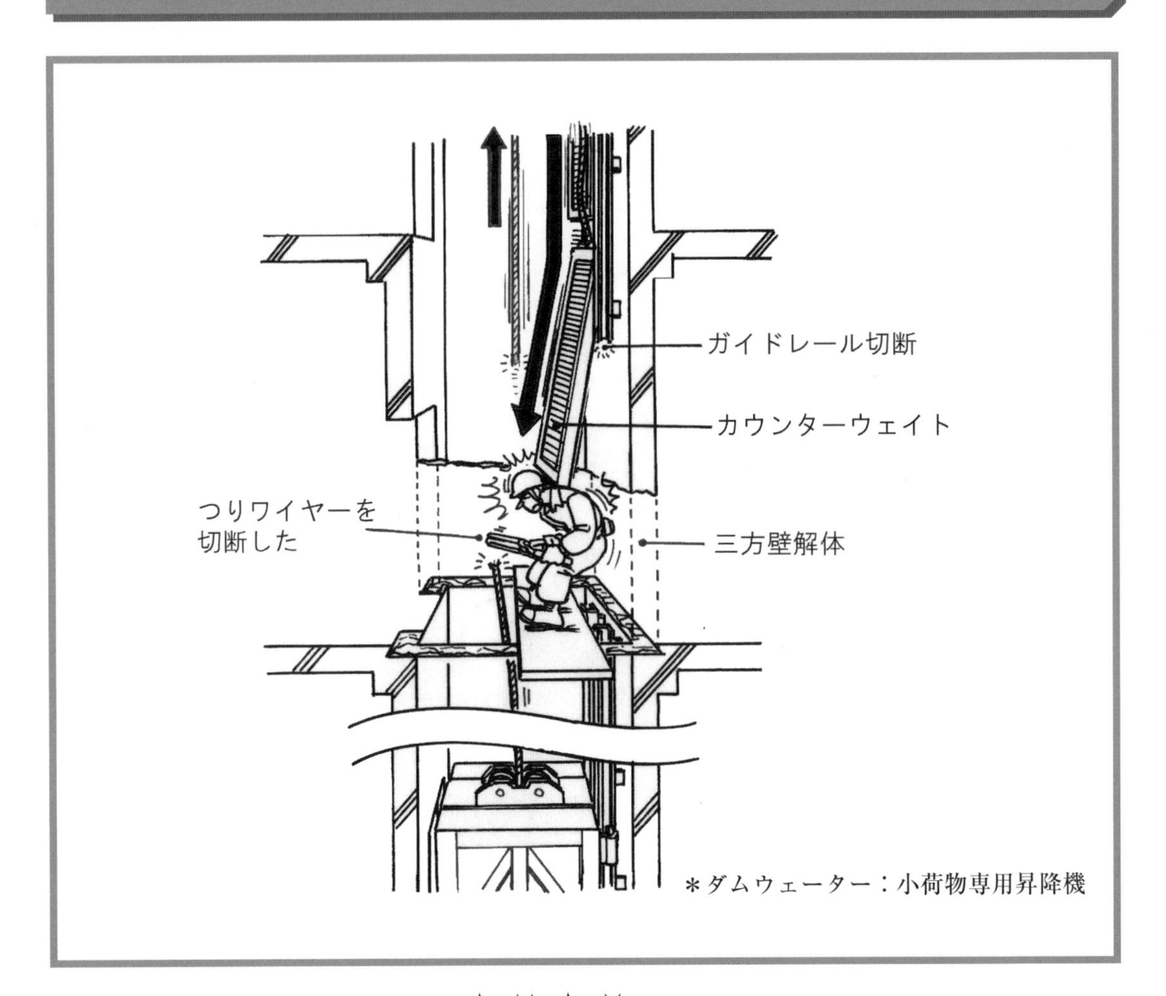

＊ダムウェーター：小荷物専用昇降機

被災者の状況

職種：解体工

年齢：24歳

経験年数：３年

請負次数：２次

災害の発生状況

解体作業中、昇降機シャフトに水平養生を行うため、足場板の設置を行おうとしたが、ワイヤーロープが支障となったため切断したところ、カウンターウェイトが枠とともに落下し、激突した。

同種の作業で予測されるその他の危険性

① 作業員が足を踏み外して開口部内に墜落する

② 昇降機シャフトに解体材、工具等を落下させる

③ 各階のシャフト開口部から作業員が入り込み、墜落する

事例 4 階段を通行中、上階のPC梁が落下し激突

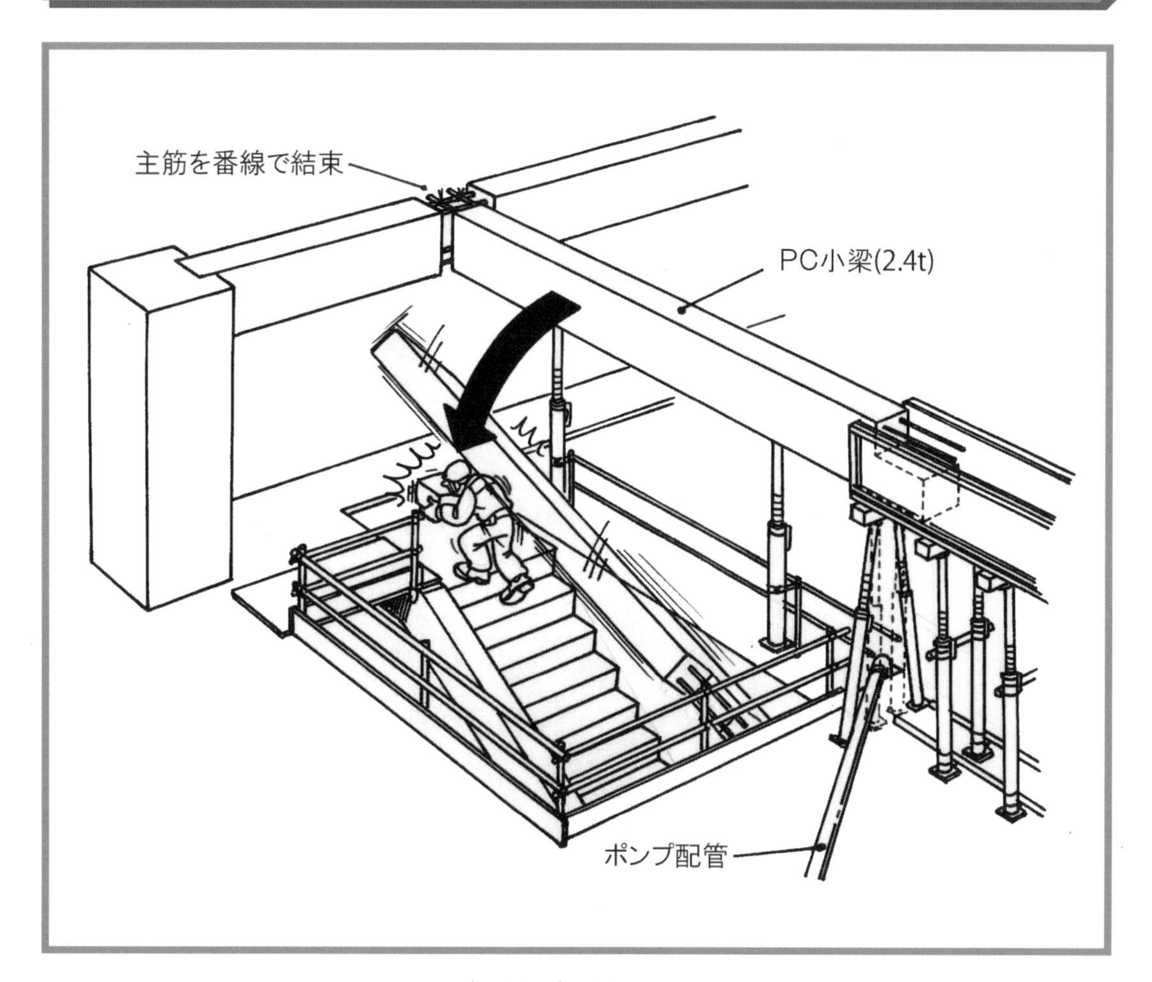

被災者の状況

職種：型枠工
年齢：28歳
経験年数：８年
請負次数：２次

災害の発生状況

ＰＣ小梁（重量2.4ｔ　L=５ｍ）の取付け完了後、立入禁止措置が解除された階段を利用して工具等を運搬していた作業員にＰＣ梁が落下し、激突した。

同種の作業で予測されるその他の危険性

① 梁型枠のサポートが倒壊する
② 階段昇降中に開口部から墜落する
③ スラブ端部の開口部から墜落する

事例 5 つり荷の足場板が荷崩れして落下し、合図者に激突

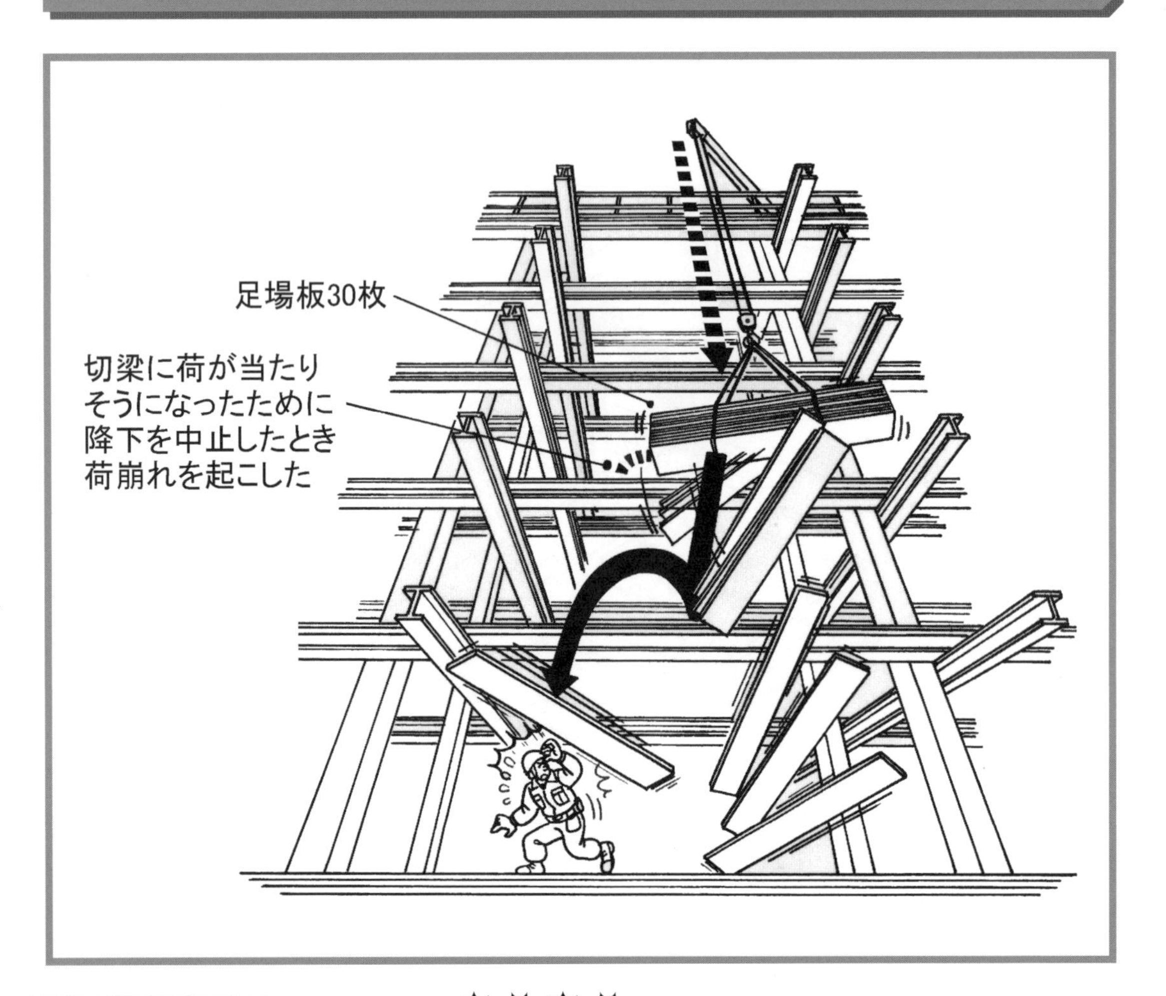

被災者の状況

職種：とび工
年齢：58歳
経験年数：25年
請負次数：１次

災害の発生状況

地下（深さ17.8m）に足場板30枚を下ろす作業中、２段目の切梁に荷が当たりそうになったため、合図者が降下中止の合図をしたところ、突然足場板が玉掛けワイヤロープから外れて落下し、合図者に激突した。

同種の作業で予測されるその他の危険性

① つり荷が鉄骨に引っ掛かり、ワイヤーが破断して荷が落下する
② 地上の開口部から作業員が墜落する
③ つり荷が振れて、玉掛け者に激突する
④ クレーンがバランスを崩して転倒する

事例 6 ベルトコンベヤーがミキサーの縁から落下し激突

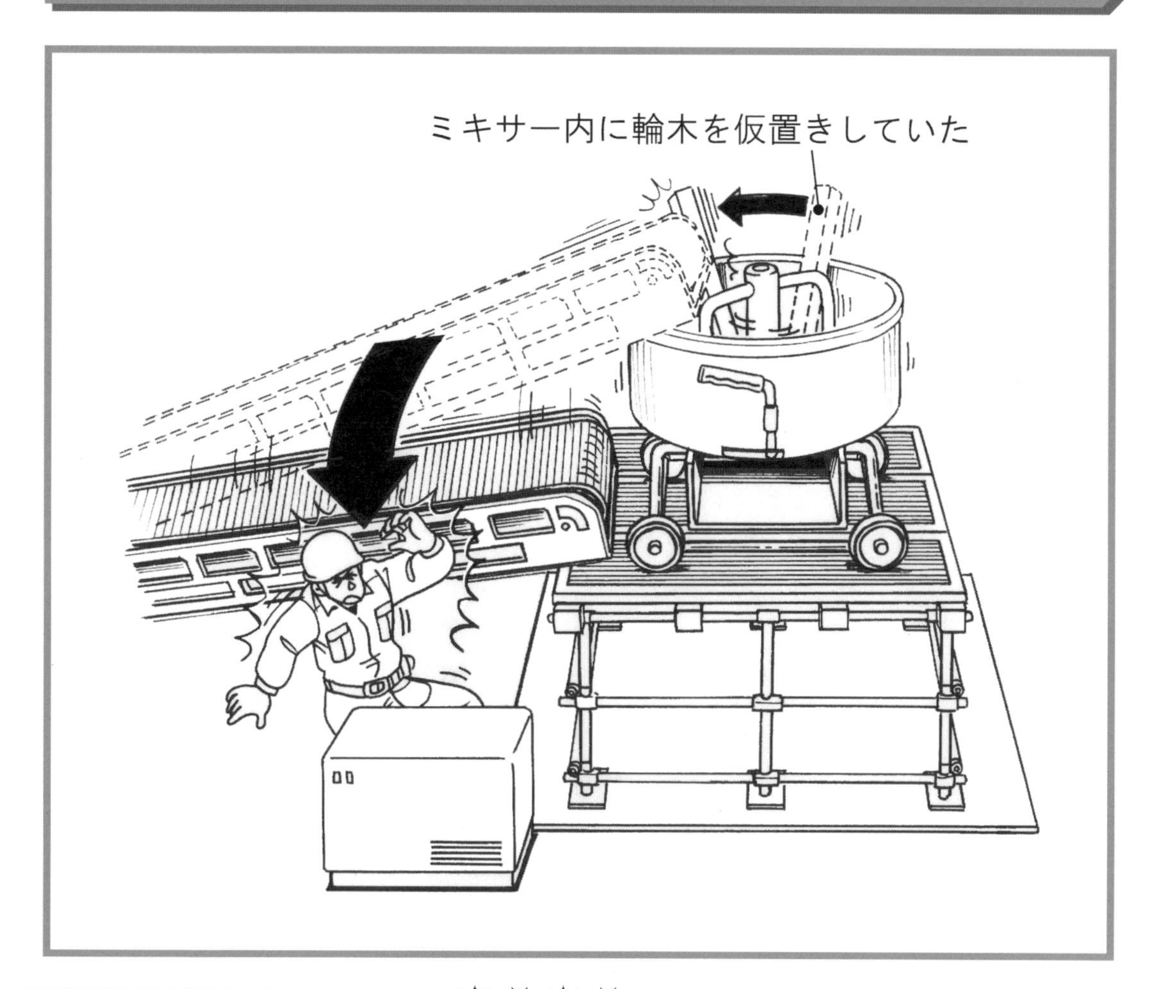

被災者の状況

職種：左官工
年齢：20歳
経験年数：3年
請負次数：2次

災害の発生状況

ベルトコンベヤーをミキサーに立てかけて作動させたところ、ミキサー内に置いてあった角材がベルトコンベヤーに接触し、ベルトコンベヤーがミキサーの縁から落下して作業員に激突した。

同種の作業で予測されるその他の危険性

① 回転中のミキサーに作業員が巻き込まれる
② セメントを投入中、ベルトコンベヤーのプーリーに巻き込まれる
③ 架台に設置したミキサーが転落する

事例 7 荷上げ作業中、つり治具が破損し落下した鉄筋束が激突

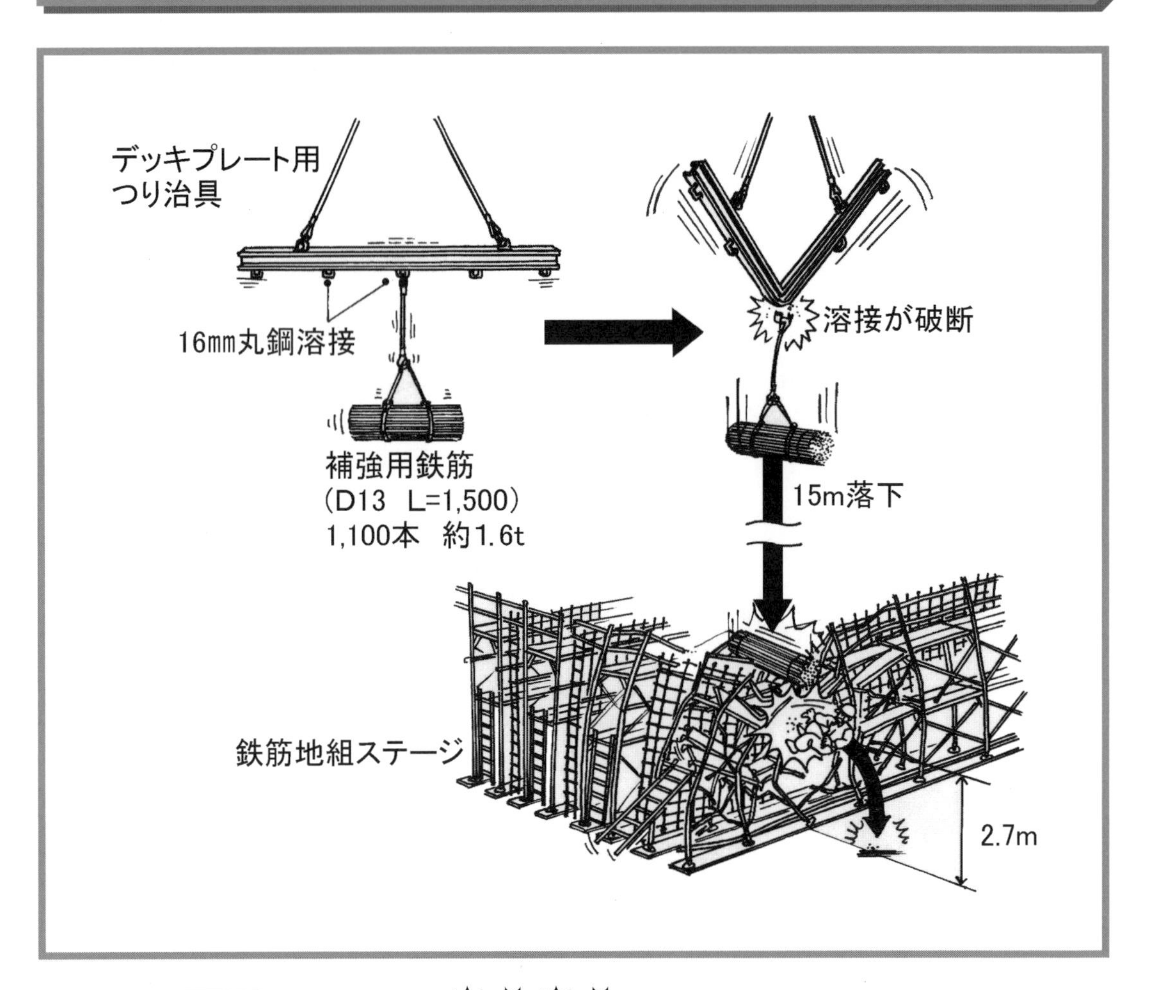

被災者の状況

職種：鉄筋工
年齢：19歳
経験：３ヵ月
請負次数：１次

災害の発生状況

クレーンで鉄筋束（D13、1.6t）を地上より荷上げ中、つり治具が破損したため、鉄筋束が地組ヤードの足場上に落下し、作業員に激突した。

同種の作業で予測されるその他の危険性

① つり治具のフックから玉掛けワイヤーが外れて鉄筋が落下する
② つり荷が振れて作業員に接触し、足場から墜落する
③ 地組ステージから作業員が墜落する

事例 8 天井クレーンで鉄筋を荷下ろし中、ホイストが外れて落下

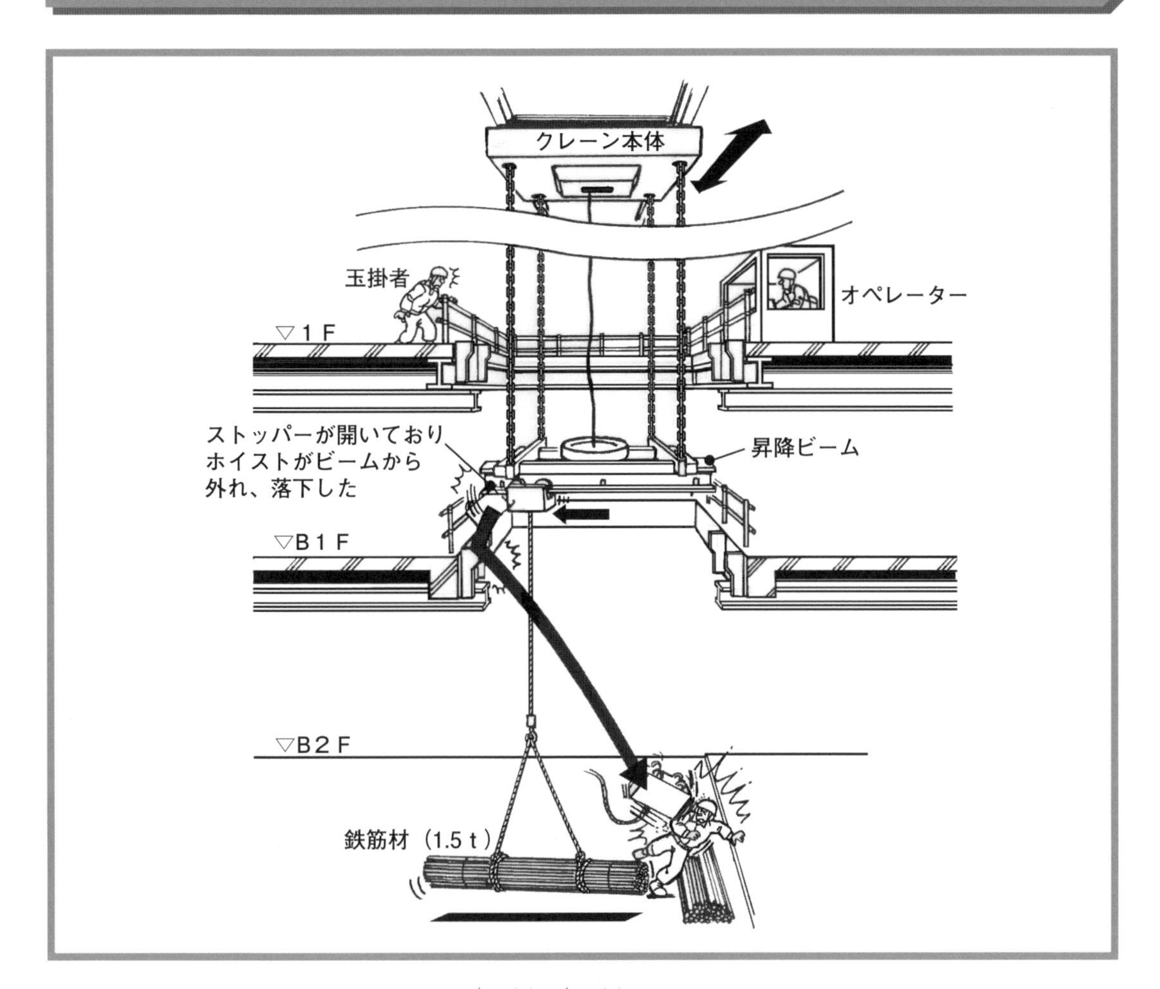

被災者の状況

職種：鉄筋工
年齢：48歳
経験年数：25年
請負次数：１次

災害の発生状況

天井クレーンを使用して開口部から地下２階に鉄筋材（1.5ｔ）の荷下ろし作業を行っていたところ、横移動していたホイストがストッパーを乗り越えて落下し、作業員に激突した。

同種の作業で予測されるその他の危険性

① ワイヤーが破断し、昇降ビームが落下する
② 作業員が開口部から墜落する
③ つり荷が回転し、作業員に激突する

事例 9 廃棄物運搬用コンテナを荷上げ中、底が開いて残材が落下

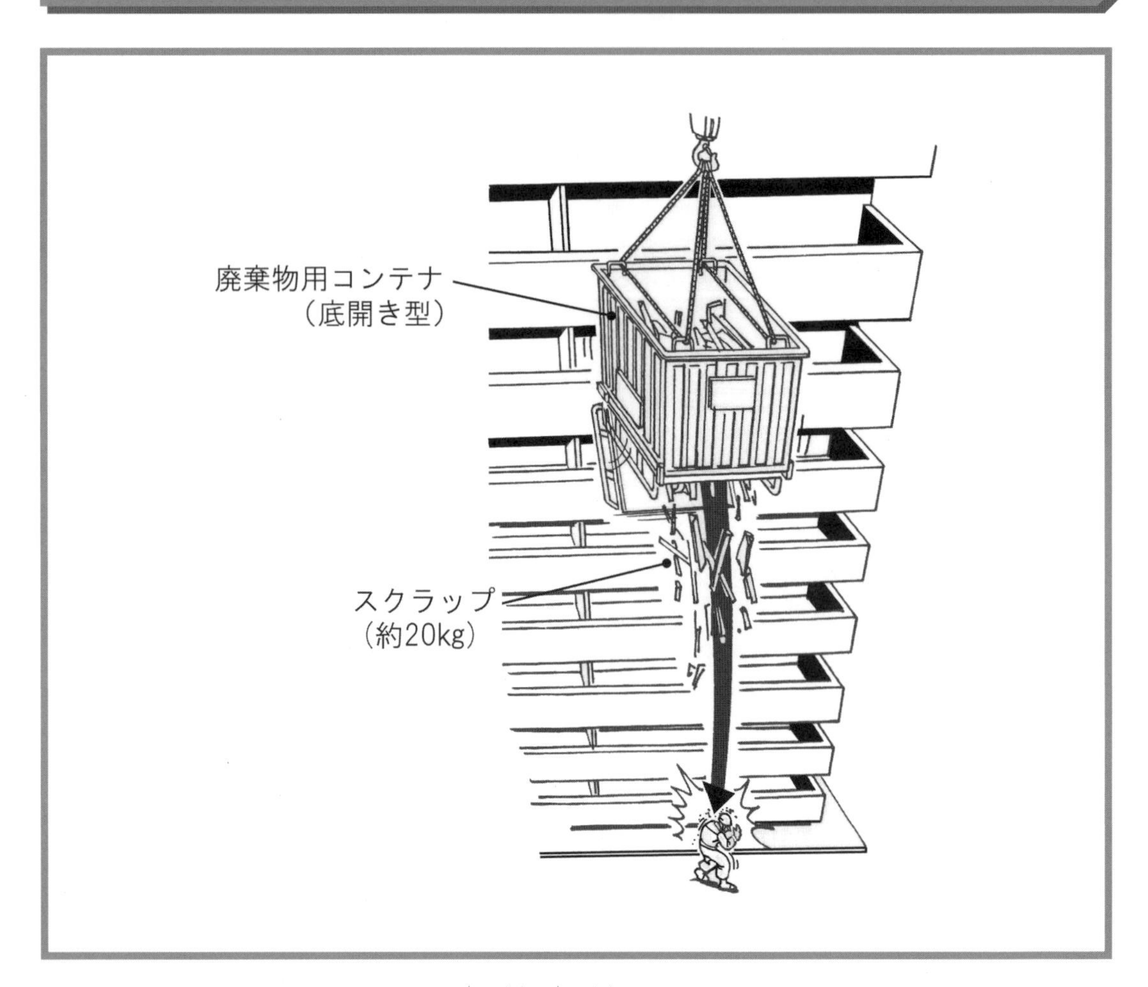

被災者の状況

職種：とび工
年齢：54歳
経験年数：３年
請負次数：１次

災害の発生状況

廃棄物運搬用コンテナ（1m×0.9m・底開き型）をクレーンでつり上げたところ、突然ボックスの底が開き、中のスクラップ（アングル、鉄筋残材等20kg）が落下し、下にいた作業員の頭部に激突した。

同種の作業で予測されるその他の危険性

① 玉掛けワイヤーが破断し、落下したコンテナに激突する
② 積み荷のスクラップがコンテナから落下し、激突する
③ コンテナをつり上げる作業中、コンテナが振れて激突する

事例 10 つり荷のフレコンバッグの番線がほどけて落下し激突

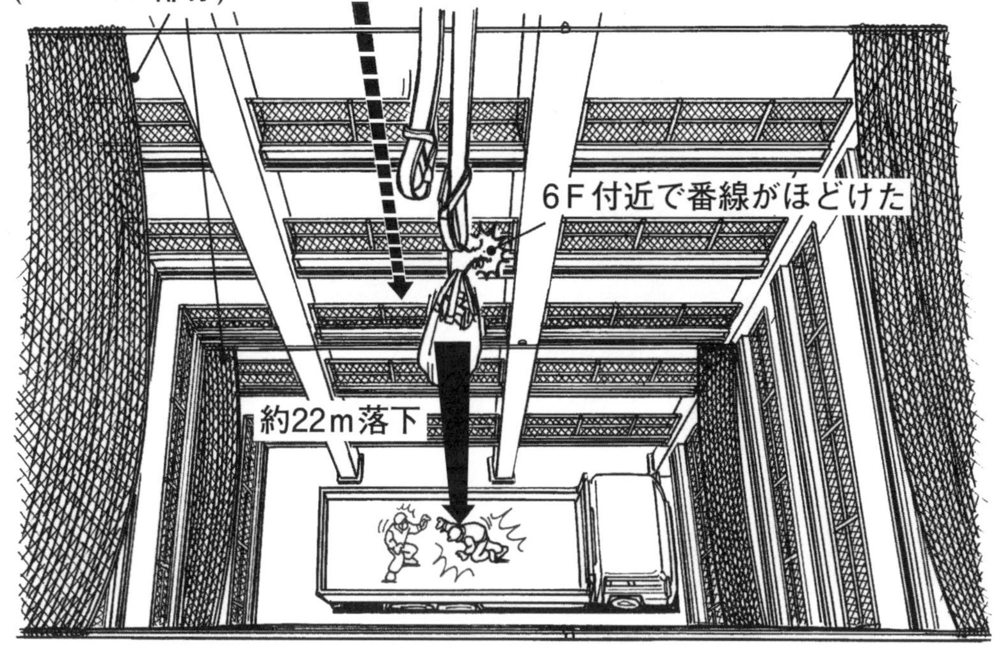

＊フレコンバッグ＝フレキシブルコンテナバッグ

被災者の状況

職種：ALC工
年齢：33歳
経験年数：18年
請負次数：２次

災害の発生状況

枕木２本をフレコンバッグに入れ、ナイロンスリングのアイ部分に番線で縛り付けて荷下ろしをしようとしたところ、固定していた番線がほどけ、落下したフレコンバッグが荷台上にいた作業員に激突した。

同種の作業で予測されるその他の危険性

① フレコンバッグが破れ、資材が落下する
② ベルトスリングが破断し、つり荷が落下する
③ トラック荷台から転落する

事例 11

単管パイプをクレーンで荷上げ中、荷崩れしたパイプが落下

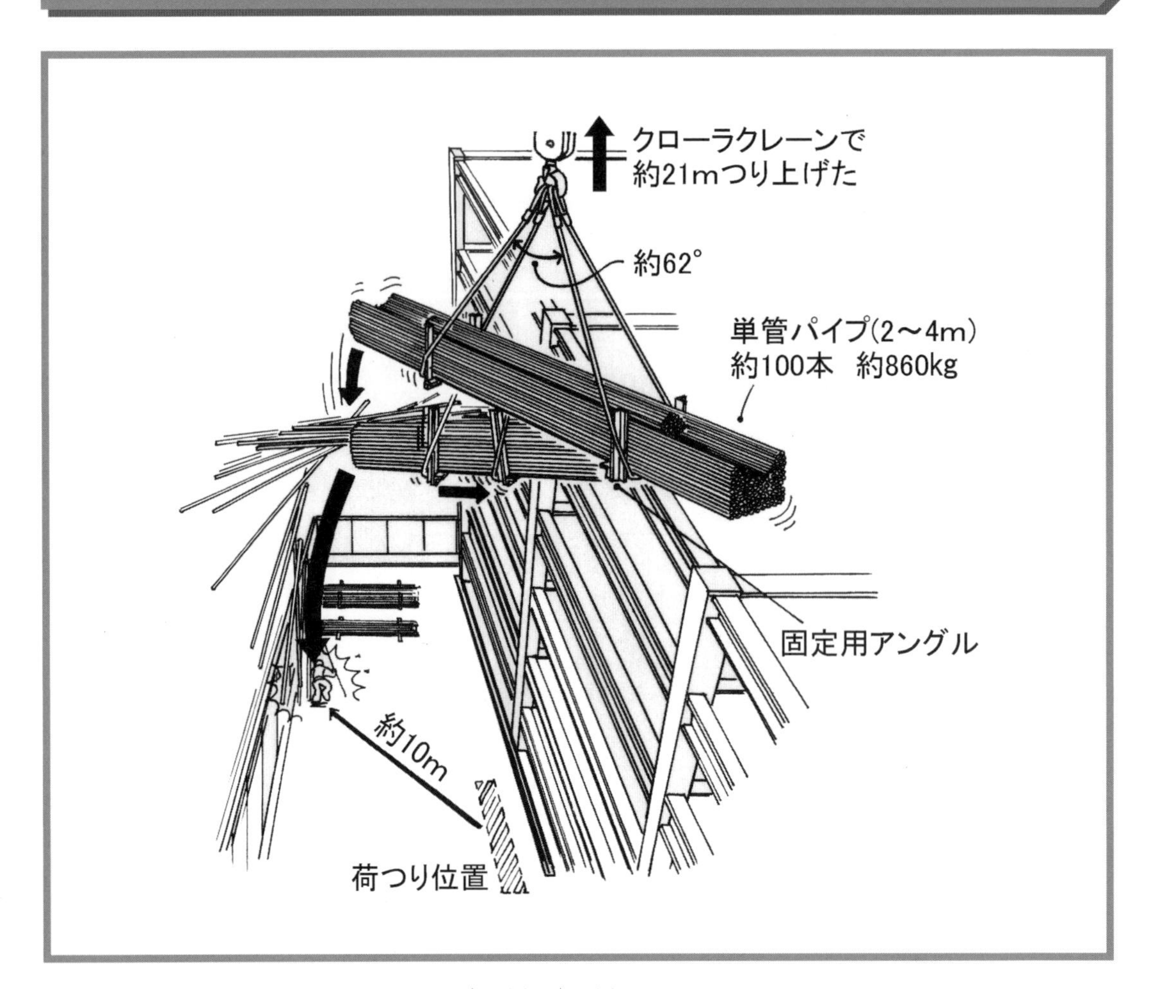

被災者の状況

職種：型枠解体工

年齢：20歳

経験年数：2年

請負次数：2次

災害の発生状況

２階バルコニーに集積してあった単管パイプ（L＝2～4ｍ、約100本、重量約860kg）を荷上げするため、単管パイプのハンガーに玉掛けしてつり上げたところ、ハンガーが滑って荷崩れし、パイプが落下した。

同種の作業で予測されるその他の危険性

① 玉掛け作業中、アングルに手指を挟まれる

② 上部の玉掛け者や合図者が開口部から墜落する

③ 玉掛けワイヤーが破断し、つり荷を落とす

事例12 建柱車のオーガースクリューが落下し激突

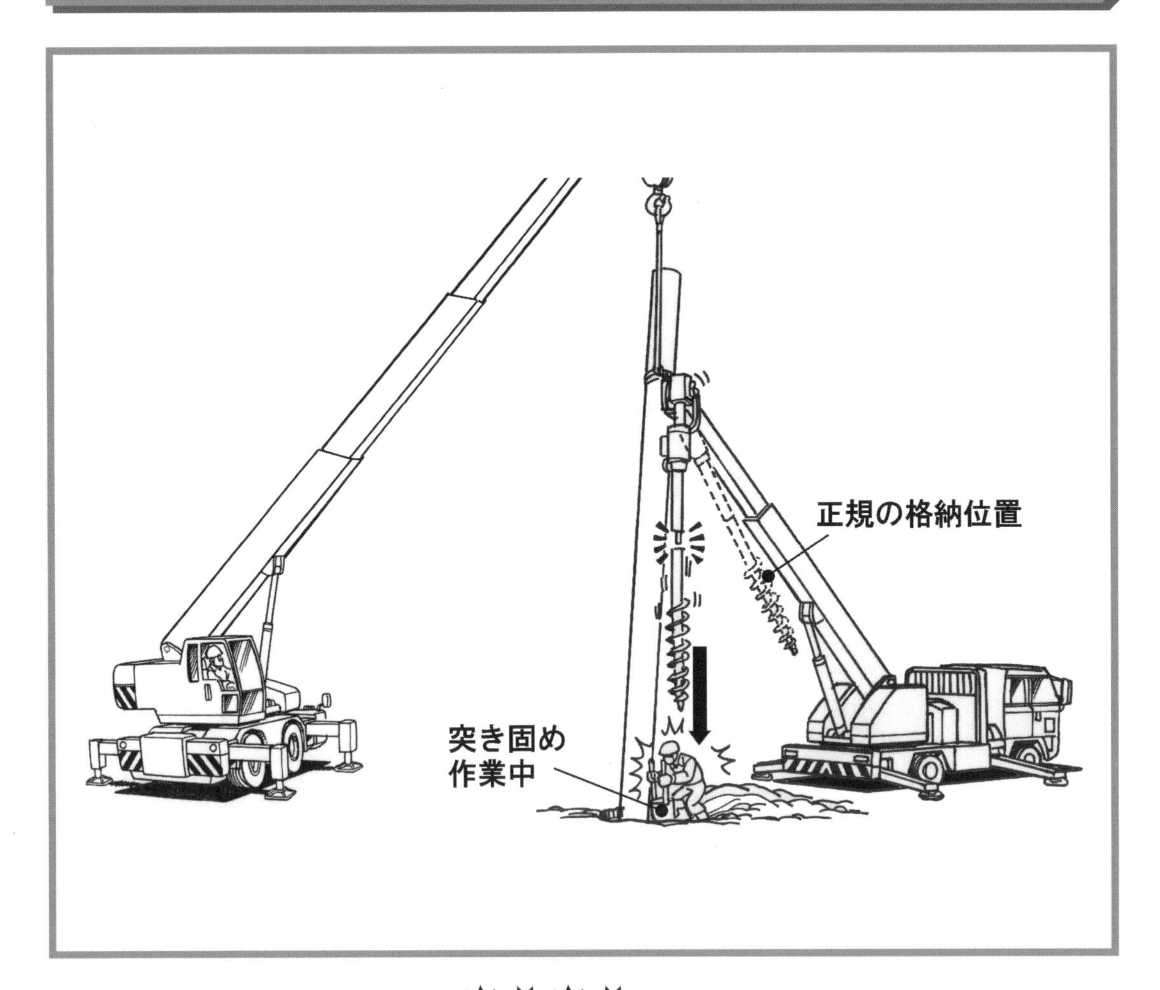

被災者の状況

職種：土工
年齢：28歳
経験年数：７年
請負次数：３次

災害の発生状況

建柱車で建て込んだＰＣ柱の建て直し中、オーガースクリューが突然落下し、柱の根元の突き固め作業を行っていた作業員の背中に激突した。

同種の作業で予測されるその他の危険性

① 建柱車、移動式クレーンがバランスを崩して転倒する
② オーガースクリューに付着した土砂が落下し、激突する
③ 玉掛けワイヤーが外れ、柱が倒壊する
④ 玉外し作業中、柱から墜落する

事例 13 タワークレーンの解体中、ワイヤーが切断してつり荷が落下

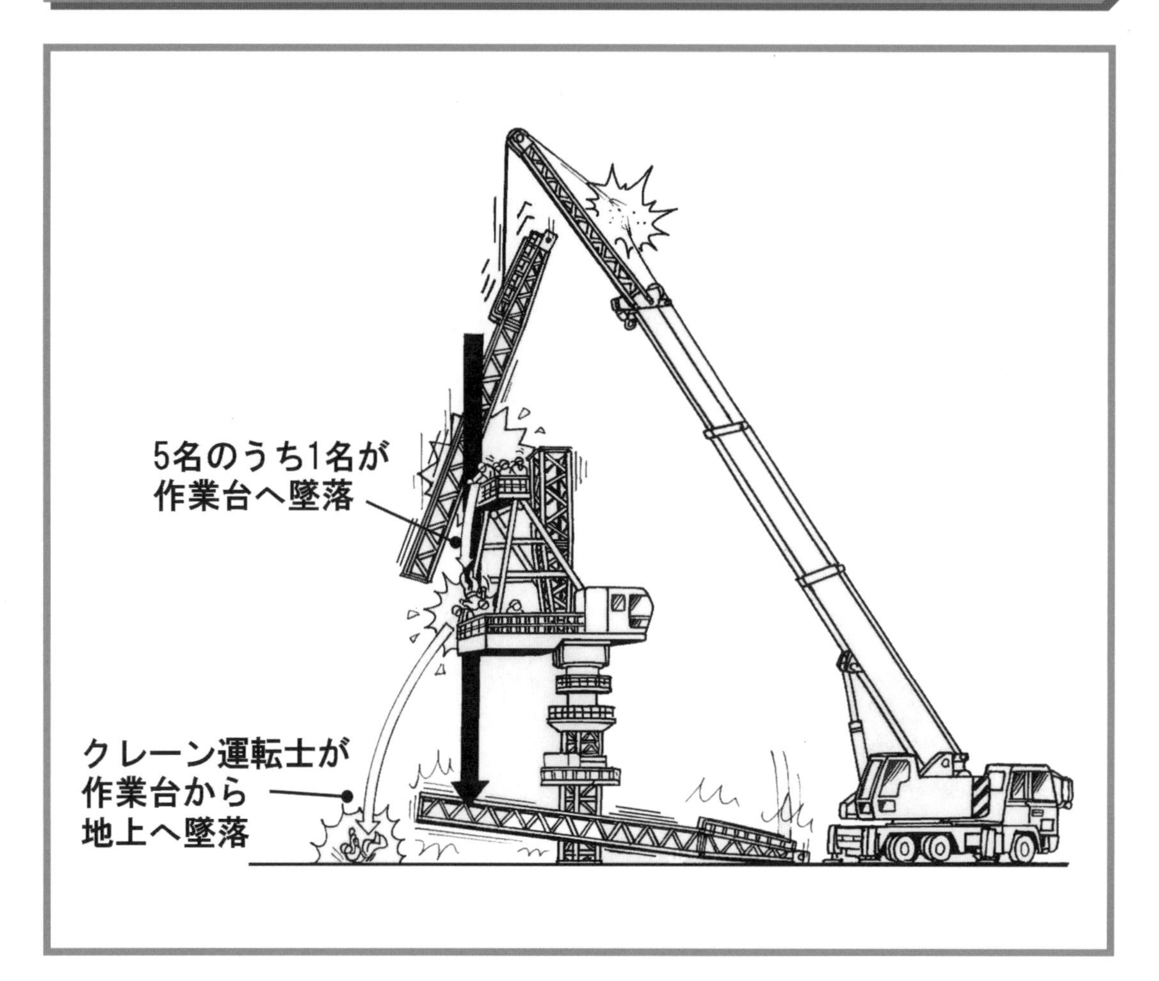

被災者の状況

職種：とび工
年齢：27歳
経験年数：６年
請負次数：２次

災害の発生状況

タワークレーンの解体作業を行っていた際、メインブームを移動式クレーンでつり上げたところ、移動式クレーンの補助ジブの巻上げ用ワイヤーロープが破断し、つっていたメインブームが落下した。

同種の作業で予測されるその他の危険性

① タワークレーン作業台に昇降中、墜落する
② つり荷が振れて作業員に激突する
③ 移動式クレーンがバランスを崩して転倒する

事例 14 シールドマシンの解体中に部材が落下し激突

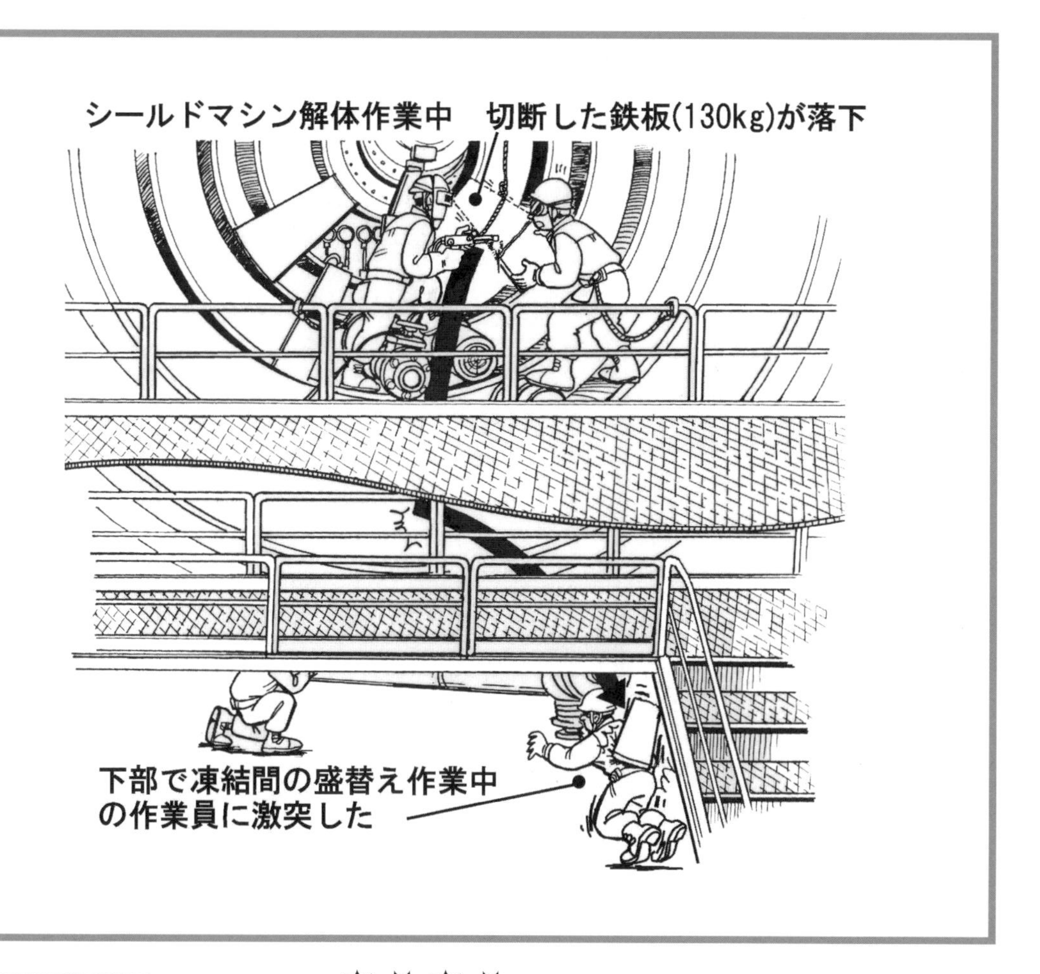

被災者の状況

職種：土工
年齢：21歳
経験年数：１年
請負次数：１次

災害の発生状況

シールドマシンの解体作業中、マシンセンターの補強リブを切断したところ、切断した鉄板（130kg）がワイヤーから抜け落ち、マシン下部にいた作業員に激突した。

同種の作業で予測されるその他の危険性

① シールドマシンのアタッチメントが落下し、激突する
② シールドマシンの部材に手を挟まれる
③ シールドマシンの開口部から墜落する

事例 15 クレーンのフックが引っかかり、覆工板が落下し激突

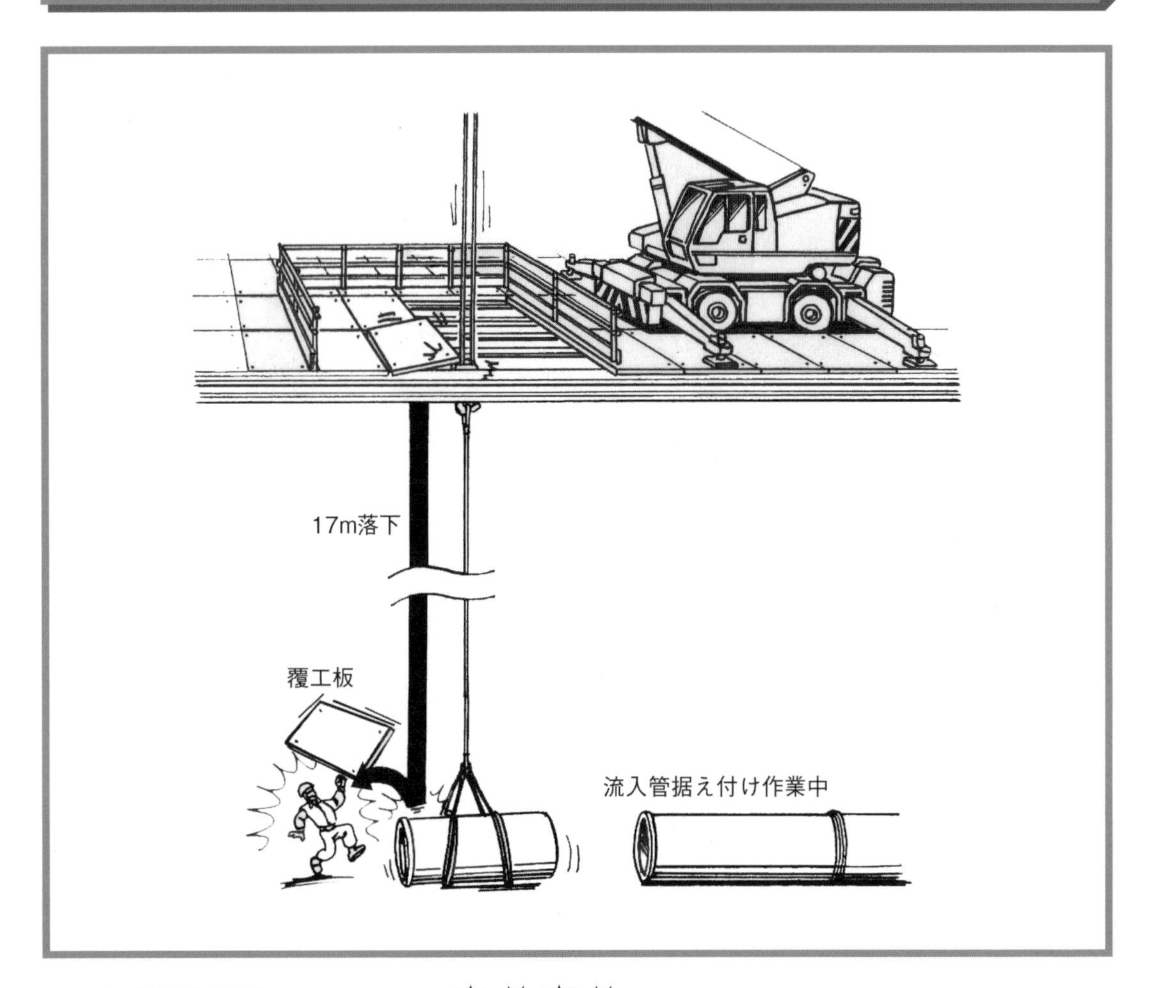

被災者の状況

職種：土工
年齢：42歳
経験年数：８年
請負次数：１次

災害の発生状況

地下に鋳鉄管（径1200、長さ3.5m、重量1.64ｔ）を構台上の移動式クレーン（45ｔ）で据え付ける作業中、管をつり上げていたクレーンのフックが覆工板に引っかかり、落下した覆工板がバウンドして作業員に激突した。

同種の作業で予測されるその他の危険性

① 覆工板の設置、撤去中に作業員が開口部から墜落する
② つり荷が振れて作業員に激突する
③ ワイヤーが切れてつり荷が落下する
④ 移動式クレーンの旋回中に作業員が挟まれる

事例 16 コンクリートスラブが崩壊、コンクリート片が落下し激突

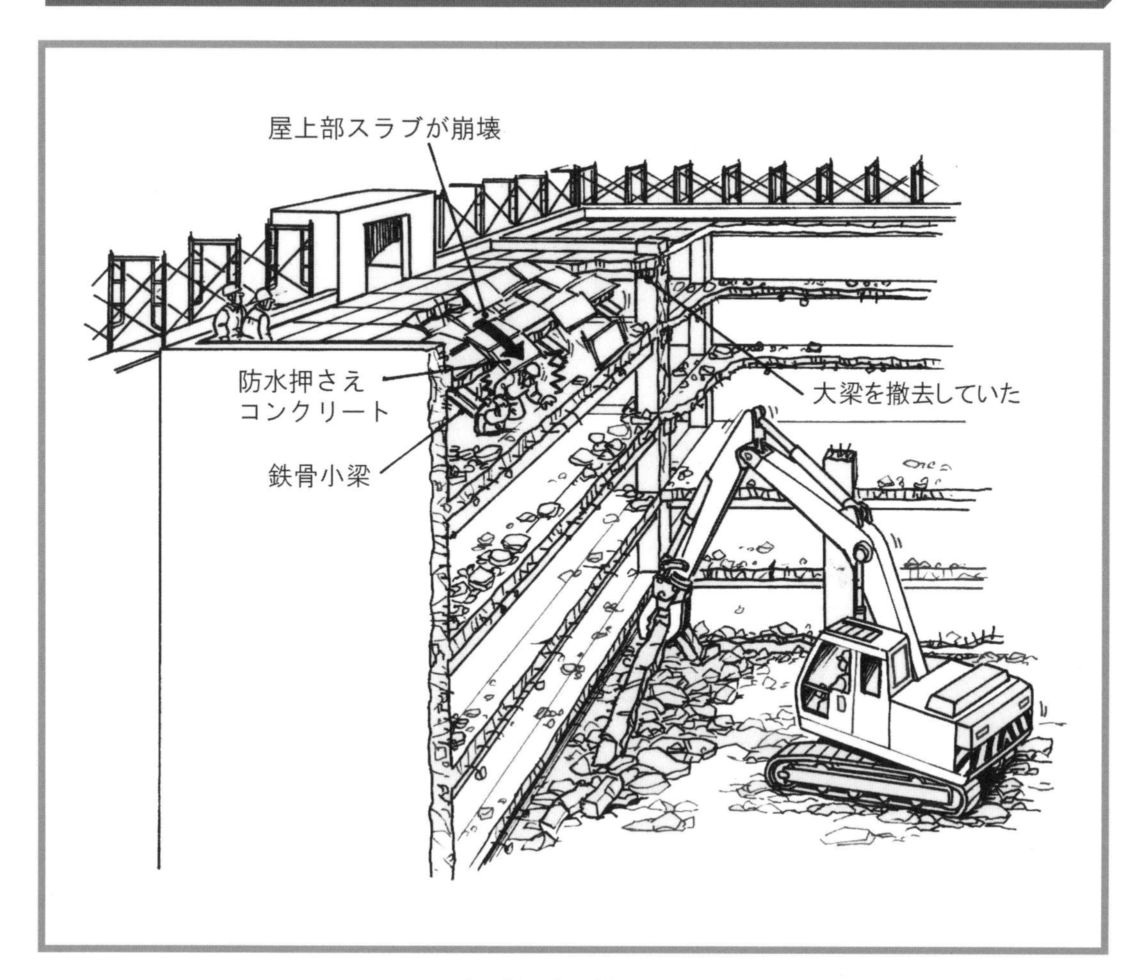

被災者の状況

職種：解体工
年齢：59歳
経験年数：40年
請負次数：３次

災害の発生状況

鉄骨大梁を解体中、屋上スラブの状態を確認するためスラブ下に立ち入った際、コンクリートスラブが崩壊し、落下してきた防水押さえコンクリートの破片が激突した。

同種の作業で予測されるその他の危険性

① 解体中の建物がバランスを崩して外側に崩壊する
② 作業員が開口部（屋根、スラブ等）から墜落する
③ 崩壊したコンクリート片が落下して解体機に激突する
④ 解体機が残材に乗り上げ、バランスを崩して転倒する

飛来・落下災害防止の主なポイント

① 鉄骨をつり上げる際に使用するクランプは、鋼材の自重により把持力を増加させる仕組みとなっていますが、取扱い方法によっては外れるケースがあるため、使用する前に十分習熟する必要があります。荷をつり落とす原因の大半は、取扱い上の誤りと部品の摩耗による把持力の低下によるものと思われます。特にカム（歯板）と回転顎は、使用に伴い摩耗が進んで摩擦係数が低下し、クランプが外れる等の危険な状態となりますので、日頃の点検・整備が重要となります。

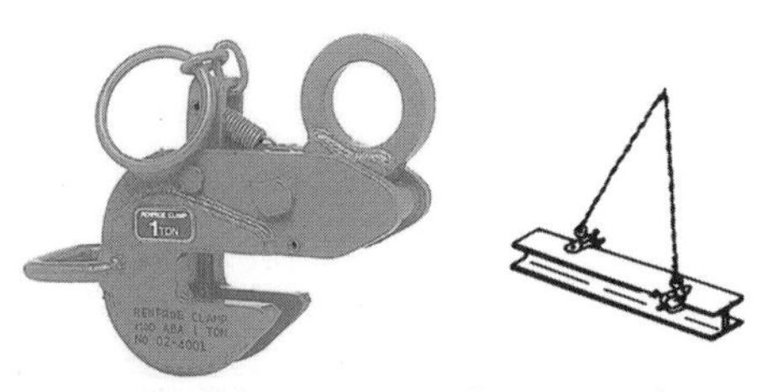

鋼材を噛み込むタイプのクランプ

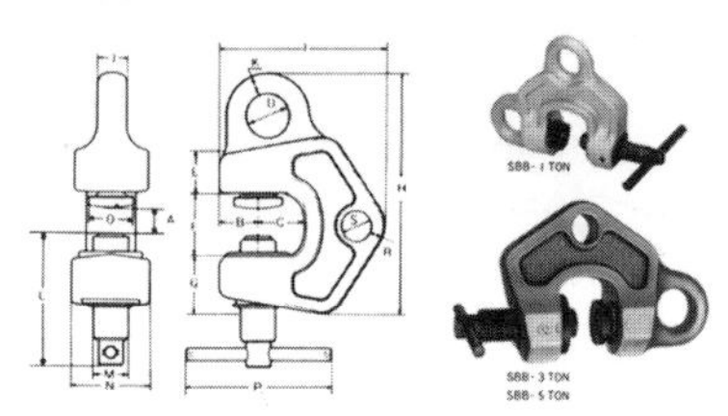

ネジで締め上げるタイプのクランプ

② つり荷が足場に接触するなどして無負荷状態になると、ワイヤーのアイ部が立ち上がってフックから外れるおそれがあります。まず、胴縁など長尺になる資材は、つりビーム（図１）などを用いてつり荷の振れを少なくし、かつ、ワイヤーがフックから外れることを防ぐためリング付の玉掛け用具（図２）を用意するなどの事前準備が必要となります。

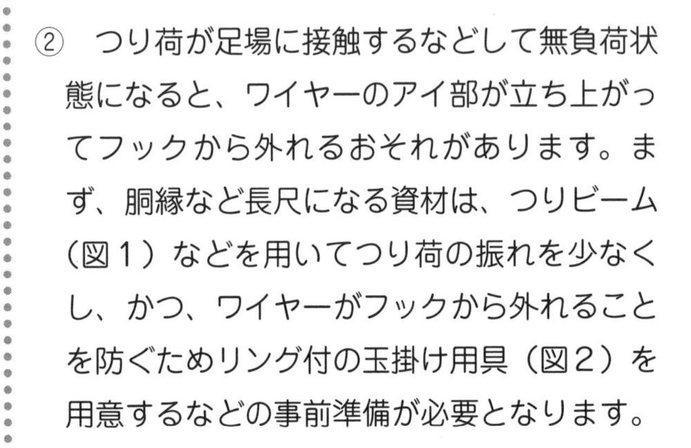

図１

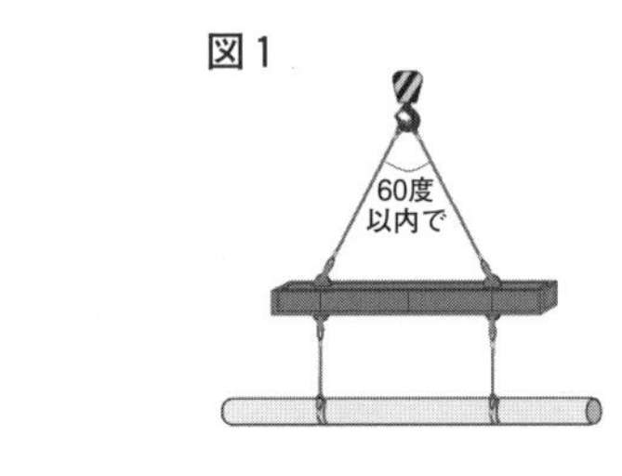

図２

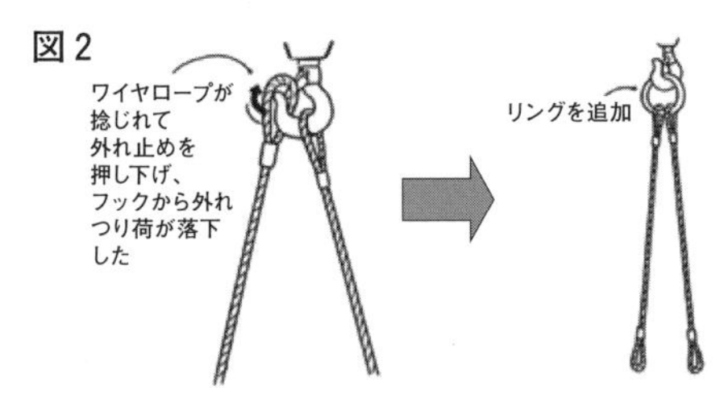

③ ベルトスリングはナイロンやポリエステル製の製品が主に使用されていますが、紫外線による光劣化が生ずることに注意する必要があります。屋外で使用する場合、耐候性ナイロンは１年で50％、ポリエステルは20％の強度低下のおそれがあるため、保管する場合は直射日光を避けるなど、管理には十分注意する必要があります。

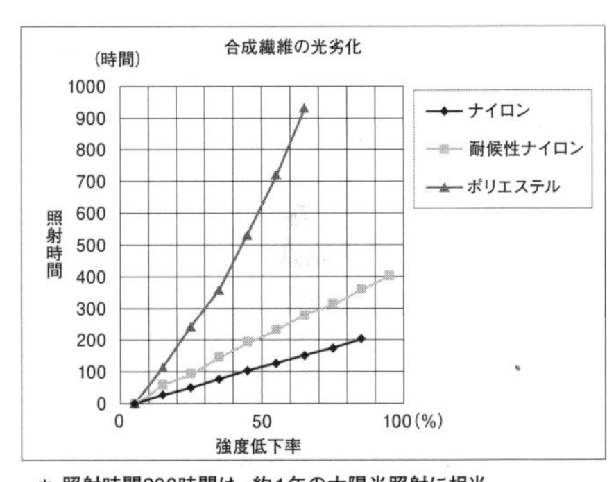

＊ 照射時間200時間は、約1年の太陽光照射に相当

4. 崩壊・倒壊災害

建設業における崩壊・倒壊災害は、法面の整形や溝掘削等で発生が懸念される地山の崩壊、鉄骨の組立て、型枠支保工の組立て·解体、足場の組立て·解体、構造物解体作業における倒壊、立て掛けた資材等の倒壊が多数報告されており、過去に発生した災害が繰り返されているように思います。

崩壊・倒壊災害は、他の災害の型に比べて、一旦発生すると複数の作業員が巻き込まれて重大災害につながるケースも多いため、事前に仮設構造物の構造計算等を行い、慎重に施工を進めなければならない作業もあります。

また、鉄骨建方作業においては、崩壊·倒壊災害発生を防止するためには、ムリな作業工程、不適切な作業方法、実態に合わない作業手順、余裕のない地組ヤード（荷捌きスペース）等の間接的な危険源を排除することに加え、クレーンの操作や玉掛け作業方法の誤り、合図者・指揮者の不在等の直接的な危険源を排除することが肝要となります。

また、現場では、本来の作業に関連して、さまざまな資材を撤去したり、移動や運搬する作業が行われますが、限られた空間（狭あいな場所等）で厳しい作業を強いられることも多く、特に鉄骨等の重量のある資材やボード類等の荷の取扱いは、荷役作業と同様に専門的な知識や経験がある作業員の配置が重要となります。加えて、多様な形状をした建設用資材を取り扱う際に、資材の安定を確保しながら作業を進める方法の検討が倒壊災害を防ぐポイントとなります。

土砂崩壊災害

地山の崩壊は、地山掘削する際の法勾配が不適切であったり、法肩に掘削残土を仮置きしたり、地山の点検が行われなかったといった原因によって発生しています。

地山の形状、地質及び地層の状態を事前によく確かめ、掘削面の亀裂や湧水の状態がないか点検し、併せて周辺の埋設物等の有無や状態を確認しておくことが大切です。

事例 1 埋め戻し作業中、作業員が掘削土砂に埋もれた

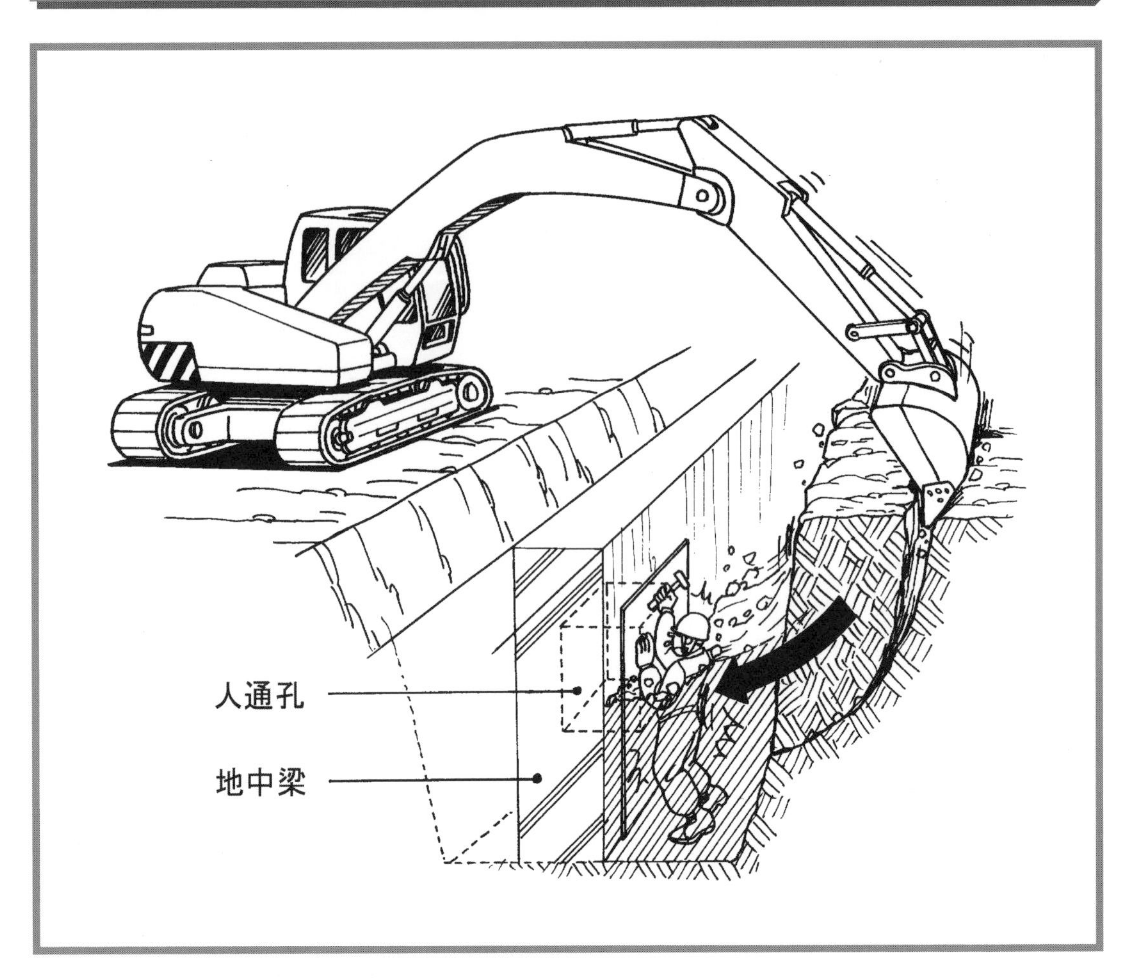

被災者の状況

職種：土工
年齢：46歳
経験年数：２年
請負次数：２次

災害の発生状況

基礎貫通孔に土が入るのを防ぐため、ベニヤ養生を行っていた作業員に気づかずに、バックホウのオペレーターが地山を崩したため作業員が土砂に埋もれた。

同種の作業で予測されるその他の危険性

① 地山が崩壊し、バックホウが転落する
② 作業員が法肩から転落する
③ 掘削断面内への昇降中に作業員が転落する
④ バックホウに作業員が激突する

事例 2　雨水配水管を敷設中、地山が崩壊

被災者の状況

職種：土工
年齢：53歳
経験年数：15年
請負次数：３次

災害の発生状況

掘削底面で、作業員２人が雨水排水管の敷設作業を行っていたところ、地山が崩壊し、作業員１人が土砂の下敷きとなった（１人は退避できた）。

同種の作業で予測されるその他の危険性

① 地山が崩壊し、仮設フェンスが倒壊する
② 作業員が法肩から転落する
③ 資機材が落下し、作業員に激突する

事例 3

簡易土止め板を設置中、地山が崩壊

被災者の状況

職種：土工
年齢：55歳
経験年数：20年
請負次数：２次

災害の発生状況

法面の土砂崩落を防止するため、法尻に簡易土止め板を設置していたところ、法面が崩壊したため押し倒され、作業員が既存の杭との間に挟まれた。

同種の作業で予測されるその他の危険性

① 作業員が法肩から転落する
② 底盤の差し筋に激突する
③ 斜面を昇降中、転落する

鉄骨の倒壊災害

鉄骨建方作業で危険度が最も高まるのが、柱の設置作業です。柱の四方に固定用ロープを張り、確実に自立を確保しながら梁の設置作業を進める必要がありますが、梁の固定作業中にワイヤーを緩めすぎることによって柱が倒壊する場合があります。

また、鉄骨を組み上げる際に下層階から順に本締めせず、一気に最上階まで建て方を進めてしまうことによる崩壊も過去に発生しています。作業計画に基づいた慎重な作業が何より肝心です。

事例

1 鉄骨梁を玉掛け中、梁が倒壊

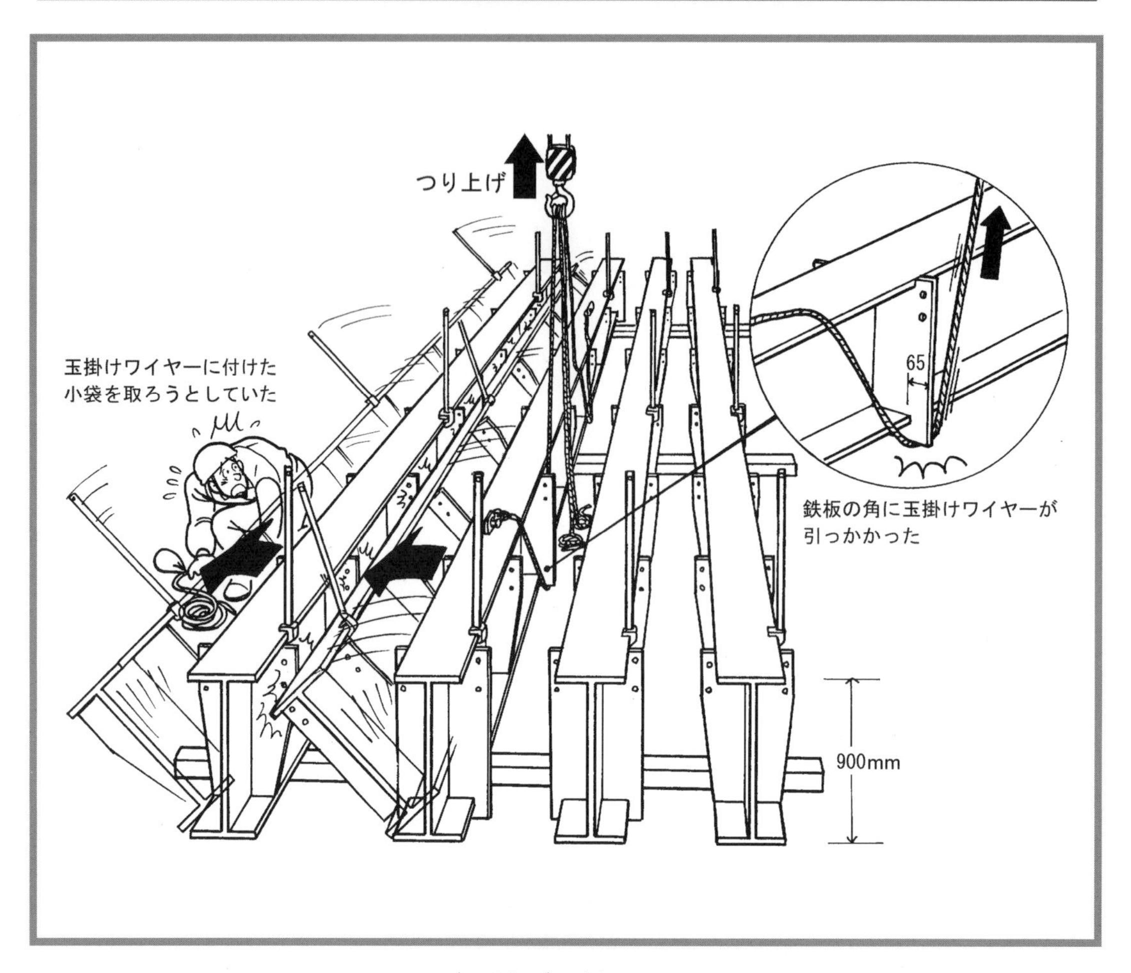

被災者の状況

職種：とび工
年齢：53歳
経験年数：30年
請負次数：５次

災害の発生状況

仮置きした鉄骨をタワークレーンでつり上げようとしたところ、玉掛けワイヤーが梁に溶接された鉄板の角に引っ掛かって倒壊し、片付け作業を行っていた作業員が下敷きになった。

同種の作業で予測されるその他の危険性

① 玉掛けワイヤーが破断し、鉄骨が落下する
② 玉掛け者が移動中、鉄骨が倒れて挟まれる
③ 仮置きヤードを移動中、りん木（枕木）につまずき、転倒する
④ 玉掛け作業中、鉄骨がぶれて激突する

事例 2 梁取付け作業中、鉄骨柱が倒壊

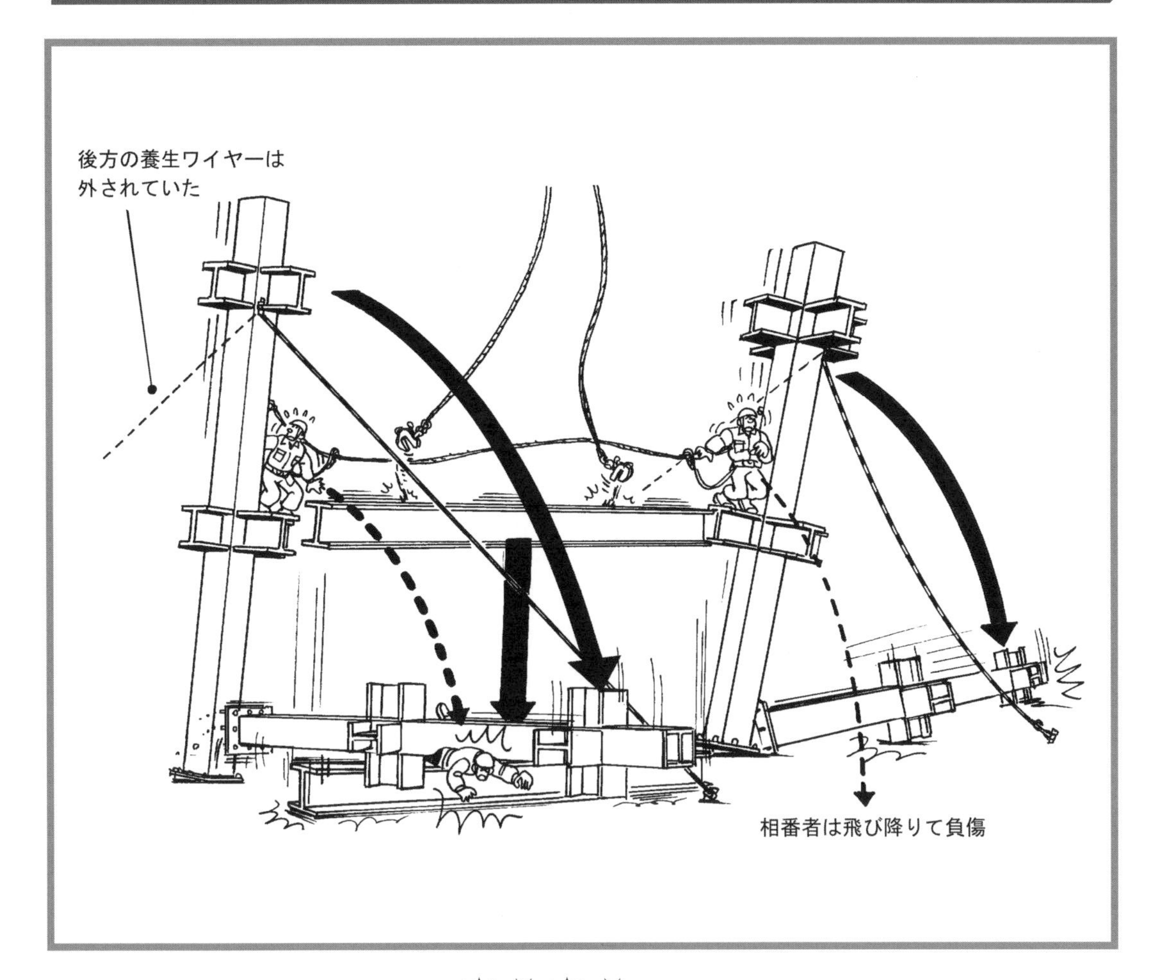

被災者の状況

職種：とび工
年齢：19歳
経験年数：３年
請負次数：３次

災害の発生状況

鉄骨建方作業を行っていた作業員が、大梁を取り付けるために控えワイヤーを締めたところ、後方のワイヤーが外されていたため、柱が倒壊し、作業員が挟まれた。

同種の作業で予測されるその他の危険性

① 梁を取り付ける作業中、バランスを崩して墜落する
② 柱を昇降中、足を踏み外して墜落する
③ 玉掛け作業中、荷がぶれて激突する

事例

3 鉄骨建て方中、上部から鉄骨が崩壊

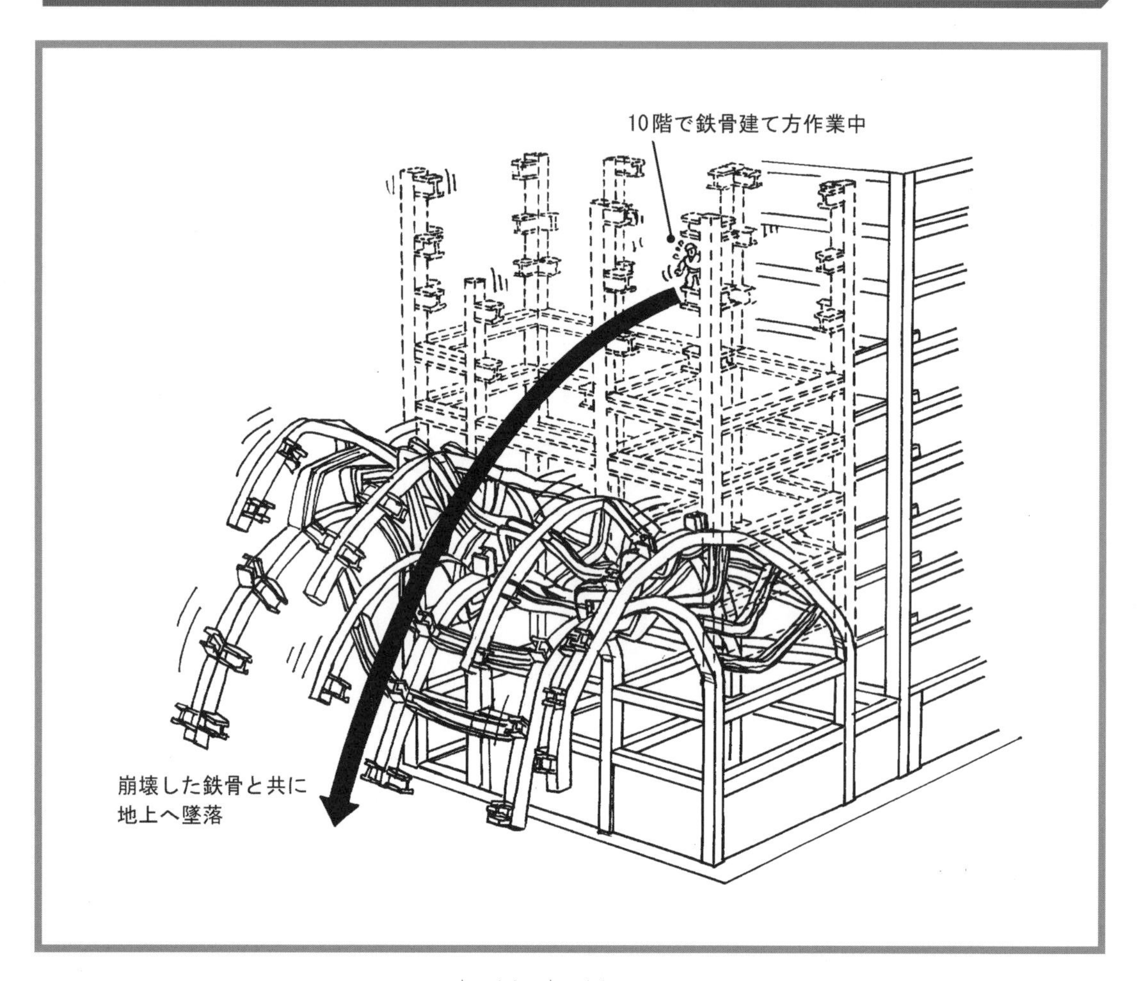

被災者の状況

職種：とび工

年齢：19歳

経験年数：２年

請負次数：４次

災害の発生状況

ＳＲＣ造の鉄骨建方中、最上階の鉄骨が傾き始め、下層の鉄骨がゆっくりと弓なりになった後、道路に覆い被さるように倒壊し、作業員が墜落し下敷きとなった。

同種の作業で予測されるその他の危険性

① 梁取付け作業中に墜落する

② 柱・梁上を移動中に墜落する

③ 部材、工具を落下させ、作業員に激突する

事例 4 親杭を切断作業中、杭が倒壊

被災者の状況

職種：型枠大工
年齢：44歳
経験年数：４年
請負次数：２次

災害の発生状況

基礎掘削工事（H＝９m）の進捗に合わせて、既存建物地下接続部に残っていた土止め用親杭（H鋼）及び横矢板の撤去作業を行うため、H鋼をガスにより切断していたところ、H鋼が倒壊し、下敷きとなった。

同種の作業で予測されるその他の危険性

① H鋼に付着した土砂が落下し、作業員に激突する
② ガス切断機の火花でやけどする
③ 資材につまずいて転倒する

事例 5

架台に仮置きした鉄骨梁が落下し激突

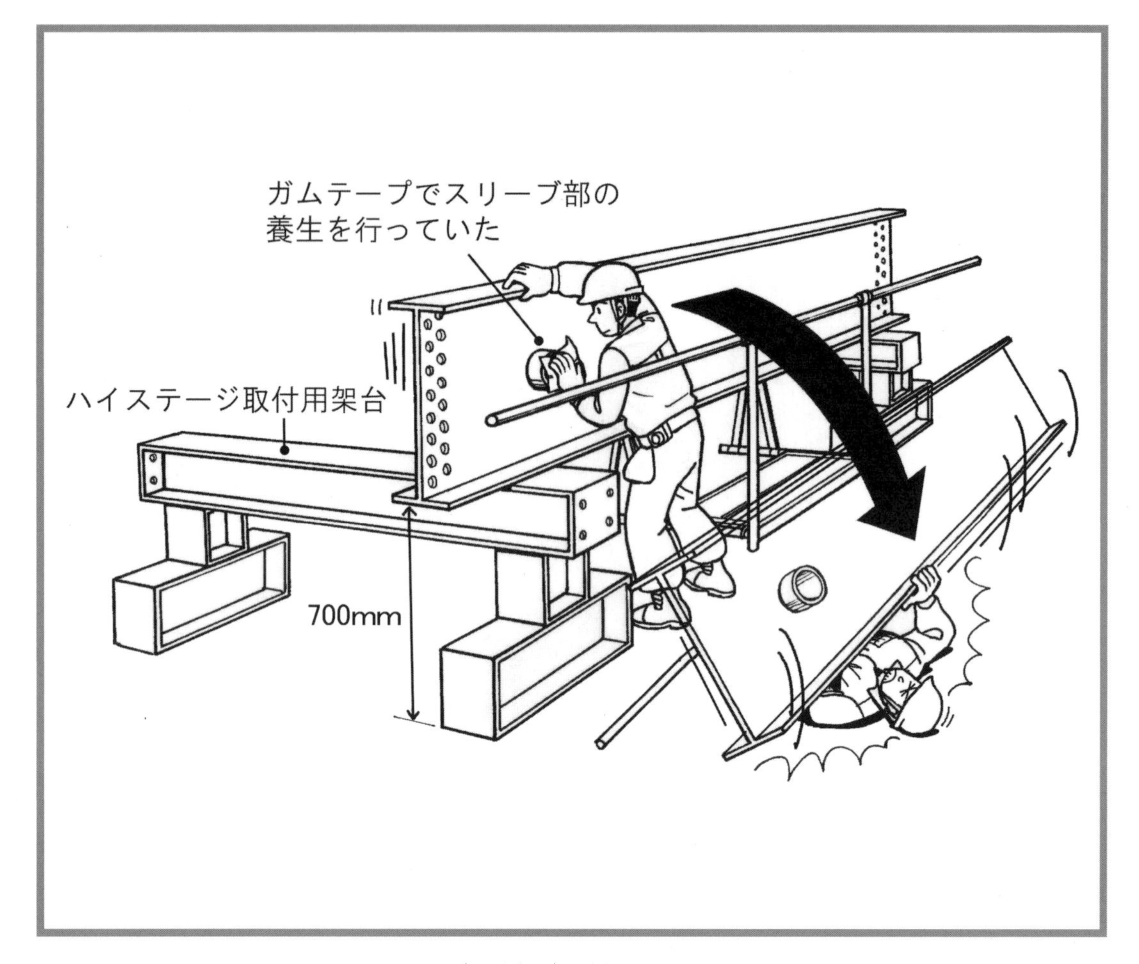

被災者の状況

職種：設備工
年齢：30歳
経験年数：7年
請負次数：1次

災害の発生状況

ハイステージ取付け架台に仮置きした鉄骨梁スリーブ（貫通孔）の養生を行っていたところ、架台上の鉄骨梁が倒れて落下し、作業員に激突した。

同種の作業で予測されるその他の危険性

① 鉄骨をつり上げる際にワイヤーが引っ掛かり、架台が倒壊する
② つり上げた鉄骨が荷振れを起こし、作業員に激突する
③ トラック荷台から鉄骨を荷下ろしする際に足が鉄骨に挟まれる
④ 取付け架台が傾き、転倒して挟まれる

事例 6 土止め支保工の切梁撤去中、鉄骨梁が落下し激突

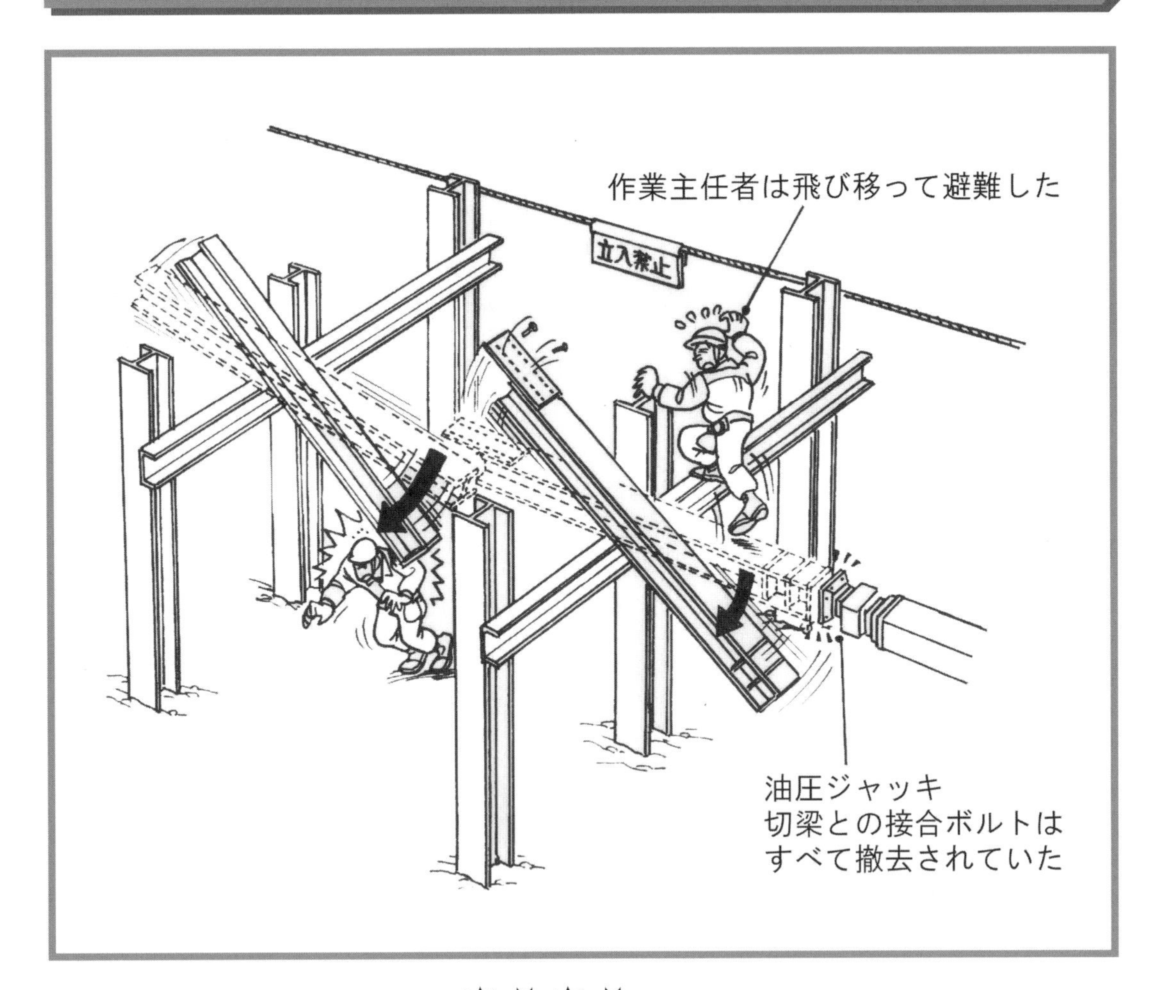

被災者の状況

職種：土工
年齢：33歳
経験年数：１年
請負次数：１次

災害の発生状況

土止め支保工の切梁（床面より約2.1ｍに設置）の解体中、上部構台上のクレーンを移動する間に切梁ジョイント部のボルトを外してしまったため、天秤状になった鋼材が落下し、作業員に激突した。

同種の作業で予測されるその他の危険性

① 切梁上を移動中に足を滑らせ墜落する
② 玉掛け中の鋼材が荷振れを起こし、作業員に激突する
③ ボルトを外す作業中、バランスを崩して梁から墜落する

足場、型枠支保工の崩壊・倒壊災害

わく組足場の大組み、大払し（いわゆる足場のユニット組立て、解体作業）は、作業を効率的に行うために採用されることが多くなってきましたが、地上の組立て・解体ヤードの準備等、事前の計画を綿密に行わないと倒壊につながるおそれがあります。

また、型枠支保工の倒壊災害の多くは、型枠支保工の積載荷重を超えた資材をスラブに仮置きしてしまうことによって発生しています。

事例1　わく組足場を解体中、仮置きした3層が倒壊

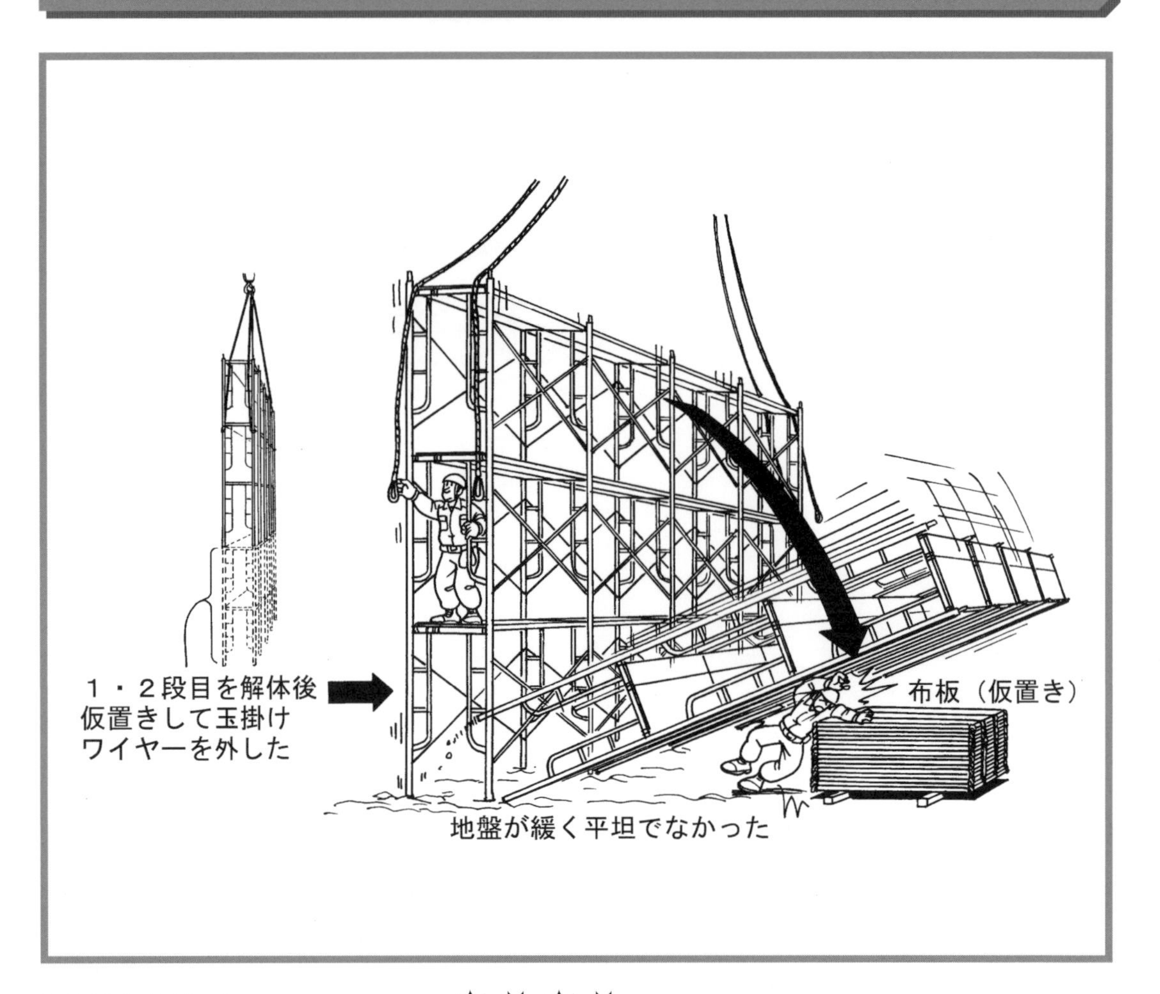

被災者の状況

職種：土工
年齢：57歳
経験年数：１年
請負次数：１次

災害の発生状況

わく組足場をユニットで解体（大払し）するため、クレーンでわく組足場をつり上げて地面に仮置きし、玉掛けワイヤーを外したところ、わく組足場が倒壊し、作業員が横に積んであった布板との間に頭を挟まれた。

同種の作業で予測されるその他の危険性

① つったままの解体中、落下したわく組足場に激突する
② 玉外しの際、ワイヤーが部材に引っ掛かり足場が倒壊する
③ 足場を昇降中、足を踏み外して墜落する

事例 2 鉄筋材の荷上げ作業中、型枠支保工が倒壊

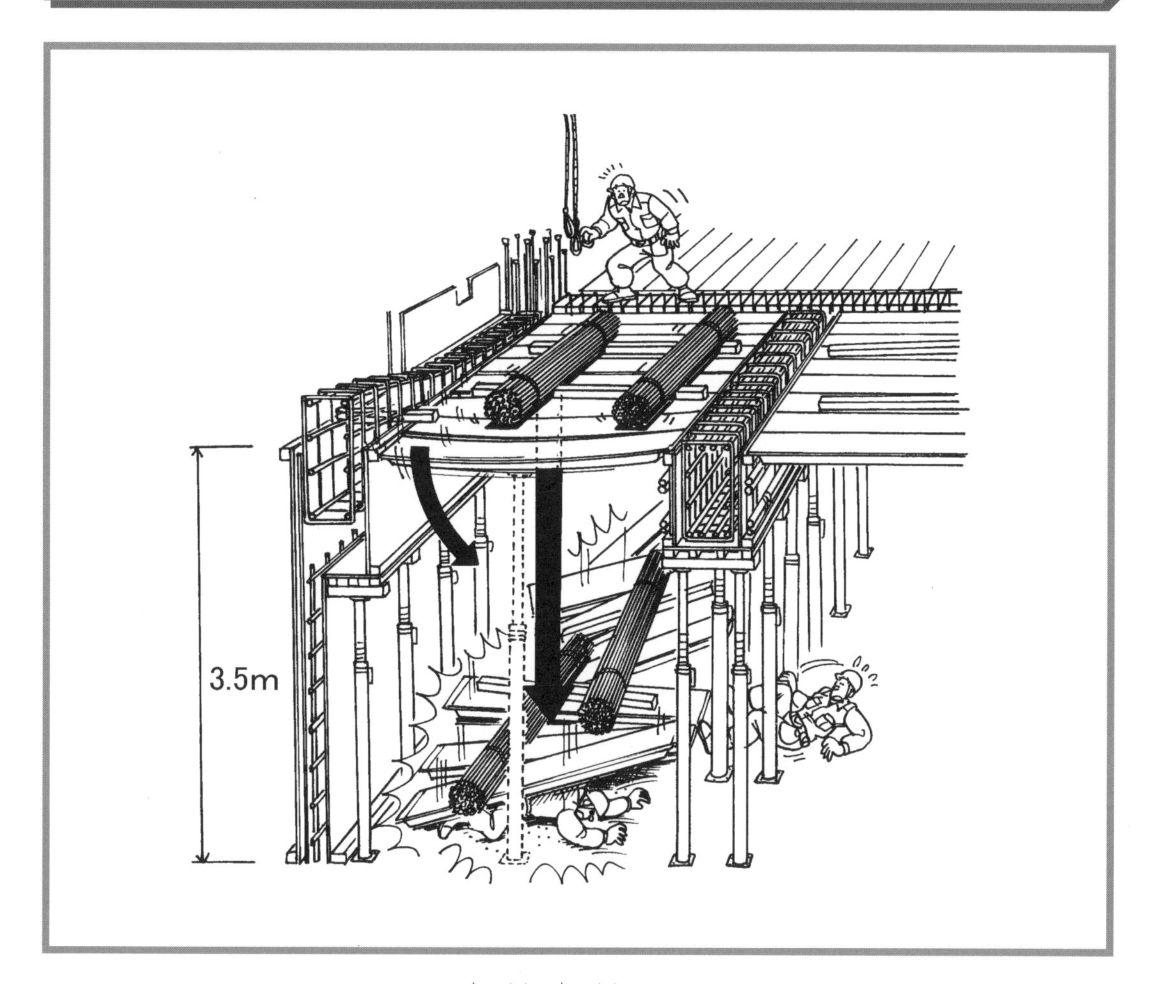

被災者の状況

職種：型枠大工
年齢：52歳
経験年数：10年
請負次数：２次

災害の発生状況

スラブ用鉄筋材を荷上げしていたとき、突然スラブ（フラットデッキ）が崩壊し、下階で支保工の補強作業を行っていた型枠大工２人のうち、１人が下敷きになった。

同種の作業で予測されるその他の危険性

① スラブ型枠の端部から墜落する
② 玉掛け作業中、つり荷を落下させる
③ デッキスラブ上で足を滑らせ、転倒する
④ 支保工組立て中、パイプサポートが倒壊する

事例 3 ベルトスリングが台車に絡まりボードが落下

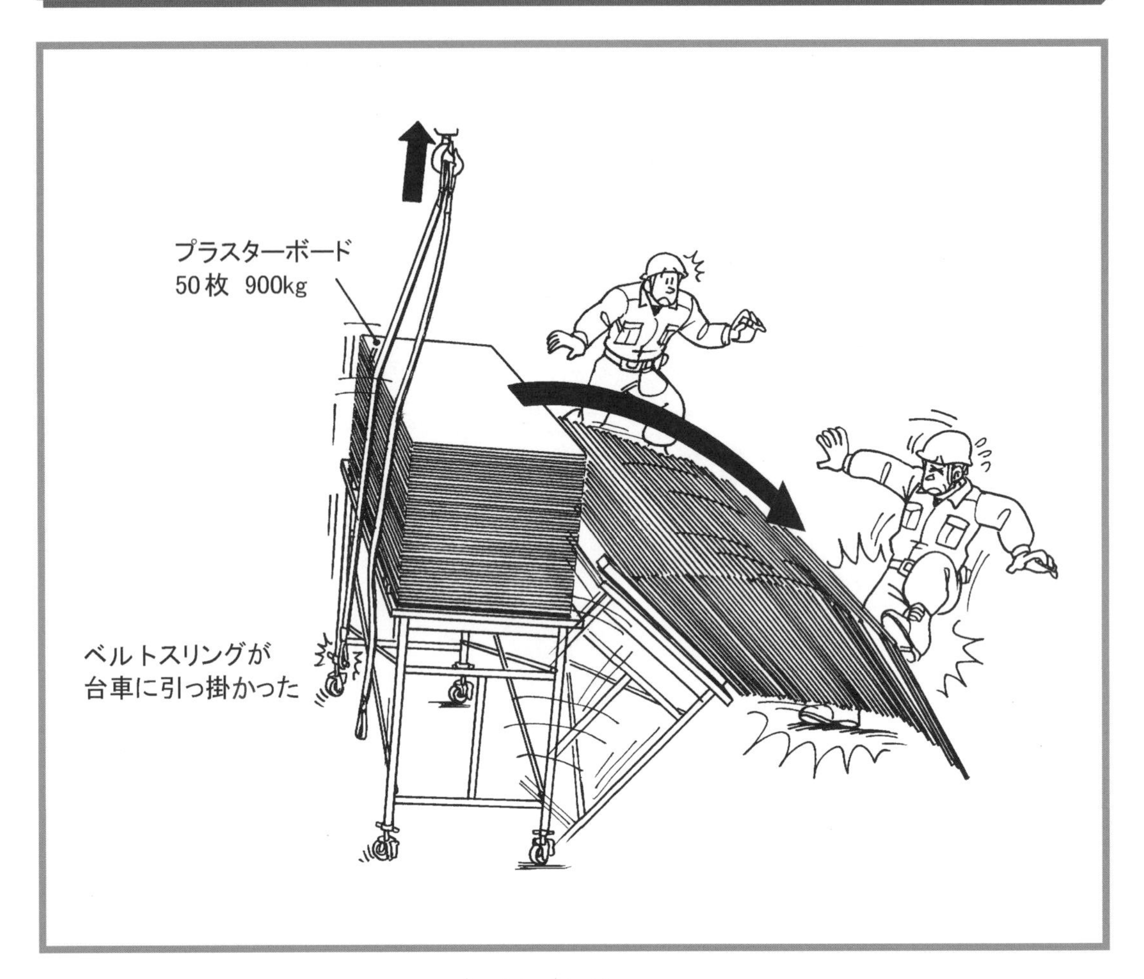

被災者の状況

職種：土工

年齢：75歳

経験年数：30年

請負次数：3次

災害の発生状況

搬入されたプラスターボードをクレーン車を使用して台車（幅900×長さ1800×高さ900mm）へつり下ろす作業中、ベルトスリングのアイ部が台車に絡まり、台車と耐火ボードが倒壊し、作業員の右足に激突した。

同種の作業で予測されるその他の危険性

① 玉掛け作業中、つり上げたボードが滑って落下する

② ベルトスリングが破断してボードが落下する

③ 台車を移動中、バランスを崩して倒壊する

その他の資機材の崩壊・倒壊災害

現場で重量のあるコンクリート２次製品を仮置きしたり、鋼材を移動したりする際に取り扱いを誤って倒壊させることも多く、資機材それぞれのバランスを考えた作業方法の検討が大切です。

事例 1 ＰＣ擁壁が、玉掛け作業中に倒壊

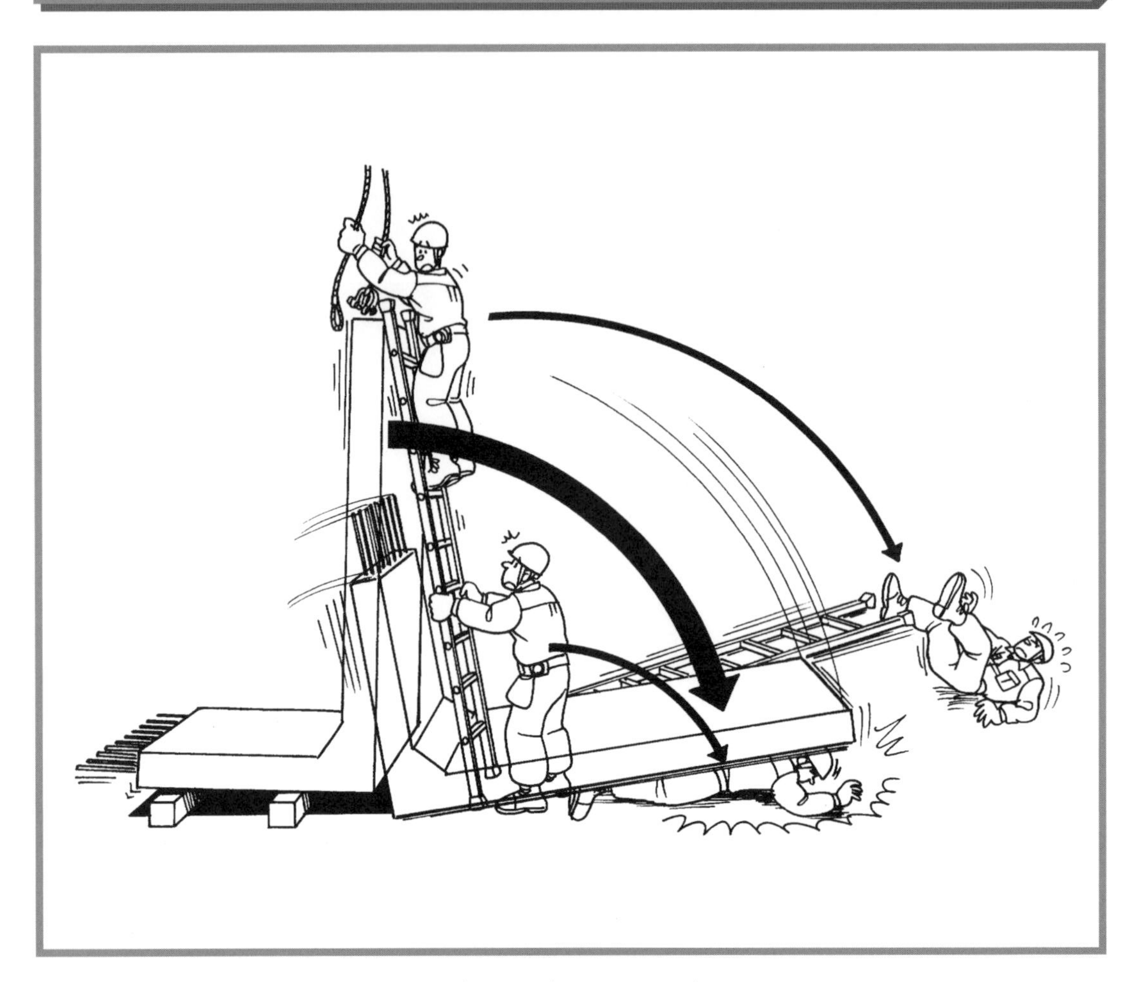

被災者の状況

職種：土工
年齢：58歳
経験年数：23年
請負次数：２次

災害の発生状況

外構用Ｌ型ＰＣ擁壁の荷下ろし後、玉掛けの位置を変えるためにＰＣ擁壁を起こし、梯子上でワイヤーを外していたところ、ＰＣ擁壁が倒壊し下敷きになった。

同種の作業で予測されるその他の危険性

① 玉掛け作業中、足を踏み外して墜落する
② つり荷がぶれて作業員に激突する
③ 梯子がずれて転倒する
④ 玉掛け作業中、ワイヤーが破断し、つり荷を落とす

事例 2　PC板建込み作業中、倒壊

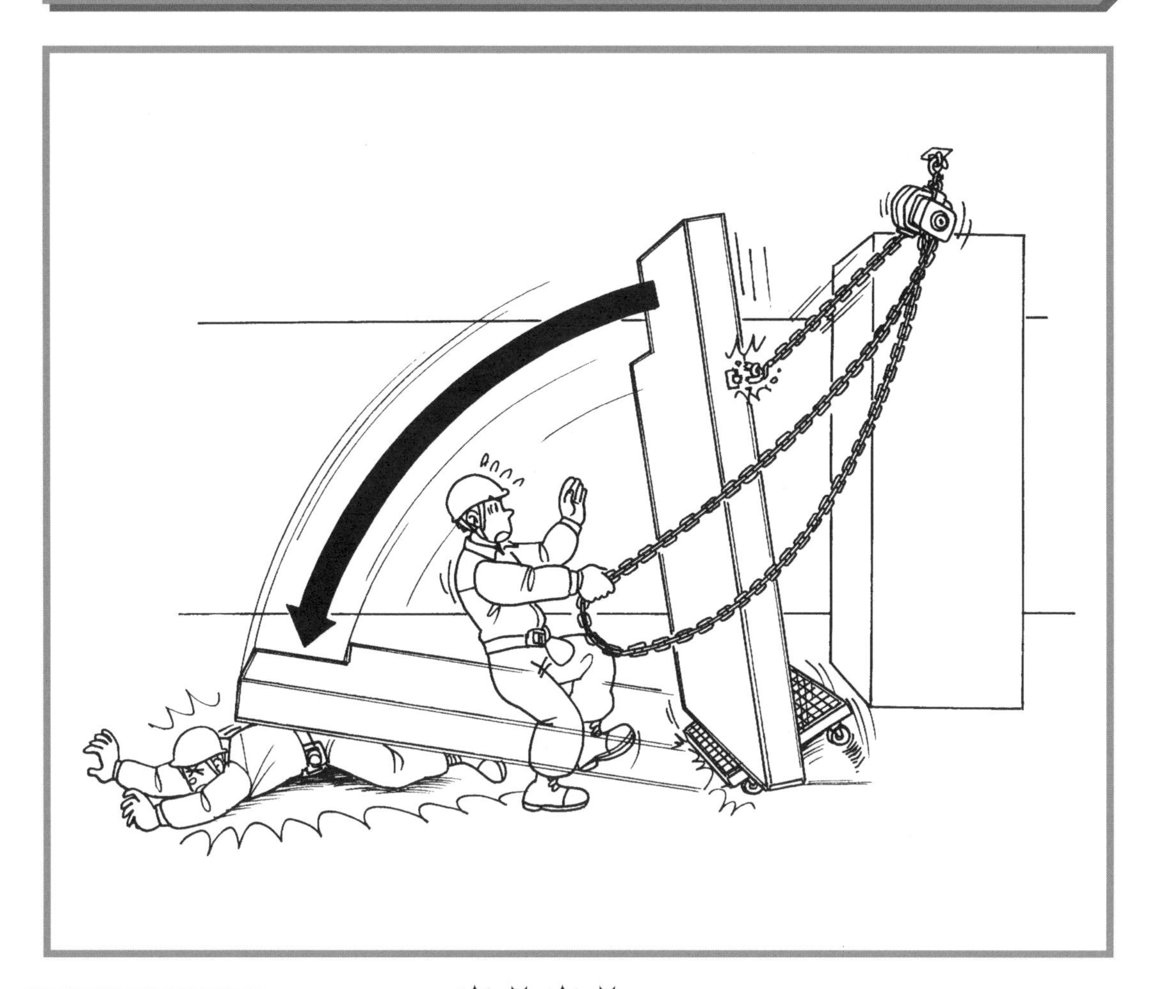

被災者の状況

職種：ALC工
年齢：43歳
経験年数：20年
請負次数：３次

災害の発生状況

ＰＣ板を建て込むために、天井の打込みインサートにチェーンブロックを取り付けてＰＣ板を起こしていたところ、ＰＣ板にねじ込んだ丸環が破断し、ＰＣ板が倒壊し下敷きになった。

同種の作業で予測されるその他の危険性

① ＰＣ板を移動中、手足が挟まれる
② カートが外れ、ＰＣ板が倒壊する
③ 天井のインサートが抜けて、ＰＣ板が倒壊する

事例 3 くい打機を解体中、スクリューオーガーが倒壊

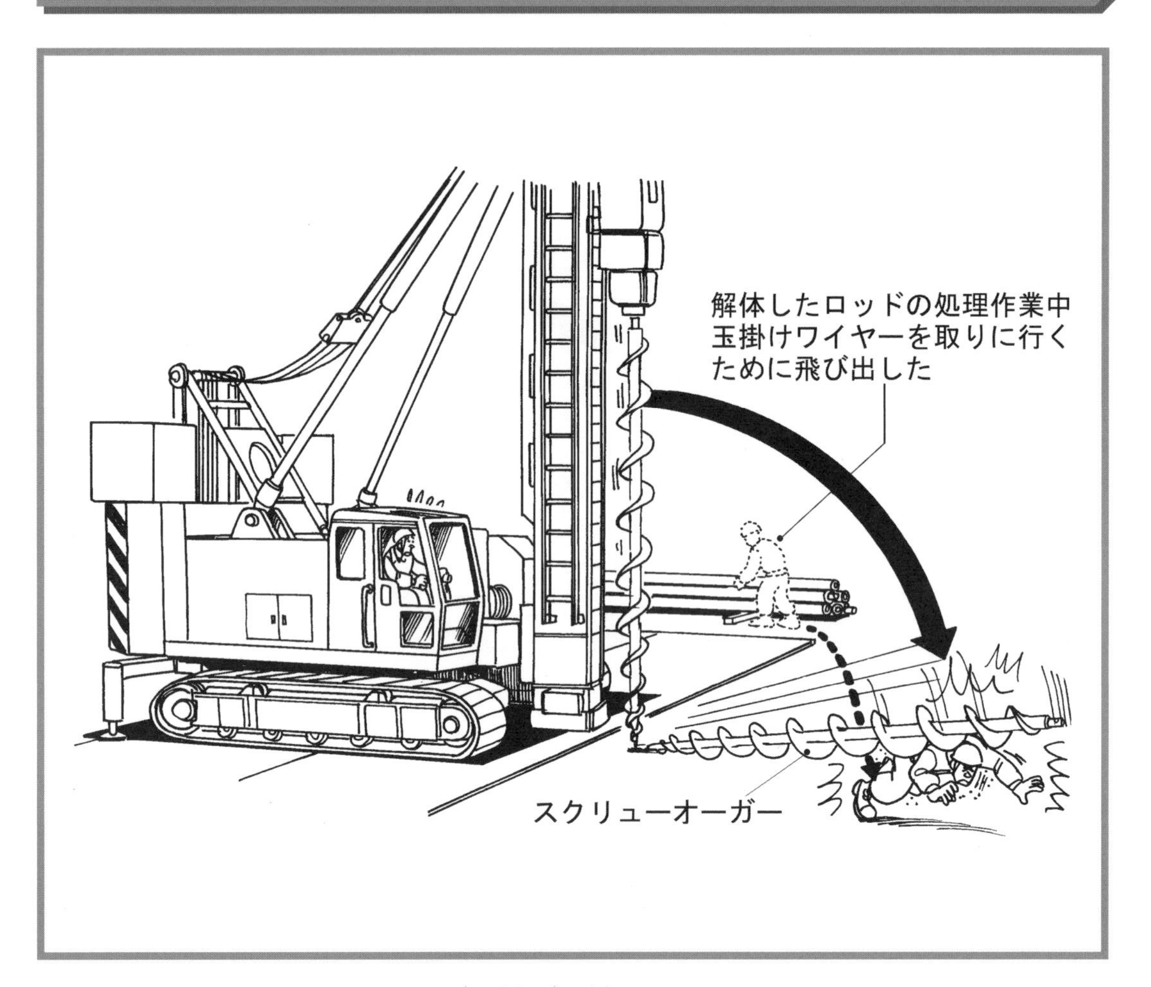

被災者の状況

職種：土工
年齢：18歳
経験年数：１年
請負次数：２次

災害の発生状況

くい打機のスクリューオーガーを外す作業中、周囲に誰もいないと思い、オーガーを倒したところ、玉掛けワイヤーを取りに行こうとした作業員が通りかかり、倒れてきたオーガーが頭部を直撃した。

同種の作業で予測されるその他の危険性

① くい打機がバランスを崩して倒壊する
② オーガーに付着した土塊が落下する
③ 玉掛け作業中、くい打機のリーダーのタラップから墜落する

事例 4 柱鉄筋の補強用筋かいを外した途端、鉄筋が崩壊

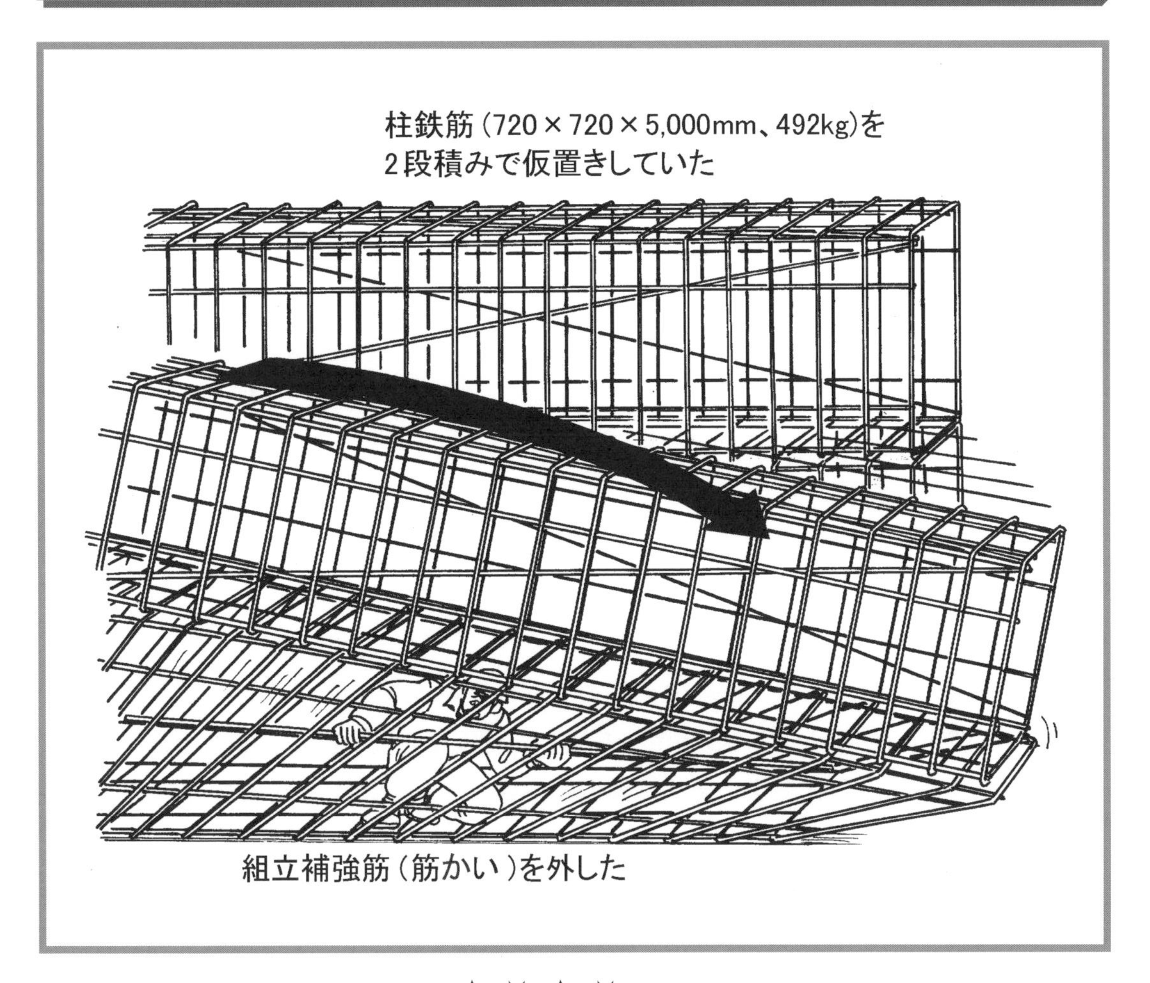

被災者の状況

職種：鉄筋工
年齢：51歳
経験年数：６年
請負次数：２次

災害の発生状況

２段積みしてある地組完了後の柱鉄筋（720×720×5000mm、W=492kg）の配筋間違いを直すため、組立補強筋（長手方向の筋かい）を外したところ、上段の柱鉄筋の荷重を受けて崩壊し下敷きになった。

同種の作業で予測されるその他の危険性

① 仮置きした鉄筋が倒壊する
② 組み立てた鉄筋をつり上げる作業中、崩壊する
③ 玉掛け作業中に足を踏み外す
④ 柱鉄筋内部を移動中、手足が切れる

●崩壊・倒壊災害防止の主なポイント●

① 掘削土砂を法肩の近くに仮置きしたり、重機を走行させたりすると土砂の重量や重機の振動で法面が崩壊するおそれがあります。また、敷地の関係で掘削法勾配が確保できない場合は、土止め支保工を先行して設置するなど、掘削に伴う地山崩壊を防止する作業方法を計画することが肝要です。

　また、バックホウなどの掘削用機械と作業員が近接して作業を行う場合は、誘導員の配置を必ず行い、機械と作業員との接触を防止する措置を確実に行うことが大切です。

② 鉄骨組立て作業を行うときは、工場から運び込まれた鉄骨部材を一旦ヤードに仮置きしますが、事前に組立の手順に沿って効率的に作業が進むように部材の配置を十分検討する必要があります。

　特に、高さのある梁等の部材は、仮置き中の横転等を防止するための仮固定の方法を検討しておくことも大切です。また、玉掛け作業の際は、つり上げるときにワイヤーの一端が突起に引っ掛かることがよくありますので、合図者を必ず配置して、周辺の人払いの徹底を図ることも肝要です。

　柱の建て方を行う際は、根本のアンカーだけでは倒壊を防ぐことはできませんので、柱の四方に固定用の控えワイヤーを張り、確実に自立を確保しながら梁の設置作業を進める必要があります。また、梁の固定作業中にワイヤーを緩めすぎることによって柱の倒壊に至る災害が過去に発生していますので、注意が必要です。

③ コンクリートパネルによるスラブ型枠上に鉄筋束等の重量のある資材を１箇所にまとめて仮置きする場合、通常の型枠支保工では重量に耐えきれずに崩壊してしまうおそれがあります。

　同様に、フラットデッキによるスラブも過大な荷重がかかりすぎると固定した端部が梁型枠から外れやすいという危険性が潜んでいます。鉄筋束などの資材の仮置き場所を事前に計画し、積載荷重に応じてスラブの補強を検討する必要があります。

④ トレーラーの荷台上の鋼材は、フランジ等がかみ合った状態で積載されており、小分けしながらの玉掛け作業にはさまざまな危険な要素が隠れています。Ｈ鋼の下部にフックを掛けて鋼材を引き離そうとすると鋼材が横転してしまう危険性があります。

　鋼材それぞれがすき間なく重なっているために、玉掛けワイヤーを通すためにバールを使用してすき間を開ける作業等でもＨ鋼が横転するおそれがありますので、確実に作業員が安全側に身を置いて作業できるように、作業指揮者を配置する等、ゆっくり慎重に作業を行う必要があります。

5．その他の災害

作業の陰に潜む危険源については、直接目にすることのできるものはある程度災害の発生に結びつけて特定することが可能ですが、見落としがちなのが空気環境などの目に見えない物質の有害性です。

建設現場では内燃機関を有する発電機の使用による一酸化炭素中毒の発生、解体工事、設備工事等における化学物質吸引による中毒、塗装工事で使用される有機溶剤による中毒等が過去に発生していることを忘れてはなりません。

また、断熱材、防音材として用いられる発泡ウレタンも火災によって有害ガスが発生するため、火気の使用には十分注意する必要があります。

現場の作業で発生する主な有害要因を下表にまとめましたので、作業を行う前にこれらの有害要因の存在を確認し、事前に十分な対策を検討することが大切です。

<table>
<tr><th colspan="4">有　害　な　要　因</th></tr>
<tr><td rowspan="9">化学的要因
（有機物質等）</td><td>粉じん</td><td rowspan="5">物理的要因</td><td>振動工具</td></tr>
<tr><td>石綿</td><td>重量物等</td></tr>
<tr><td>有機溶剤</td><td>騒音</td></tr>
<tr><td>鉛（塗料等）</td><td>有害光線（アーク溶接）</td></tr>
<tr><td>一酸化炭素</td><td>高気圧</td></tr>
<tr><td>窒素酸化物</td><td></td><td></td></tr>
<tr><td>特定化学物質</td><td></td><td></td></tr>
<tr><td>酸素欠乏空気</td><td></td><td></td></tr>
<tr><td>硫化水素</td><td></td><td></td></tr>
</table>

事例 1 点検用開口部からピット内に入り硫化水素中毒

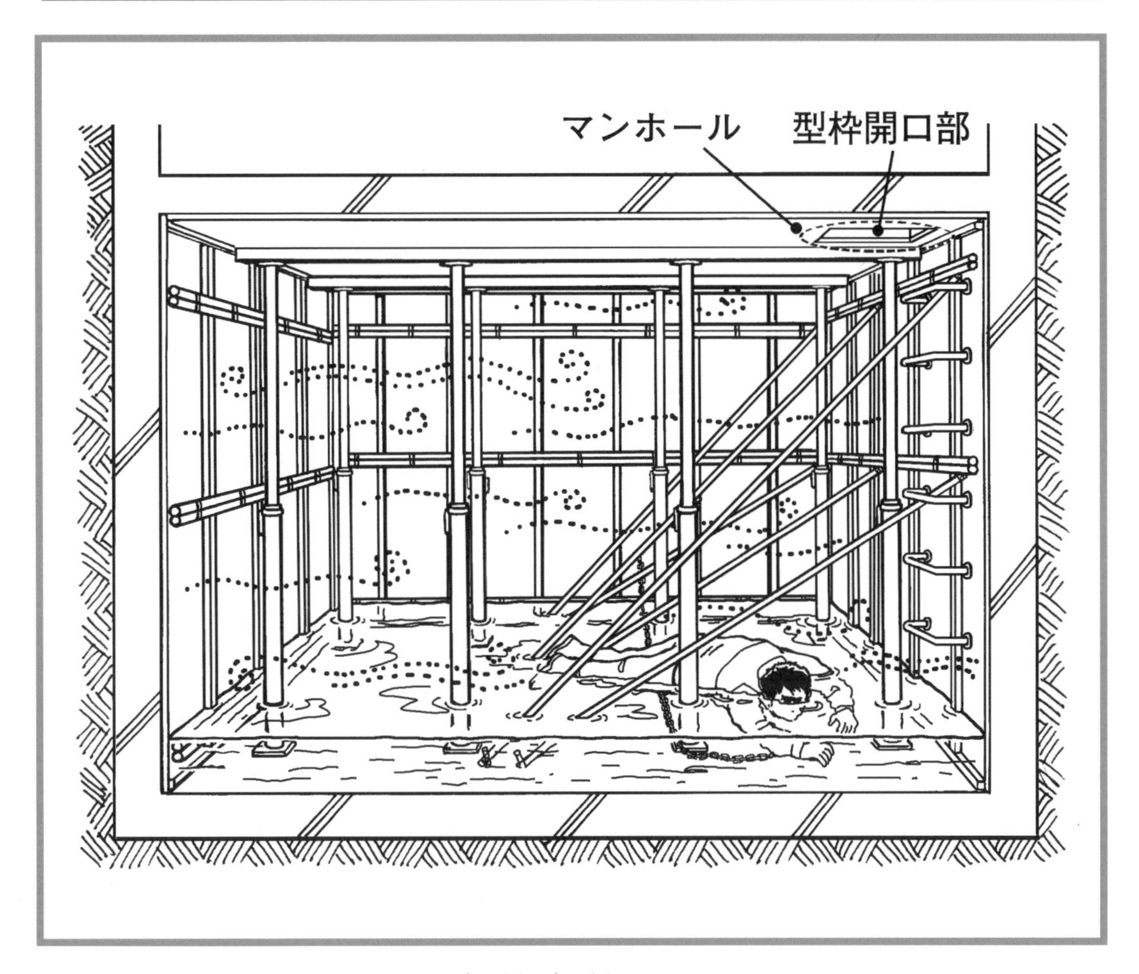

被災者の状況

職種：土工
年齢：54歳
経験年数：2年
請負次数：4次

災害の発生状況

ピット内部の型枠ベニヤを解体するためピット内に降りたところ、ピット下部に滞留していた高濃度の硫化水素が次第にピット内に充満し、中毒を起こして倒れた。

同種の作業で予測されるその他の危険性

① ピットの開口部から墜落する
② ピットのタラップ昇降中に転落する
③ 型枠解体中、サポートが倒壊し激突する
④ 型枠用資材を開口部から搬出する際、落下させる

事例 2 エンジンポンプの排気ガスにより一酸化炭素中毒

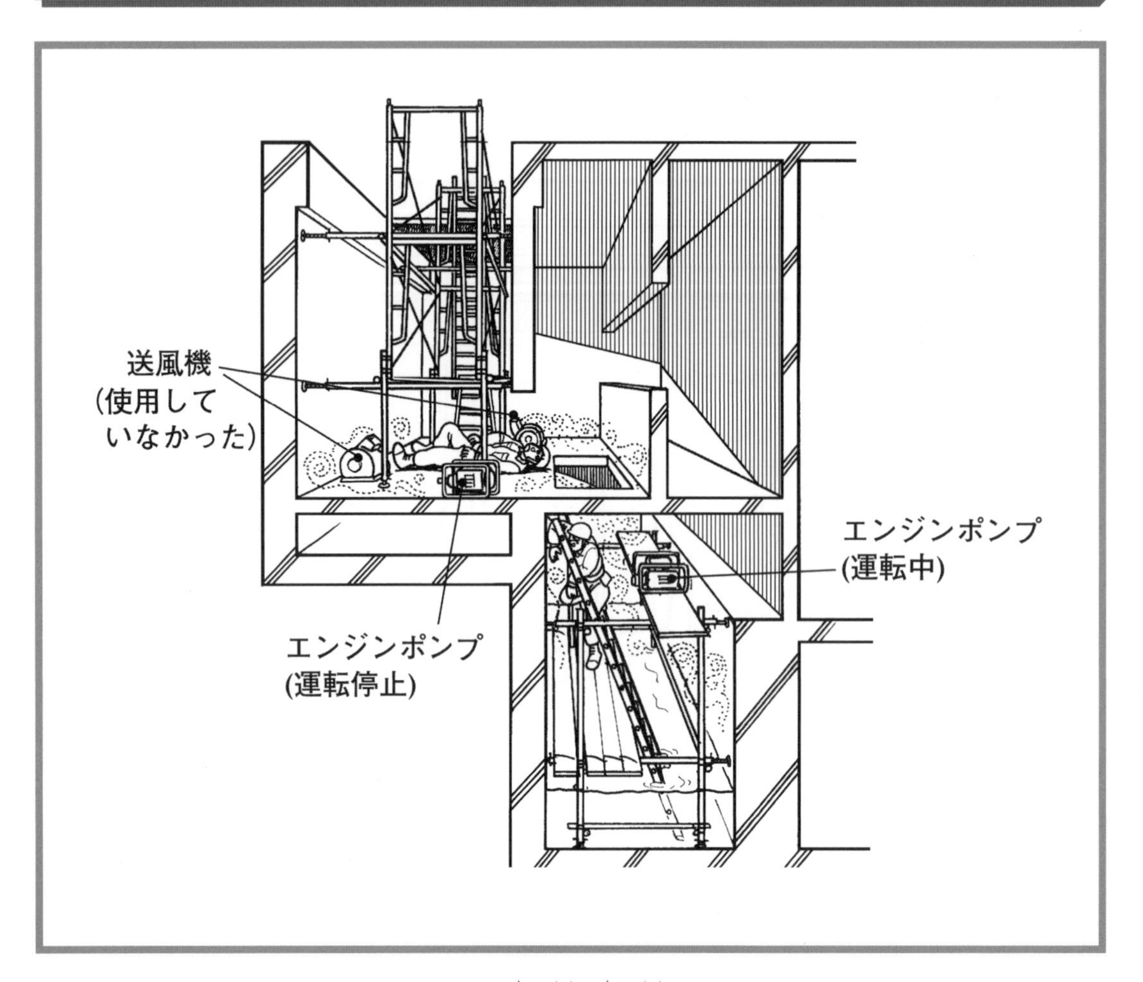

被災者の状況

職種：土工
年齢：64歳、36歳
経験年数：20年、７年
請負次数：１次

災害の発生状況

地下ピットの排水作業と清掃作業を、作業員２人がエンジンポンプを用いて行っていたところ、エンジンポンプの排気ガスが充満し、２人とも一酸化炭素中毒を起こした。

同種の作業で予測されるその他の危険性

① 昇降用の開口部から墜落する
② 躯体とわく組足場の隙間から墜落する
③ 地下昇降用の梯子から転落する

事例 3 発泡ウレタンにガス切断の炎が引火し一酸化炭素中毒

被災者の状況

職種：鍛冶工

年齢：50歳

経験年数：30年

請負次数：２次

災害の発生状況

ＲＣ造２階天井のアンカーボルトをガス切断中、切断器の炎が天井裏の発泡ウレタン系断熱材に引火。急速に延焼し、３階部分で作業中の作業員が燃焼ガスに含まれた一酸化炭素を吸引し、中毒を起こした。

同種の作業で予測されるその他の危険性

① 作業床の端部から墜落する

② 作業床の移動中に梁に激突する

③ 切断したボルトや火花で火傷する

6．作業計画書と作業手順書

さまざまな災害事例を紹介しましたが、過去に発生した災害の多くは作業の方法や手順の検討が不十分であったため発生していることが多いようです。

建設現場の作業を成り行き任せで進めてしまうことほど危険なことはありません。作業に潜む危険源をあらかじめ特定し、作業を開始する前に危険源を可能な限り排除した上で作業に着手することが何より重要です。

また、建設現場では、多様な建設機械等を使用することが多いですが、労働安全衛生法に規定された建設機械については「作業計画」の作成が求められています。

本書では、「作業計画書」の標準的な書式例を示すとともに、併せて、災害を防止するための「リスクアセスメント作業手順書」の基本の解説と、「リスクアセスメント作業手順書」の作成例を掲載しましたので参考にしてください。

（1）作業計画書の書式例

① 車両系建設機械

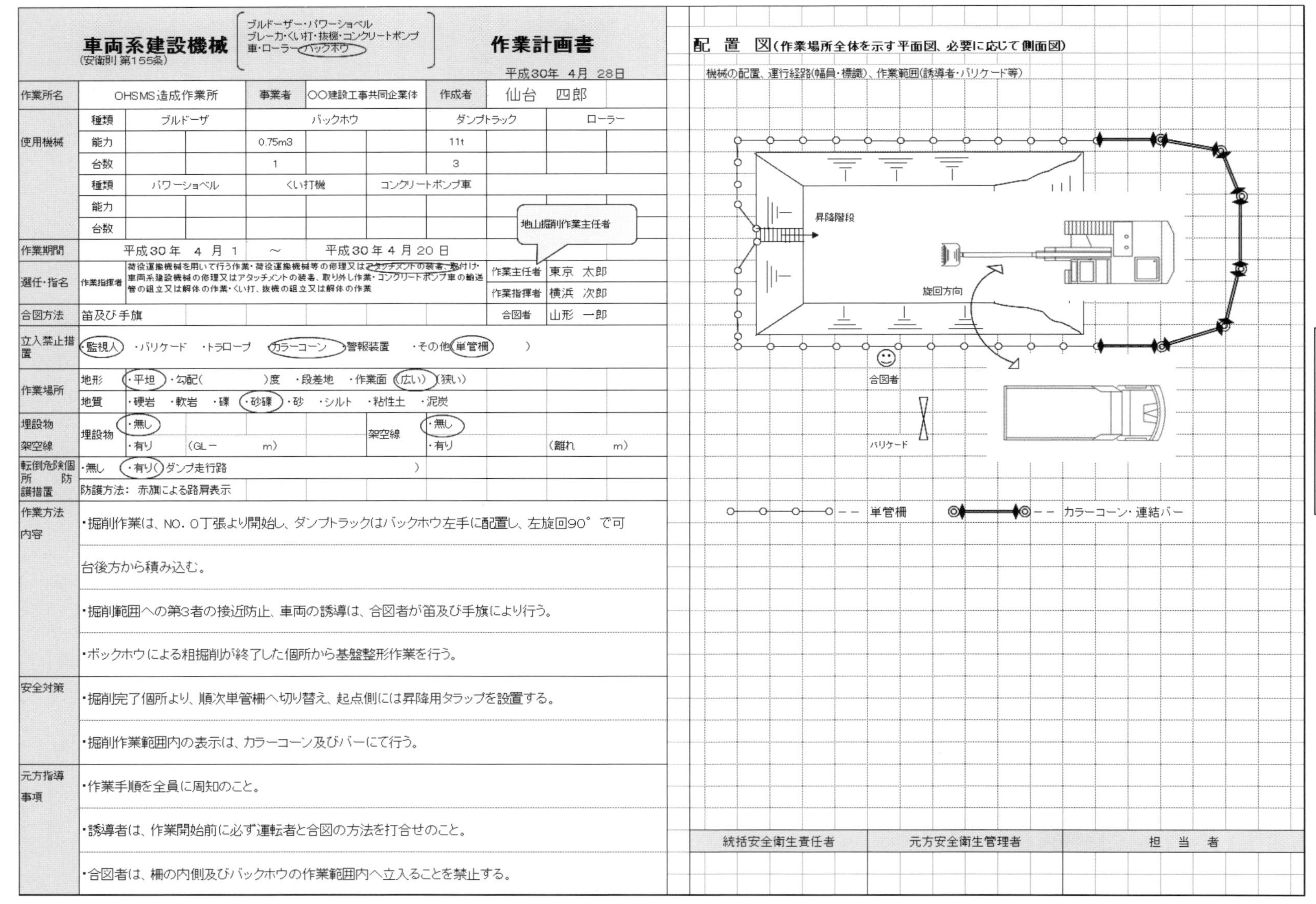

車両系建設機械（安衛則 第155条）　〔ブルドーザー・パワーショベル　ブレーカ・くい打・抜機・コンクリートポンプ　車・ローラー・（バックホウ）〕

作業計画書

平成30年　4月　28日

作業所名	OHSMS造成作業所	事業者	○○建設工事共同企業体	作成者	仙台　四郎

使用機械					
	種類	ブルドーザ	バックホウ	ダンプトラック	ローラー
	能力		0.75m3	11t	
	台数		1	3	
	種類	パワーショベル	くい打機	コンクリートポンプ車	
	能力				
	台数				

作業期間	平成30年　4　月　1　～　平成30年4月20日
選任・指名	作業指揮者：荷役運搬機械を用いて行う作業・荷役運搬機械等の修理又は（アタッチメントの装着、取付け・）車両系建設機械の修理又はアタッチメントの装着、取り外し作業・コンクリートポンプ車の輸送管の組立又は解体の作業・くい打、抜機の組立又は解体の作業／作業主任者　東京　太郎（地山掘削作業主任者）／作業指揮者　横浜　次郎
合図方法	笛及び手旗／合図者　山形　一郎
立入禁止措置	・（監視人）　・バリケード　・トラロープ　（・カラーコーン）　・警報装置　・その他（単管柵）　）
作業場所	地形　（・平坦）・勾配（　　）度　・段差地　・作業面（広い）（狭い） 地質　・硬岩　・軟岩　・礫　（・砂礫）・砂　・シルト　・粘性土　・泥炭
埋設物・架空線	埋設物　（・無し）　・有り　（GL－　　m） 架空線　（・無し）　・有り　（離れ　　m）
転倒危険個所防護措置	・無し　（・有り）（ダンプ走行路　　） 防護方法：赤旗による路肩表示
作業方法内容	・掘削作業は、NO．0丁張より開始し、ダンプトラックはバックホウ左手に配置し、左旋回90°で可台後方から積み込む。 ・掘削範囲への第3者の接近防止、車両の誘導は、合図者が笛及び手旗により行う。 ・ボックホウによる粗掘削が終了した個所から基盤整形作業を行う。
安全対策	・掘削完了個所より、順次単管柵へ切り替え、起点側には昇降用タラップを設置する。 ・掘削作業範囲内の表示は、カラーコーン及びバーにて行う。
元方指導事項	・作業手順を全員に周知のこと。 ・誘導者は、作業開始前に必ず運転者と合図の方法を打合せのこと。 ・合図者は、柵の内側及びバックホウの作業範囲内へ立入ることを禁止する。

配　置　図（作業場所全体を示す平面図、必要に応じて側面図）

機械の配置、運行経路（幅員・標識）、作業範囲（誘導者・バリケード等）

統括安全衛生責任者	元方安全衛生管理者	担　当　者

② 不整地運搬車

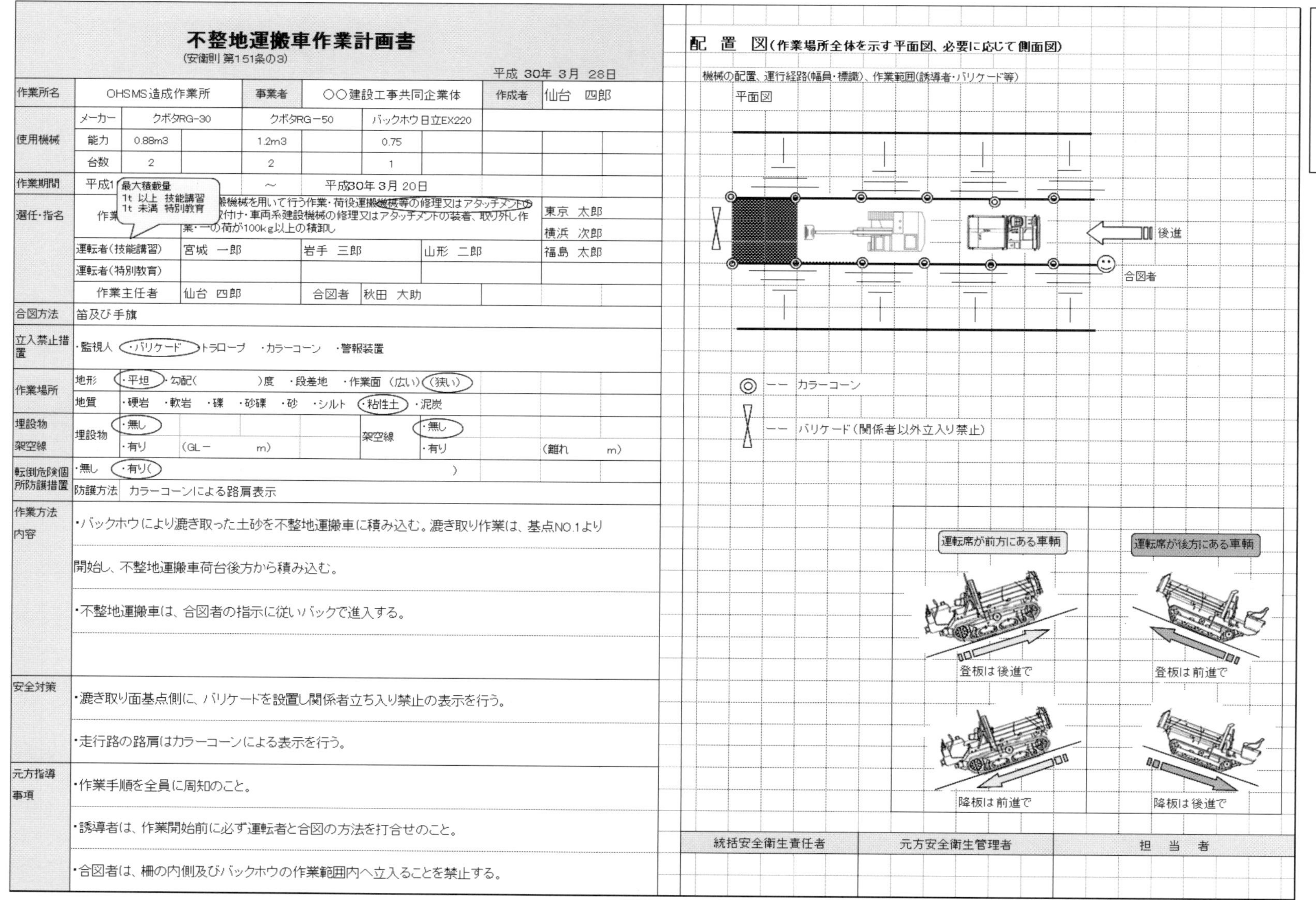

不整地運搬車作業計画書

(安衛則 第151条の3)

平成 30年 3月 28日

作業所名	OHSMS造成作業所	事業者	○○建設工事共同企業体	作成者	仙台　四郎
使用機械 メーカー	クボタRG-30	クボタRG－50	バックホウ日立EX220		
能力	0.88m3	1.2m3	0.75		
台数	2	2	1		
作業期間	平成1[illegible] ～ 平成30年 3月 20日				

最大積載量
1t 以上　技能講習
1t 未満　特別教育

選任・指名

作業：…機械を用いて行う作業・荷役運搬機械等の修理又はアタッチメントの…取付け・車両系建設機械の修理又はアタッチメントの装着、取り外し作業・一の荷が100kg以上の積卸し　東京　太郎　横浜　次郎

運転者(技能講習)	宮城　一郎	岩手　三郎	山形　二郎	福島　太郎
運転者(特別教育)				
作業主任者	仙台　四郎	合図者	秋田　大助	

合図方法：笛及び手旗

立入禁止措置：・監視人　・バリケード　・トラロープ　・カラーコーン　・警報装置

作業場所
- 地形：・平坦　・勾配(　　　)度　・段差地　・作業面（広い）（狭い）
- 地質：・硬岩　・軟岩　・礫　・砂礫　・砂　・シルト　・粘性土　・泥炭

埋設物・架空線
- 埋設物：・無し　・有り　(GL－　　m)
- 架空線：・無し　・有り　(離れ　　m)

転倒危険個所防護措置：・無し　・有り(　　　)
防護方法：カラーコーンによる路肩表示

作業方法内容
- ・バックホウにより漉き取った土砂を不整地運搬車に積み込む。漉き取り作業は、基点NO.1より開始し、不整地運搬車荷台後方から積み込む。
- ・不整地運搬車は、合図者の指示に従いバックで進入する。

安全対策
- ・漉き取り面基点側に、バリケードを設置し関係者立ち入り禁止の表示を行う。
- ・走行路の路肩はカラーコーンによる表示を行う。

元方指導事項
- ・作業手順を全員に周知のこと。
- ・誘導者は、作業開始前に必ず運転者と合図の方法を打合せのこと。
- ・合図者は、柵の内側及びバックホウの作業範囲内へ立入ることを禁止する。

配　置　図(作業場所全体を示す平面図、必要に応じて側面図)

機械の配置、運行経路(幅員・標識)、作業範囲(誘導者・バリケード等)

統括安全衛生責任者	元方安全衛生管理者	担　当　者

③ 高所作業車

高所作業車作業計画書

(安衛則 第194条の9)

平成30年　4月　25日

作業所名	OHSMSマンション作業所	事業者	OHSMS作業所	作成者	仙台　四郎
使用機械	種類	タダノAG-215TG			
	能力	作業人員2名高さ21.5m			
	台数	3			
	種類				
	能力				
	台数				
作業期間	平成30年　4月　1日	～	平成30年　4月　20日		
選任・指名	作業指揮者（作業計画に基づいた作業の指揮、修理または作業床の装着若しくは取外しの作業）	仙台　四郎	運転者（特別教育）		
			運転者（技能講習）	宮城　一郎	岩手　三郎
	誘導者	秋田　大助		山形　二郎	
合図方法	笛および指揮棒				
立入禁止措置	・監視人　・バリケード　・トラロープ　・カラーコーン　・警報装置				
作業場所	地形	・平坦　・勾配（　　）度　・作業面（広い）（狭い）			
	地盤	・コンクリート　・砕石　・その他（固い　軟弱）			
障害物 架空線	埋設物	・無し　・有り	障害物	・マンホール　段差　・側溝	架空線　・無し　・有り　（離れ　　m）
転倒危険個所防護措置	・無し　・有り（マンホール蓋　　）				
	防護方法：カラーコーン及びバーによる位置表示				
作業方法 内容	・X-1通りより5通りへ向かって鉄骨ボルトの本締め作業を行う。				
	・高所作業車3台により作業を行うが、車両の移動は誘導者の指示の元に行う。				
安全対策	・一日の作業範囲のマンホールの蓋の周囲は、カラーコーン、及びバーにより表示を行う。				
	・作業中は必ず安全帯を使用する				
元方指導事項	・高所作業車から鉄骨への乗り移りを厳禁する。				
	・走行面の不要資材等を事前に片付け、移動の際、バランスを崩すことのないよう事前点検厳守。				
	・有資格者以外の運転を厳禁する。				

配　置　図（作業場所全体を示す平面図、必要に応じて側面図）

機械の配置、運行経路(幅員・標識)、作業範囲(誘導者・バリケード等)

統括安全衛生責任者	元方安全衛生管理者	担　当　者

④ 移動式クレーン

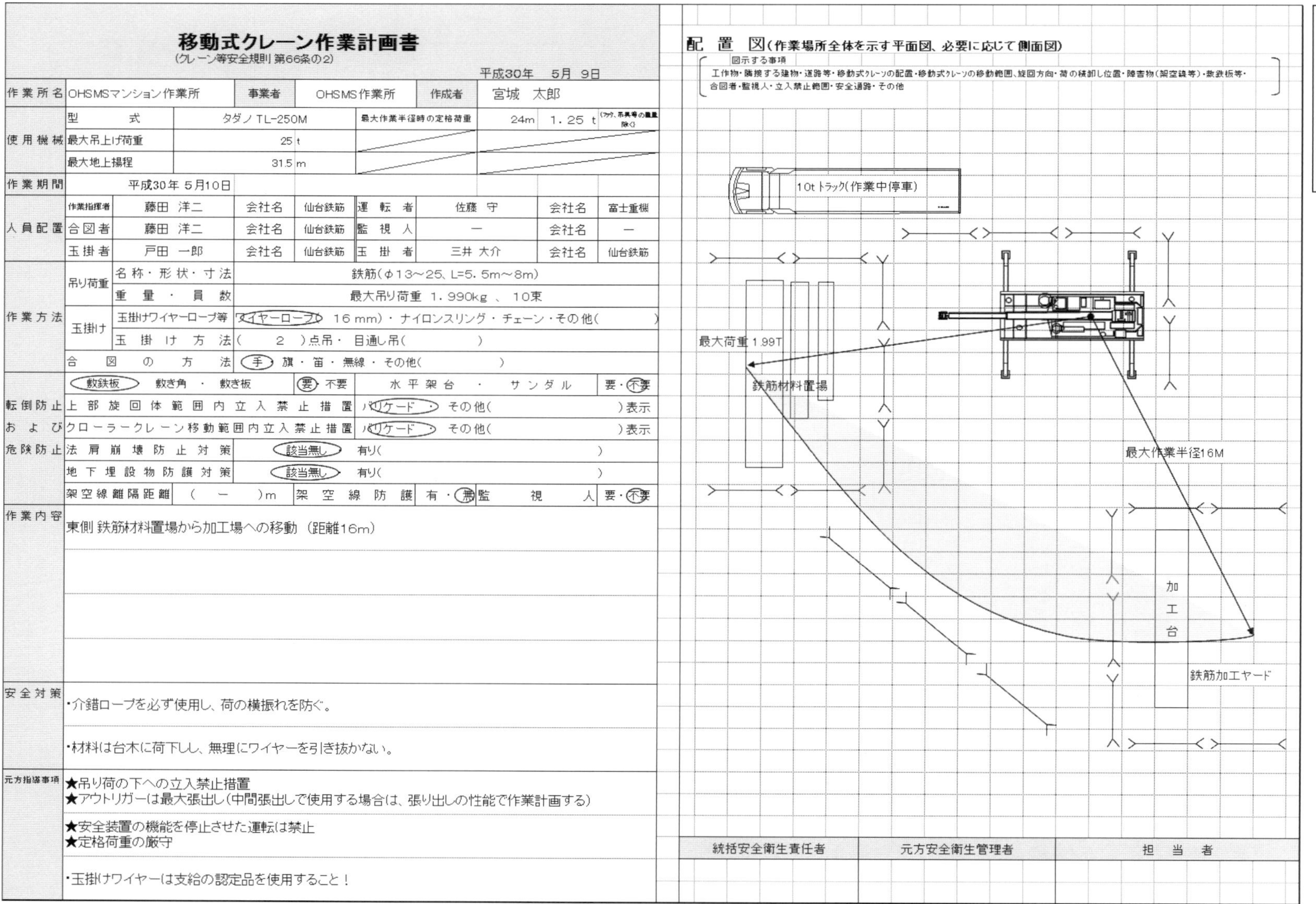

移動式クレーン作業計画書

（クレーン等安全規則 第66条の2）

平成30年　5月　9日

作業所名	OHSMSマンション作業所	事業者	OHSMS作業所	作成者	宮城　太郎

使用機械				
	型　式	タダノ TL-250M	最大作業半径時の定格荷重	24m　1.25 t（フック、吊具等の重量除く）
	最大吊上げ荷重	25 t		
	最大地上揚程	31.5 m		

作業期間	平成30年 5月10日

人員配置								
	作業指揮者	藤田　洋二	会社名	仙台鉄筋	運転者	佐藤　守	会社名	富士重機
	合図者	藤田　洋二	会社名	仙台鉄筋	監視人	―	会社名	―
	玉掛者	戸田　一郎	会社名	仙台鉄筋	玉掛者	三井　大介	会社名	仙台鉄筋

作業方法			
吊り荷重	名称・形状・寸法	鉄筋（φ13〜25、L=5.5m〜8m）	
	重量・員数	最大吊り荷重 1.990kg 、 10束	
玉掛け	玉掛けワイヤーロープ等	（ワイヤーロープ）16 mm）・ナイロンスリング・チェーン・その他（　）	
	玉掛け方法	（　2　）点吊・目通し吊（　）	
合図の方法		（手）旗・笛・無線・その他（　）	

転倒防止および危険防止				
（敷鉄板）・敷き角・敷き板	（要）・不要	水平架台・サンダル	要・（不要）	
上部旋回体範囲内立入禁止措置	（バリケード）・その他（　）表示			
クローラークレーン移動範囲内立入禁止措置	（バリケード）・その他（　）表示			
法肩崩壊防止対策	（該当無し）・有り（　）			
地下埋設物防護対策	（該当無し）・有り（　）			
架空線離隔距離（　―　）m	架空線防護	有・（無）	監視人	要・（不要）

作業内容

東側 鉄筋材料置場から加工場への移動（距離16m）

安全対策

・介錯ロープを必ず使用し、荷の横振れを防ぐ。

・材料は台木に荷下しし、無理にワイヤーを引き抜かない。

元方指導事項

★吊り荷の下への立入禁止措置
★アウトリガーは最大張出し（中間張出しで使用する場合は、張り出しの性能で作業計画する）

★安全装置の機能を停止させた運転は禁止
★定格荷重の厳守

・玉掛けワイヤーは支給の認定品を使用すること！

配　置　図（作業場所全体を示す平面図、必要に応じて側面図）

図示する事項
工作物・隣接する建物・道路等・移動式クレーンの配置・移動式クレーンの移動範囲、旋回方向・荷の積卸し位置・障害物（架空線等）・敷鉄板等・合図者・監視人・立入禁止範囲・安全通路・その他

統括安全衛生責任者	元方安全衛生管理者	担当者

(2) リスクアセスメント作業手順書の基本

建設業における作業手順書とは、現場で行うさまざまな作業を、それぞれの作業に応じて、「安全に」「最短の時間で」「最小のコストで」「質の良い建物を造る」ために、作業を合理的に進めるステップと、ステップごとの急所などを定めたものです。さらに、作業のステップの陰に隠れた危険性又は有害性をあらかじめ特定した上で、危険を回避する行動を具体的に示し、作業の安全、品質、能率を同時に確保するための正しい作業のやり方を示したマニュアルともいえます。

1) 作業手順書作成の目的

作業手順書を作成する目的は次のとおりです。

① 作業のムダ、ムラ、ムリを排除し、作業しやすい状態をつくる

② 作業を安全に、正しく、早く、安く、品質良く、環境に配慮して行うことができ、労働災害防止はもちろんのこと、作業能率の向上や品質の安定に役立つ

③ 誰がやっても基準どおりでき、経験の少ない社員や未熟練作業員に「安全に、早く、正確に」教えることができる

作業手順書作成の目的

1. 作業員による仕事の質を維持できる
2. 未熟練作業員が効率的に仕事を覚えることができる
3. 合理的な動作により早くものが造れる
4. 危険を回避する動作を促すことができる

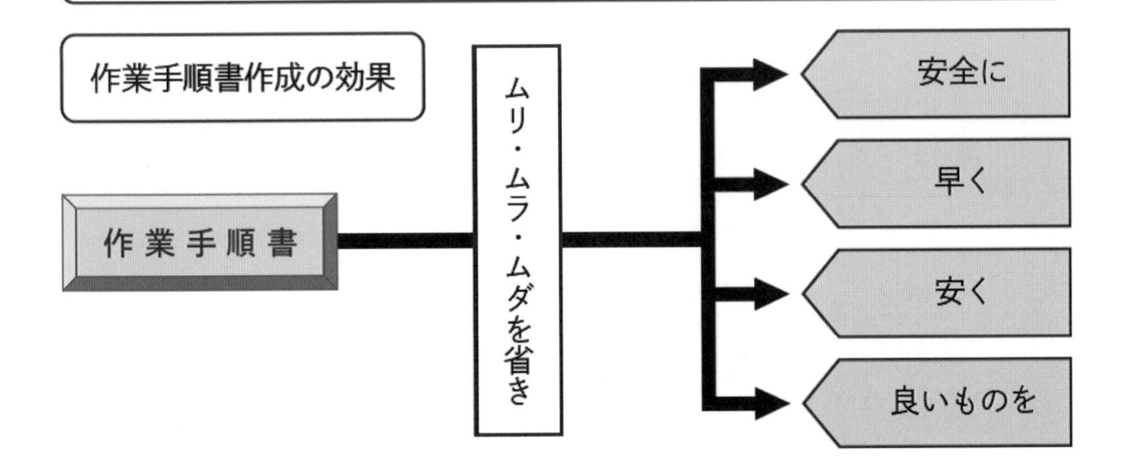

2）リスクアセスメントを応用した作業手順書の作成

従来の作業手順書はまとまり作業（工種）から単位作業を分解し、この単位作業を作業区分、主なステップ、急所で構成していました。それに対し、リスクアセスメントを応用した作業手順書では、作業の順序（ステップ）ごとに危険性又は有害性を特定し、リスクを見積り、低減措置を検討、実施者（責任者）まで記入することになります。

①　具体的な作成方法

作業手順書は、次のように４段階で作成します。

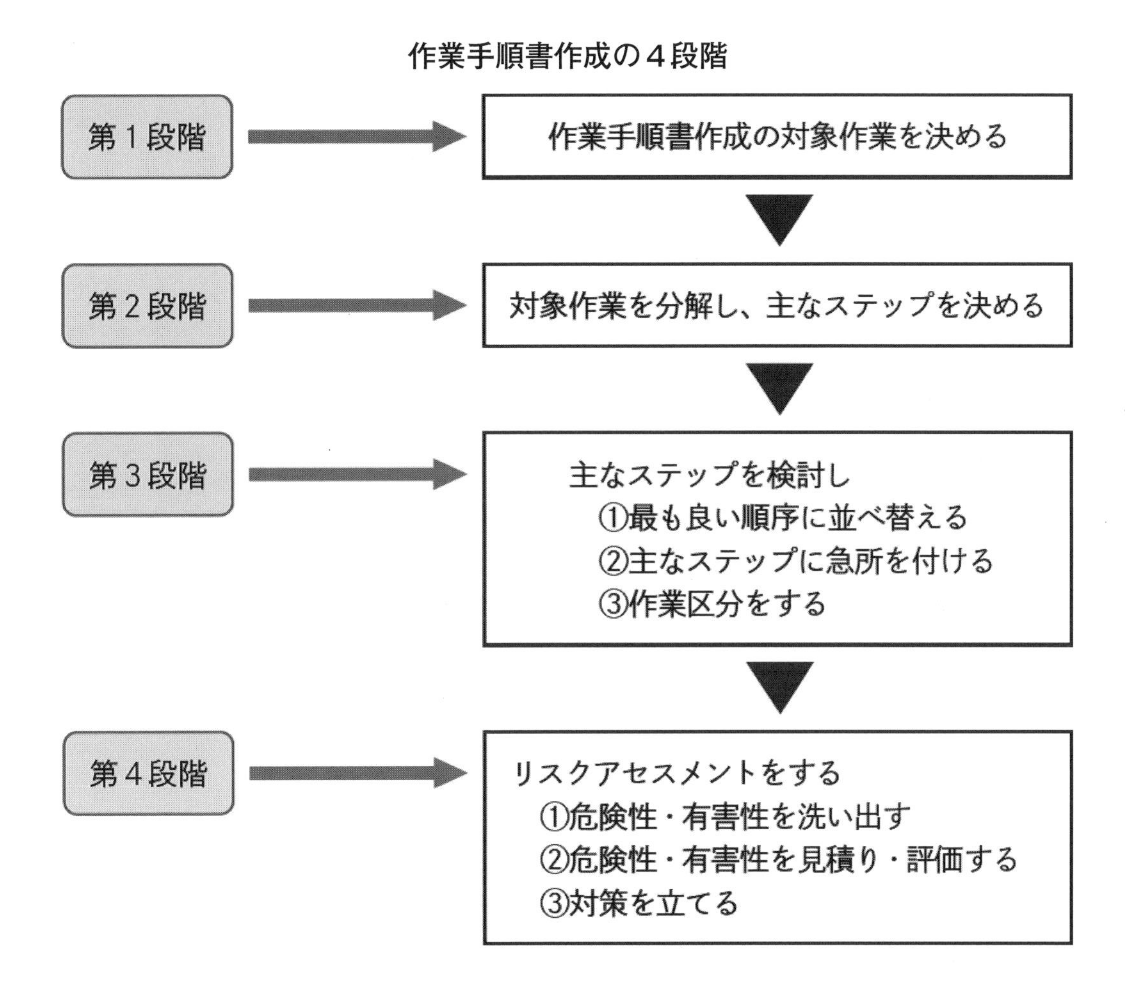

② 作業手順書作成上の留意点

作業手順書の作成に当たっては、次の点に留意して下さい。

・現場の実態に合わせたものであること

・労働安全衛生法等の法令に違反していないこと

・できるだけ分かりやすく、具体的で、簡潔に表現すること

ア　作業ステップ及び急所の欄の文字の数は ……… 15字程度にまとめること

イ　１ステップの急所は ……… ３項目以内とすること

ウ　表現の方法は ………「ナニナニしない」「ナニナニに注意」のような否定語や個人の注意に頼る表現は好ましくない。「ナニナニする」といった肯定語で危険回避行動を促す表現を工夫すること。

・急所は、急所⇒手順と読んで１つの文章になるように表現すること

【例】急所：有資格者を確認して⇒主なステップ：作業員の配置を指示する

③ 作業手順書活用上の留意点

作業手順書を実際に現場で活用する際には、次の事項に留意して下さい。

ア　事前に関係作業員に周知させ、理解させること

イ　作業開始前に関係作業員に注意事項等について周知徹底させること

ウ　作業員に作業手順の大切さを教え、手順どおりの仕事をさせること

エ　安全衛生上不具合が生じたときは、作業手順書を見直し、改善すること

オ　定期的に見直し、より良いものとすること

カ　臨時、突発的な作業が発生した場合は、元請社員に連絡し、勝手に作業を進めないこと

キ　作業を再開する前に、作業の変更内容を把握してリスクアセスメントを行い、関係作業員に対策を説明して作業にかかること

リスクアセスメント作業手順書（例）

	作業の工程（主なステップ）	急　所（安全・正否・やりやすく）	危険性又は有害性（予想される災害）	可能性	重篤度	評価点	優先度	危険性又は有害性の防止対策	誰が
	地組み梁セット（ジョイント⇒落しこみ）								
準備作業	セット手順を確認する	キープランを基に							
	作業員の配置を指示する	有資格者を確認して							
本作業	梁底にスペーサーを並べる	CONブロックは@1.0m、流し筋2-D13で	足を踏み外して梁底へ転落する	2	2	4	3	声を掛け合い注意を促す	職　長
			Fデッキ端部で手、顔面を切傷する	1	2	3	2	皮手袋	員
	梁底に角パイプを配置する	スラブ型枠上に２ｍピッチで	足を踏み外して梁底へ転落する	2	2	4	3	声を掛	員
		（ピッチ本数は、現場ごとに確認のこと！）							
	地組み梁を吊り上げる	上主筋は@２ｍ番線で結束して	組み上げた梁鉄筋・部材が落下し、激突する	2	3	5	4	番線による固定状況を再確認する	玉掛者
		カプラー、ＰＬの固定状態をチェックして						番線で小物の固定を行う	職　長
		地切り（30cm）行い、重心を確認して	吊り上げた時、荷が振れて激突する	3	1	4	3	地切りはゆっくりと行い、荷の水平を確認する	玉掛者
	地組み梁をセットする	フープを基準に	足を踏み外して梁底へ転落する	2	2	4	3	周辺の梁型枠天端を足場板で塞ぐ	職　長
	（スラブ上に仮置き）	主筋突合せ間隔は10mmあけて	梁〜柱・壁筋で指が挟まれる	1	2	3	2	皮手袋を装着し、ゆっくり降ろす	作業者
								引っ掛かった柱主筋、壁縦筋はバール、パイプ等で動かす	職　長
									玉掛者
		外周部、開口部周	部から墜落する	2	3	5	4	親綱の設置状況を確認し、安全帯の使用を励行する	全　員
	カプラー締付け　ラウトを注入する	継手工の	つまづいて転倒する	2	2	4	3		作業者
			長尺物の小運搬中に転倒する	2	2	4	3	運搬通路の段差をなくし、不要材を片付ける	作業者
	梁を落としこむ	揚重機で吊り上げ、角パイプを抜きながら	パイプ撤去中に他の作業者に激突する	1	2	3	2	長尺物・重量物は複数人で運搬する	作業者
		ゆっくり一スパンづつ	落しこむ際、鉄筋と型枠の間に挟まれる	2	2	4	3	周辺に声をかけながら作業する	作業者
		鉄筋足部にパイプを当てながら						職長の監視、合図の下に作業する	
		かぶりを確実に確保して							
後始末	資材を片付ける	資材を分別しながら	梁鉄筋を歩行中、足を踏み外す	2	1	3	2	通路に使用する箇所を決め、渡りの足場板を設置する	作業者
	完了後の確認を行う								職　長
	作業終了の連絡を行う								職　長

○○が〜〜して××になる
との表現で簡潔に記述する

対策は、
①設備面
②管理面
③個人用保護具　の順で検討する

急所の表現は、作業ステップ
にかかるようにする

〈著者紹介〉

浮田　義明（うきた　よしあき）

1950年生まれ。
元大手建設会社勤務。本店、支店において、安全衛生業務に約40年携わる。
１級土木施工管理技士、労働安全コンサルタント。
退職後、ＮＰＯ法人 安全技術ネットワークを設立し、理事長に就任。現在に至る。

（主な活動）
　建設業安全衛生教育センター講師
　建設業労働災害防止協会 セーフティーエキスパート
　厚生労働省委託事業：建設業職長等指導力向上教育講師
　厚生労働省委託事業：一人親方等安全衛生教育講師

建設現場災害事例集

平成30年６月15日　初版発行

著　者　浮田 義明
発行人　藤澤 直明
発行所　労働調査会
〒170-0004 東京都豊島区北大塚２-４-５
TEL　03-3915-6401
FAX　03-3918-8618
http://www.chosakai.co.jp/

ISBN978-4-86319-675-9 C2030